# 机械系统动力学仿真分析

刘贺平　罗阿妮　编著

科学出版社

北京

## 内 容 简 介

本书以 Adams 软件为对象，通过包括常用机构（曲柄摇杆机构、曲柄滑块机构、凸轮机构、齿轮机构）、刚柔耦合机构和结构（四杆张拉整体移动机构、六杆球形张拉整体机器人、截角四面体张拉整体结构）的动力学仿真案例分析，系统地介绍基于 Adams 软件的动力学仿真分析过程和方法。为了拓宽读者的机械动力学仿真分析思路，本书也通过实例介绍了利用 ANSYS Workbench 和 LS-DYNA 软件分析机构运动的方法。

本书既可作为机械类和近机械类专业的教材使用，也可为读者学习提供参考。

**图书在版编目(CIP)数据**

机械系统动力学仿真分析 / 刘贺平，罗阿妮编著. — 北京：科学出版社，2023.11

ISBN 978-7-03-077136-0

Ⅰ. ①机… Ⅱ. ①刘… ②罗… Ⅲ. ①机械动力学－系统仿真 Ⅳ. ①TH113

中国国家版本馆 CIP 数据核字(2023)第 220658 号

责任编辑：朱晓颖 / 责任校对：王　瑞
责任印制：师艳茹 / 封面设计：迷底书装

科学出版社 出版
北京东黄城根北街 16 号
邮政编码：100717
http://www.sciencep.com
北京凌奇印刷有限责任公司 印刷
科学出版社发行　各地新华书店经销
*
2023 年 11 月第　一　版　开本：787×1092　1/16
2023 年 11 月第一次印刷　印张：12 3/4
字数：326 000

**定价：59.00 元**

（如有印装质量问题，我社负责调换）

# 前　言

机械动力学是机械设计分析的重要内容，掌握机械动力学分析方法对于机械类专业人员来说是非常必要的。随着计算机技术的飞速发展，计算机辅助分析软件使得机械动力学分析难度大大降低。本书将通过利用 Adams、ANSYS Workbench 和 LS-DYNA 等软件仿真分析具体机构运动，使读者掌握机械动力学仿真分析的思路和方法。作者从事多年机械专业课程教学和机械类相关研究工作，依据教学和科研经验，从提高读者学习积极性的角度出发，以机械领域常用机构和具体机构为研究对象，采用案例方式进行本书内容的撰写和编排。本书各章自成体系，每章都可以完成一种机构的运动学和动力学的较全面的分析。每章内容都是作者根据自己的教学工作和科研实践提出与撰写的，与机械专业课程的结合度极高，也降低了机械类专业读者对分析研究对象的理解难度。本书已经过作者的教学实践检验和完善，并取得了较好的教学效果。本书可作为教授学生机械动力学仿真分析方法的教程，也可为读者自行学习提供帮助。

本书共 10 章，第 1 章主要介绍 Adams 软件界面、基本设置和仿真执行方法；第 2～5 章通过曲柄摇杆机构、曲柄滑块机构、凸轮机构、齿轮机构四种典型机构的动力学仿真分析，说明基于 Adams 软件的机械动力学仿真分析的建模、仿真设置与执行、仿真结果查看和分析、参数化设计、优化分析、构件柔性化分析、与三维建模软件和 MATLAB 软件的交互与联合仿真等方面的方法和步骤；第 6～8 章通过刚柔耦合机构和结果（四杆张拉整体移动机构、六杆球形张拉整体机器人和截角四面体张拉整体结构）的动力学仿真分析，说明具体机构在 Adams 软件中的仿真分析方法与过程；第 9 章介绍利用 ANSYS Workbench 和 LS-DYNA 两个软件分析机构运动的方法，使读者了解各软件的局限性，以拓展读者的机械动力学仿真思路和视野；第 10 章给出 6 个机构动力学仿真分析题目，可供读者自行练习或对其学习效果进行测试。刘贺平负责第 1～5 章和第 10 章的撰写，罗阿妮负责第 6～9 章的撰写，全书的校核由刘贺平负责。

本书主要介绍 Adams、SolidWorks、MATLAB、ANSYS Workbench 和 LS-DYNA 等多个软件的应用，在内容上参照了许多相关研究成果。在这里，向各软件公司和研究人员表示衷心感谢，同时，也对在本书的撰写过程中提供大力支持和帮助的作者所指导的研究生表示衷心的感谢。

由于作者水平有限，书中疏漏之处在所难免，恳请读者批评指正！

作　者

2023 年 1 月

# 目　录

# 第 1 章　软件界面、基本设置和操作介绍

## 1.1　软 件 介 绍

Adams，即机械系统动力学自动分析(Automatic dynamic analysis of mechanical systems)，是由美国 MSC 公司开发的虚拟样机分析软件。

目前，Adams 已经被全世界各行各业的数百家主要制造商采用。Adams 软件使用交互式图形环境和零件库、约束库、力库等，创建完全参数化的机械系统几何模型，其求解器采用多刚体系统动力学理论中的拉格朗日方程方法，建立系统动力学方程，对虚拟机械系统进行静力学、运动学和动力学分析，输出如位移、速度、加速度和反作用力等曲线。

Adams 软件的仿真可用于预测机械系统的性能、运动范围、碰撞检测、峰值载荷以及计算有限元的输入载荷等。Adams 一方面是虚拟样机分析的应用软件，用户可以运用该软件非常方便地对虚拟机械系统进行静力学、运动学和动力学分析；另一方面，此软件又是虚拟样机分析开发工具，其开放性的程序结构和多种接口成为特殊行业用户进行特殊类型虚拟样机分析的二次开发工具平台。

## 1.2　界 面 介 绍

### 1.2.1　开始界面

双击 Adams View 运行文件图标，出现 Adams 开始界面(图 1.1)。单击“新建模型”图标，即可创建新的模型文件；单击“现有模型”图标，就可以打开已经建好的模型文件；单击“退出”图标，就可以实现软件的退出。

图 1.1　开始界面

## 1.2.2　新建模型

单击图 1.1 所示“新建模型”图标之后，弹出如图 1.2 所示的对话框，包含模型名称、重力、单位的选择。其中自定义模型名称是由英文、下划线和数字组成的，不能包含中文符号。单位和重力也可以在“Settings”中进行设置。在完成各项参数设置之后单击“确定”按钮，即可进行下一步操作。

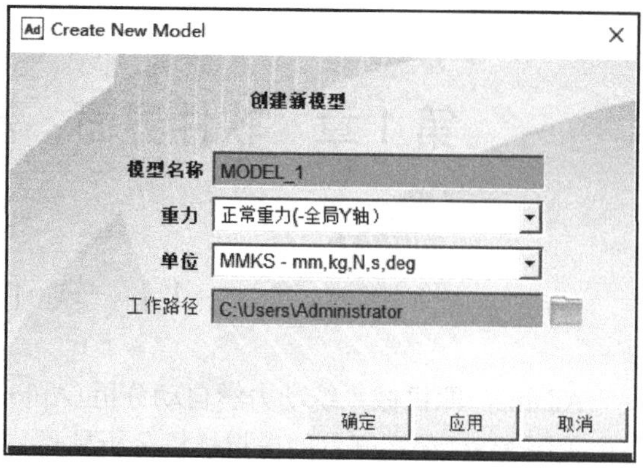

图 1.2　创建新模型

## 1.2.3　软件界面区域划分

Adams View 的工作界面是由工作区域、主菜单栏、工具栏、建模工具条、模型树浏览区、快捷设置栏等组成的，如图 1.3 所示。

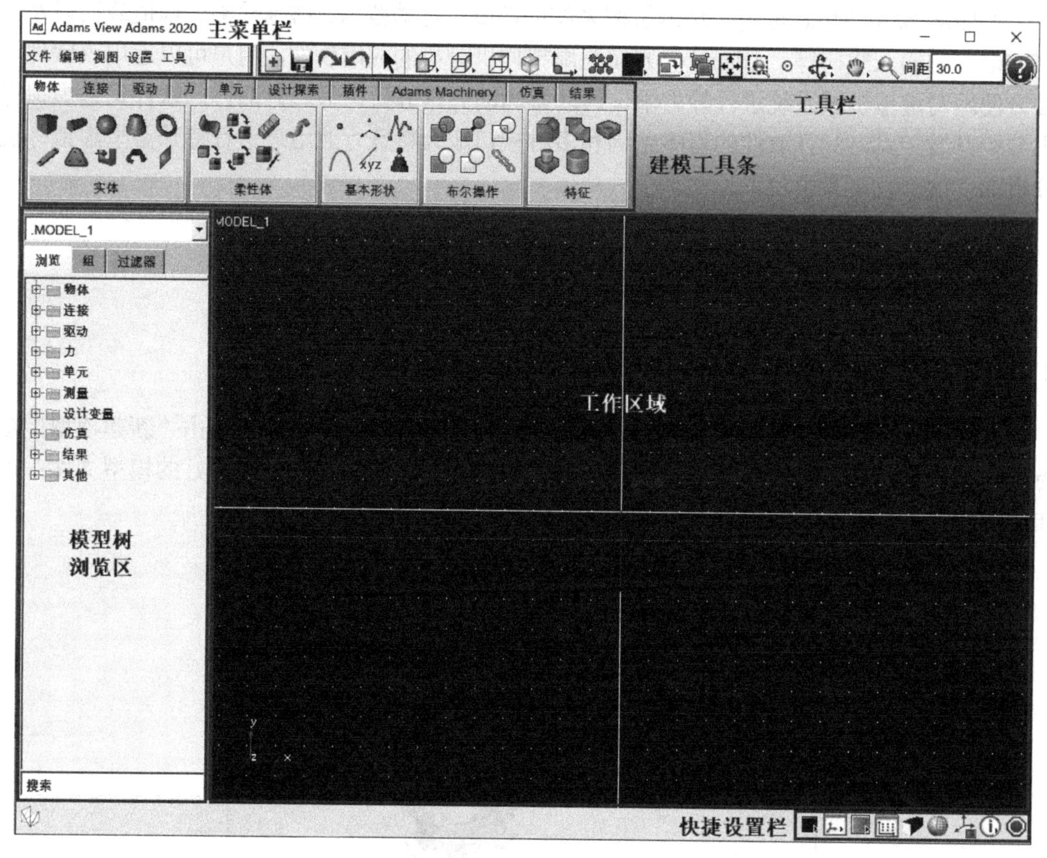


图 1.3　软件界面

工作区域是 Adams 模型显示区域，如图 1.4 所示，建立模型以及对模型进行修改等操作都将在此区域进行，方便操作者进行可视化设计。为了便于观察模型，可以根据模型的颜色进行工作区域背景颜色的修改，图 1.4 是将工作区域背景颜色设置为白色。

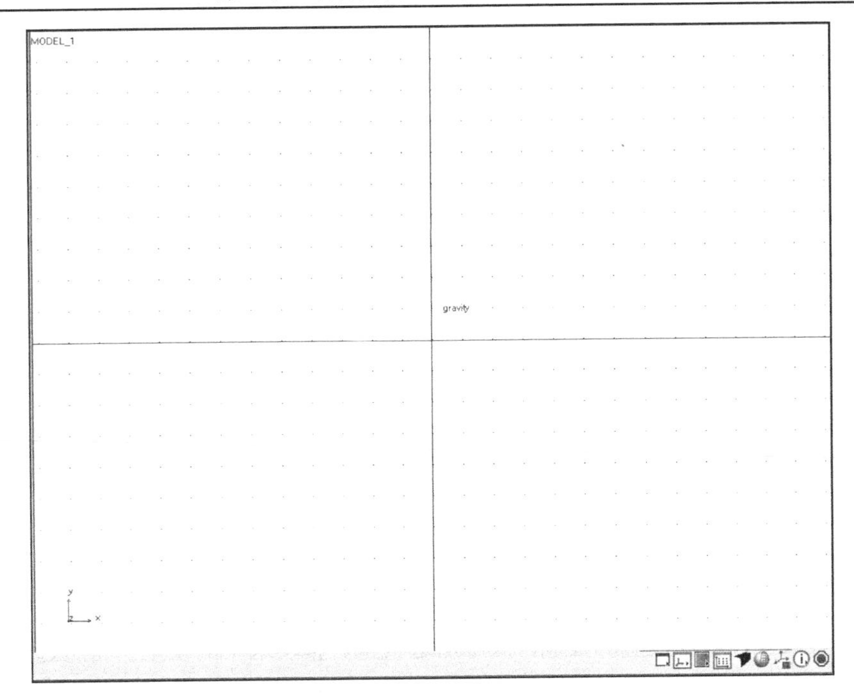


图 1.4　工作区域

## 1.3　界面各部分内容和功能介绍

如图 1.5 所示，工具栏内包括新建模型、保存当前模型、反向撤销、正向撤销、选择、视图转换(正视图、侧视图、俯视图、轴测图)、创建/修改材料、实体颜色修改、位置变化、选择视图中心、旋转(快捷键 r)、平移(快捷键 t)、放大(快捷键 z)等功能标签。

图 1.5　工具栏

图 1.6(a) 主菜单栏包括文件、编辑、视图、设置、工具几个主菜单，单击主菜单即可显示更多菜单和命令。菜单栏中包含软件的所有命令。

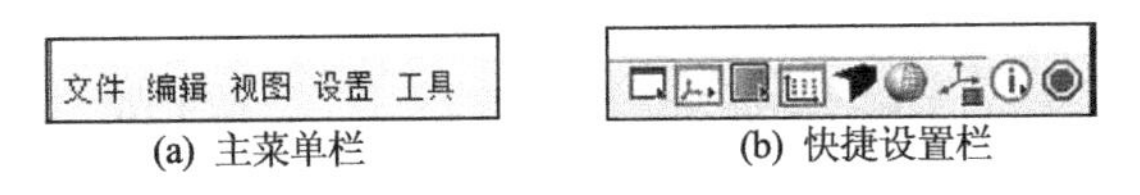


图 1.6　菜单栏

图 1.6(b) 快捷设置栏包括工作区域背景颜色设置、切换坐标轴和标题的可见性、窗口布局、切换网格可见性、切换投影平行法/远近法、切换线框/阴影模式、切换视图图标可见性、停止指令等命令图标。

图 1.7 显示了模型树浏览区，浏览区的最上面显示了模型名称，下面分别为浏览、组、过滤器状态栏；在浏览状态下可以查看所建模型中的物体、物体之间的连接关系、模型运动的驱动力，以及作用在模型上的外力等。

单击主菜单中的“文件”，即可显示图 1.8 所示的下拉菜单，此下拉菜单中可以进行新建模型，打开已有模型，保存当前模型，将模型另存为其他格式，导入其他格式的模型，将模型导出为其他格式，设置当前文件的保存路径以及退出软件等操作。

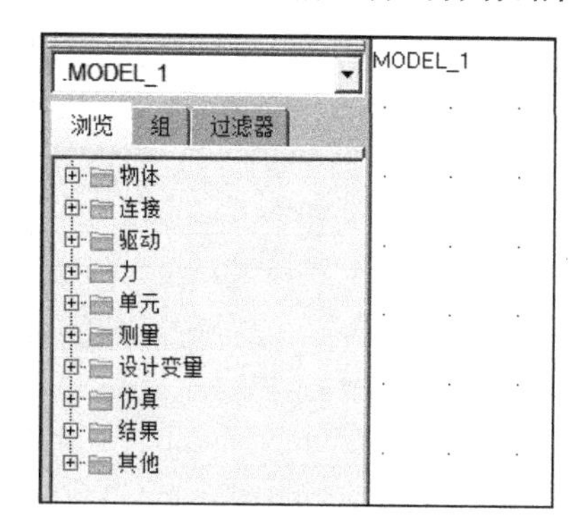


图 1.7　模型树浏览区

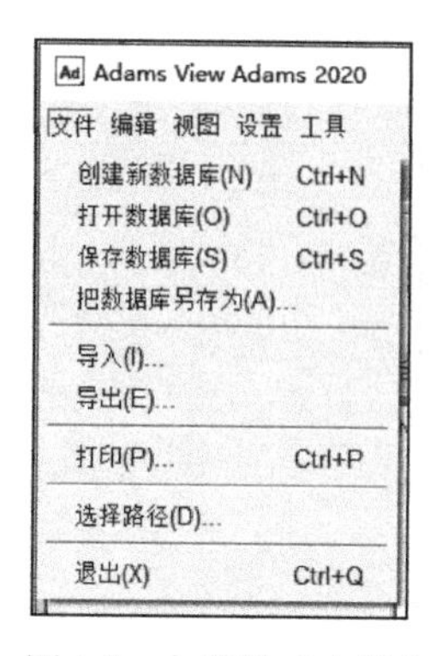


图 1.8　主菜单“文件”

单击主菜单中的“编辑”，即可进行模型的撤销、重做、修改和重命名等操作；外观渲染以及可见性设置，以及模型的复制，删除所选模型、移动选中的模型，将所选模型激活和失效所选模型，当模型较多的时候可以在模型列表中进行模型选择，当选择所有模型后还可以取消所有选择，如图 1.9 所示。

单击主菜单中的“视图”，可以对模型进行测量、加载工具栏、显示命令窗口和坐标窗口，以及对模型进行渲染、投影等操作，如图 1.10 所示。

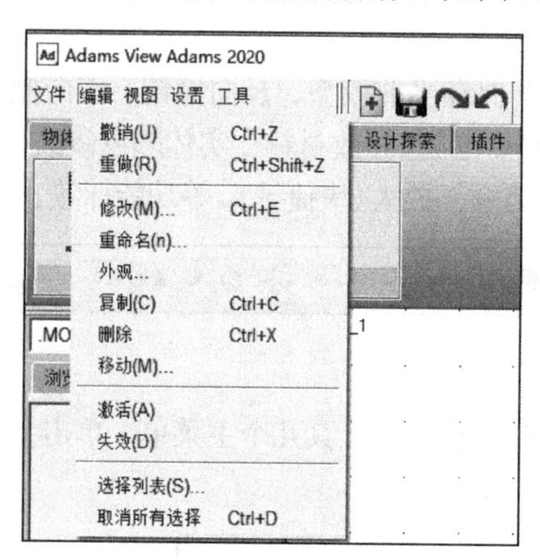


图 1.9　主菜单“编辑”

图 1.10　主菜单“视图”

单击主菜单中的“设置”，可进行坐标系的选择、工作格栅的调整、系统单位的设置、重力加速度的设置、对各个显示图标大小颜色的调整，以及背景颜色的修改等操作，同时在模型仿真求解过程中还能进行求解器的选择和界面风格的修改，如图 1.11 所示。

单击主菜单中的“工具”，可以打开命令浏览器、数据库浏览器，以及表格编辑器(可对表格及其性能进行编辑)、插件管理器(通过插件管理器对所用插件进行修改)等编辑框，也可对模型间的距离进行测量，统计整个模型的整体质量，对两个模型进行合并等，如图 1.12 所示。

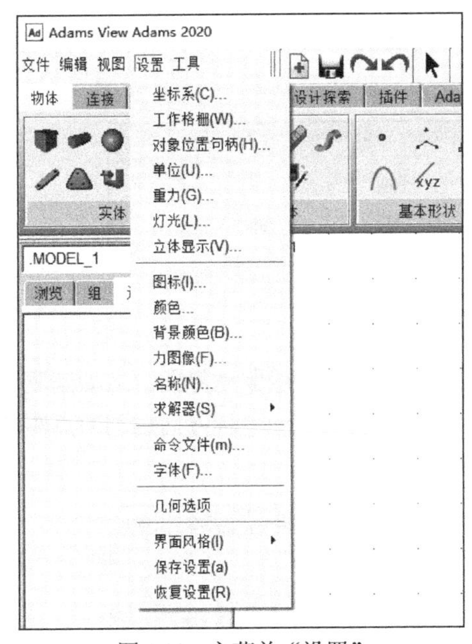


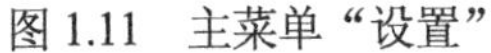

图 1.11　主菜单“设置”

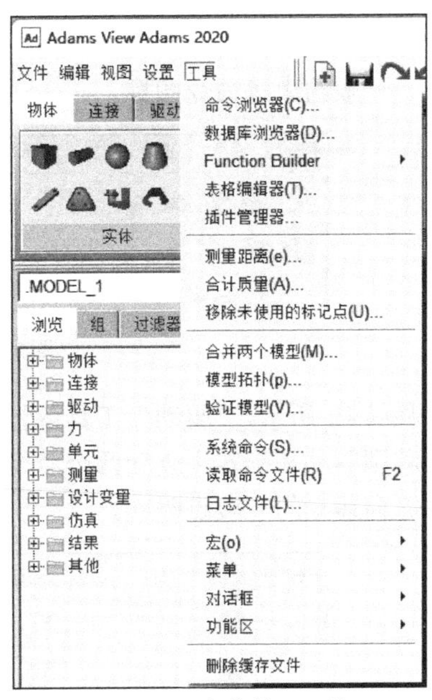


图 1.12　主菜单“工具”

## 1.4　建模工具条

建模工具条包括物体、连接、驱动、力、单元、设计探索、插件、Adams Machinery、仿真和结果等。

“物体”工具条中，包含实体、柔性体、基本形状、布尔操作、特征等界面，如图 1.13 所示。

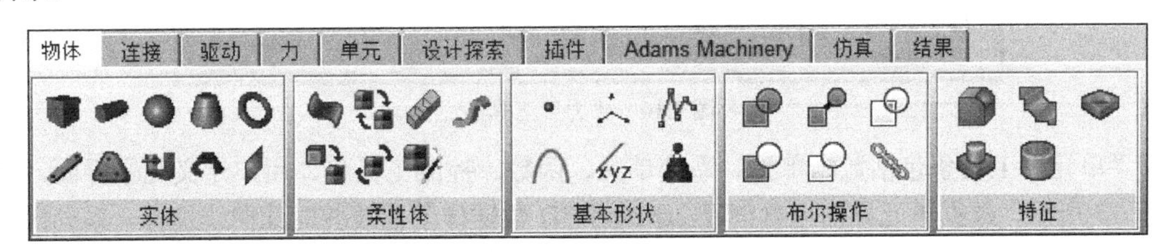


图 1.13　“物体”工具条

实体建模界面包括立方体、圆柱体、球体、锥台体、圆环、连杆、多边形板体、拉伸体、旋转体、二维平面等命令图标。柔性体建模界面包括创建柔性体、柔性体替换柔性体、离散柔性连杆、创建有限元部件、刚性体变成柔性体、MNF 变换等命令图标。

基本形状建模界面包括点、标记点、多段线、圆弧/圆环、样条曲线、质点等命令图标。布尔操作建模界面包括合并两个相交的实体、联合两个不相交的物体、相交两个物体、将一个实体切割另一个实体、还原布尔操作的实体、将首尾相连的构造线连成一条线等命令图标。特征建模界面包括倒圆、倒角、钻孔、增加圆凸、抽壳等命令图标。

“连接”工具条包括运动副、基本运动约束、耦合副和特殊约束界面，如图 1.14 所示。运动副界面包括固定副、旋转副、平移副、圆柱副、球副、恒速副、虎克副、螺旋副、平面副等命令图标。基本运动约束界面包括平行约束、方向约束、垂直约束、点面约束、共线约束等命令图标。耦合副界面包括齿轮副、耦合副命令图标。特殊约束界面包括点线约束、2D线约束、一般约束等命令图标。

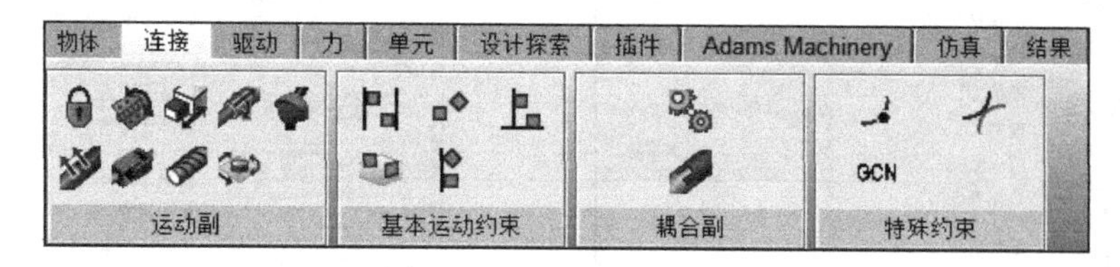


图 1.14 “连接”工具条

如图 1.15 所示，“驱动”工具条包括运动副驱动界面和一般驱动界面。运动副驱动界面包括平移副驱动和旋转副驱动两个命令图标，一般驱动包括沿一个轴方向运动的点驱动和沿多个轴方向运动的一般点驱动。

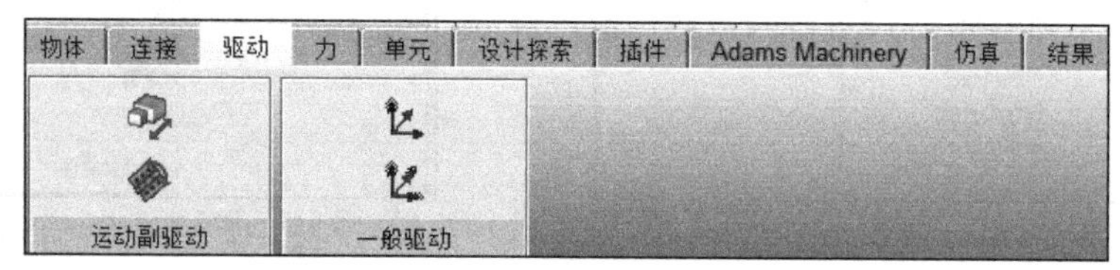


图 1.15 “驱动”工具条

“力”工具条(图 1.16)包括作用力、柔性连接和特殊力三个界面。作用力界面包括创建各种力和力矩的命令图标。柔性连接界面包括轴套力、扭转弹簧阻尼器、力场、拉压弹簧阻尼器、无质量梁等命令图标。特殊力界面包括接触、模态力、FE Load、轮胎、重力等命令图标。

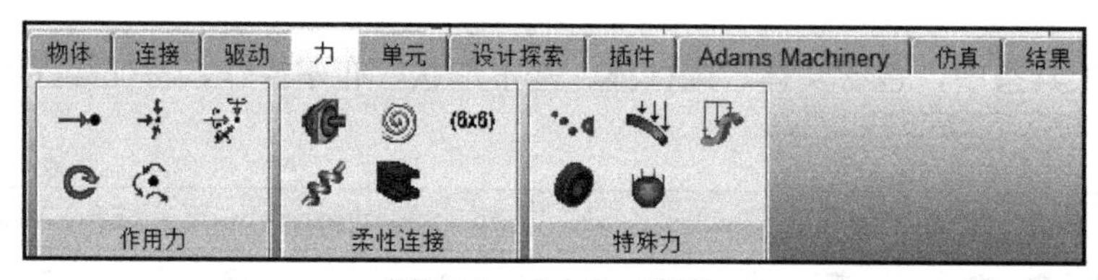


图 1.16 “力”工具条

“单元”工具条包括数据单元、系统单元、函数、控制工具包、用户定义几个界面，如图 1.17 所示。数据单元界面包含创建 2D 或者 3D 数据样条曲线并对此曲线进行一系列操作的命令图标。系统单元界面包含通过单数方程建立的状态方程、输入输出、一般状态方程及线性状态方程等命令图标。函数界面包括建立函数以及仿真函数命令图标。

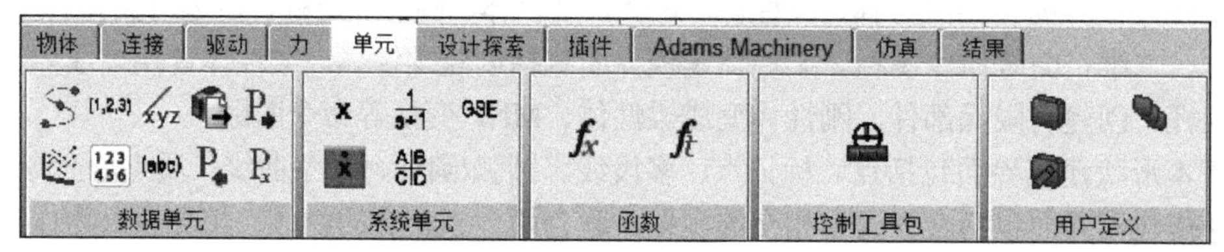


图 1.17 “单元”工具条

“设计探索”工具条包含设计变量、测量、测量对象、设计评价、Adams Insight、Adams Explore、临时设置几个界面，如图 1.18 所示。设计变量及测量界面主要包含建立设计变量、对模型之间的距离以及角度等的测量等命令图标。设计评价界面包含优化分析等命令图标。

图 1.18　“设计探索”工具条

“插件”工具条包含控制分析、振动分析、疲劳分析等界面，如图 1.19 所示。本书中会用到第一个控制分析界面里的命令。

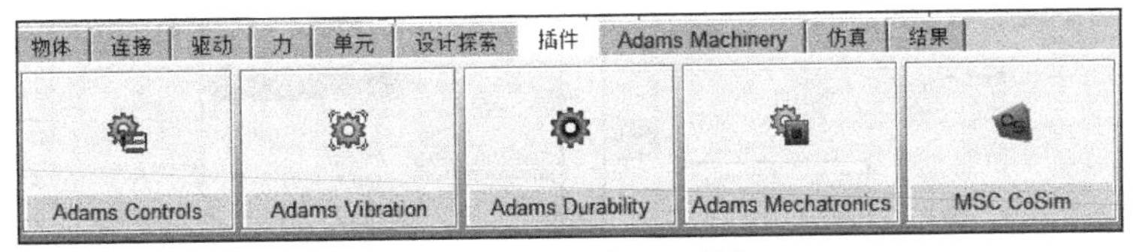


图 1.19　“插件”工具条

如图 1.20 所示，“Adams Machinery”工具条包含齿轮、带、链、轴承、绳索、电机、凸轮等界面。这些界面中包含相应机构运动形式的建模命令图标。

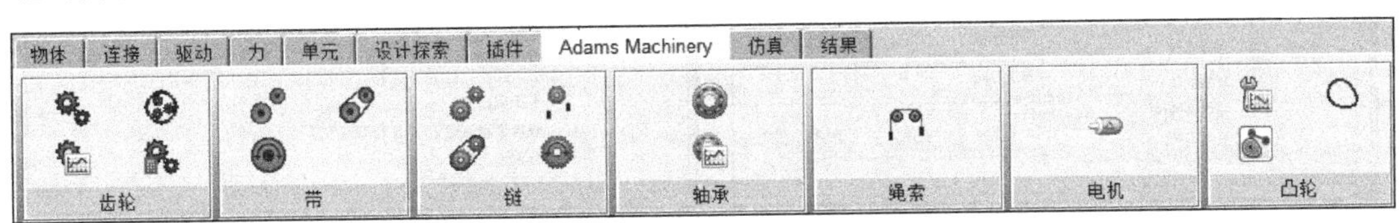


图 1.20　“Adams Machinery”工具条

“仿真”工具条包含仿真脚本和仿真分析界面，可以进行运行仿真等命令操作，如图 1.21 所示。

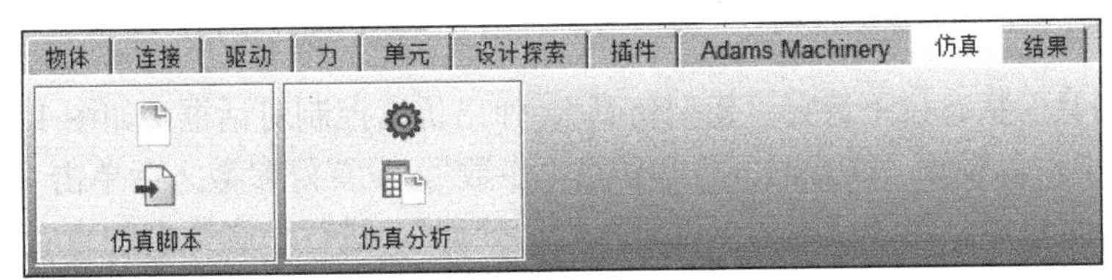


图 1.21　“仿真”工具条

“结果”工具条包含查看结果、后处理两个界面，可以进行显示仿真结果等命令操作。

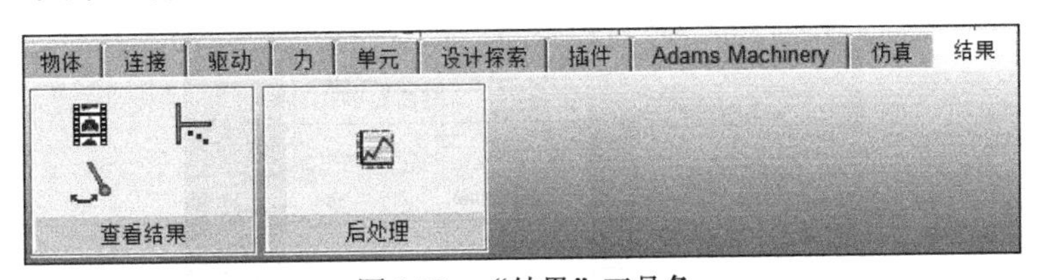


图 1.22　“结果”工具条

## 1.5　格栅及单位设置

单击菜单栏中“设置”条目，在下拉菜单中选择“工作格栅”，即出现图 1.23 所示的工作格栅设置界面。首先设置坐标系形式，这里包括矩形坐标系和极坐标系两种坐标形式。

图 1.23 中的“大小”和“间隔”分别指工作区域大小设置和格栅的大小。在进行建模时，

当需要进行格栅转化时，在“设置定位”处可以进行格栅位置设置；在“设置方向”处可以进行格栅方向设置。通过格栅中心位置设置和格栅方向调整可以对格栅进行任意调整，以方便模型的建立。

单击“设置”条目下拉菜单中的“单位”，即出现可对该模型的具体单位进行修改的对话框，如图 1.24 所示。

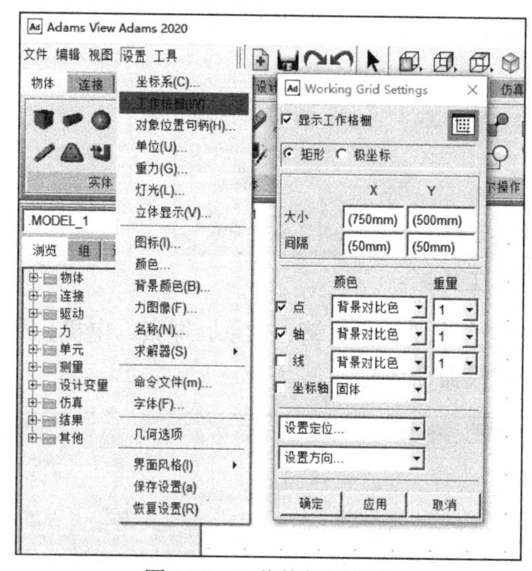


图 1.23　工作格栅的修改

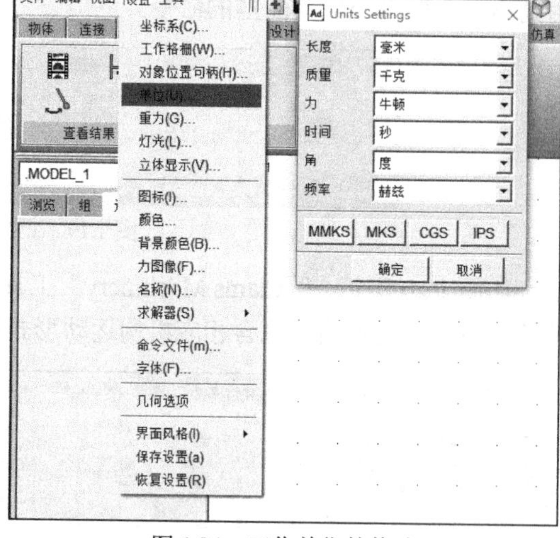


图 1.24　工作单位的修改

## 1.6　仿 真 介 绍

(1) 在“仿真”状态栏下选择“模型仿真”，弹出仿真控制对话框，如图 1.25 所示。在仿真设置对话框中可以设置“终止时间”和仿真“步数”，设置好参数之后单击“开始仿真”按钮 ▶，模型开始仿真。仿真结束后可以进入“后处理”，进行仿真数据的查看及处理。

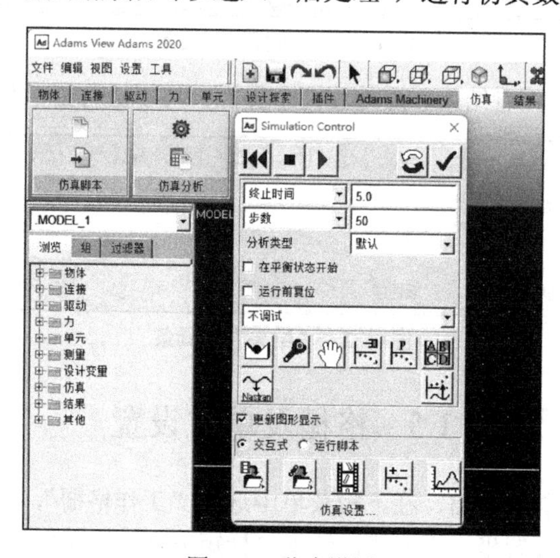


图 1.25　仿真设置

(2)在“结果”状态栏下选择“后处理”，弹出后处理界面，在后处理界面中可以查看模型仿真结果、运动数据曲线等，以及运动动画录制，如图 1.26 所示。

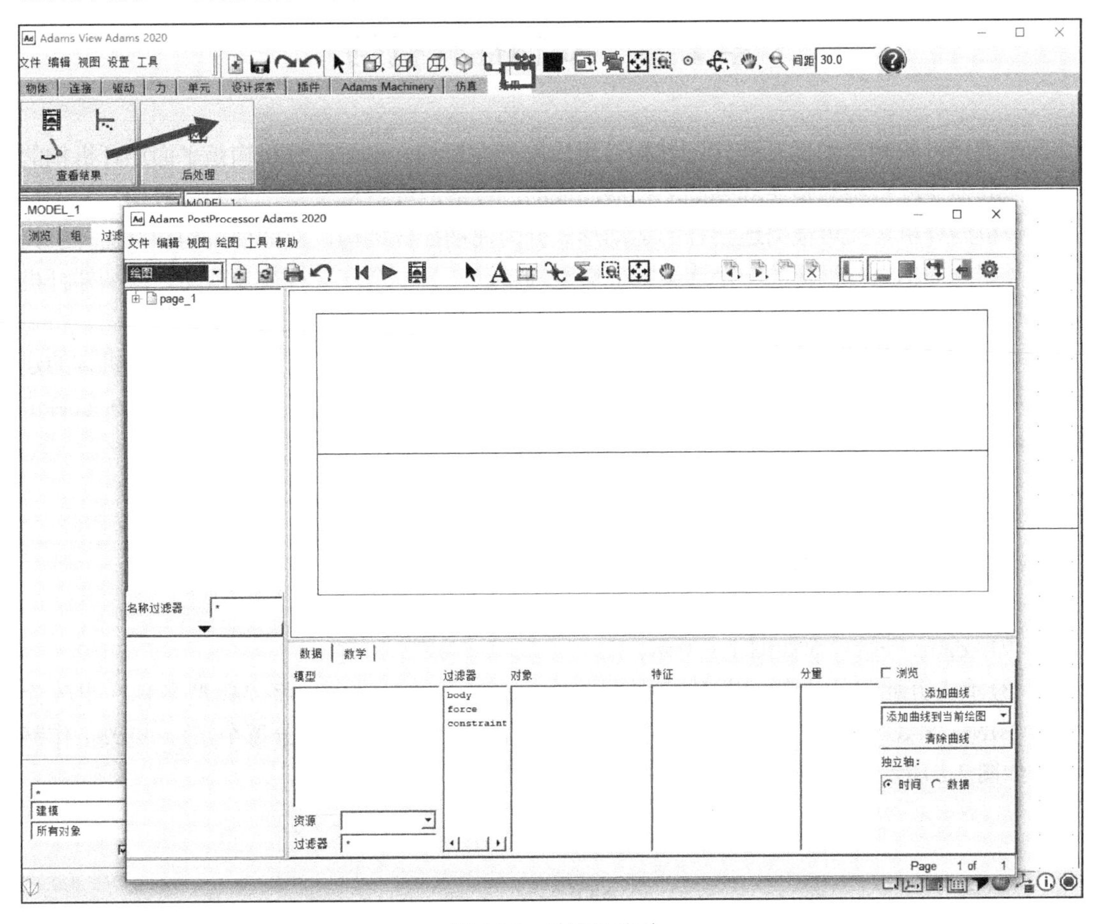


图 1.26　后处理界面

# 第 2 章　曲柄摇杆机构

平面连杆机构是由低副连接刚性构件组成的平面机构。平面四杆机构是平面连杆机构的基础，其他连杆机构都是在其基础上扩展而成的。铰链四杆机构又是平面四杆机构的基本形式。铰链四杆机构又可根据连架杆的运动形式分为曲柄摇杆机构、双曲柄机构和双摇杆机构三种类型。曲柄摇杆机构的一个连架杆能够整周转动，另一个连架杆往复摆动。曲柄摇杆机构在日常生活中的应用十分广泛。

本章主要介绍曲柄摇杆机构在 Adams 软件中的建模分析方法，包括曲柄摇杆机构的建模、运动仿真、基于构件端点坐标的构件结构尺寸的优化，以及 MATLAB 与 Adams 联合仿真等内容。

## 2.1　启动软件并设置工作环境

(1) 双击 Adams View 运行文件图标，启动 Adams 软件。

(2) Adams 开始界面如图 1.1 所示。

(3) 单击开始界面上的“新建模型”选项，在打开的对话框中将“模型名称”更改为“QU_BING_YAO_GAN”(名称中不允许有空格、汉字，用下划线区分每个字)，更改工作路径，如图 2.1 所示，单击“确定”按钮。

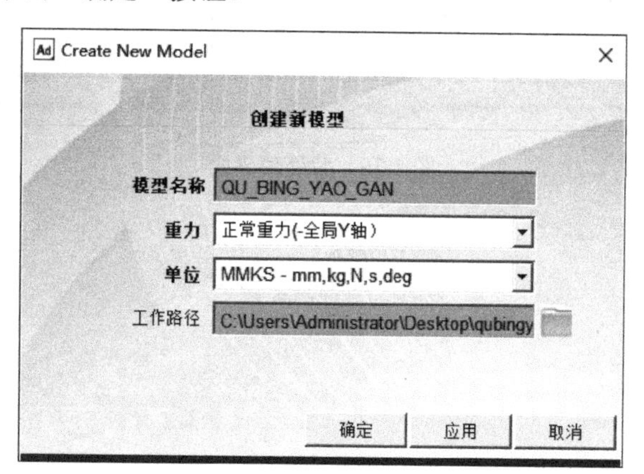


图 2.1　“创建新模型”对话框

(4) 新模型创建后，在 Adams 功能区的左下方将显示该模型的名称，如图 2.2 所示。

(5) 单击菜单栏中的“设置”→“Edit Background Color”，将“Edit Background Color”对话框的各项参数设置成如图 2.3 所示，取消“梯度”设置，然后单击“确定”按钮，即可将背景颜色设置成白色(设成白色只是为了方便观察)。

(6) 如果习惯了 Adams 的经典界面，可单击菜单栏中的“设置”→“界面风格”→“经典”，将界面切换回经典界面。

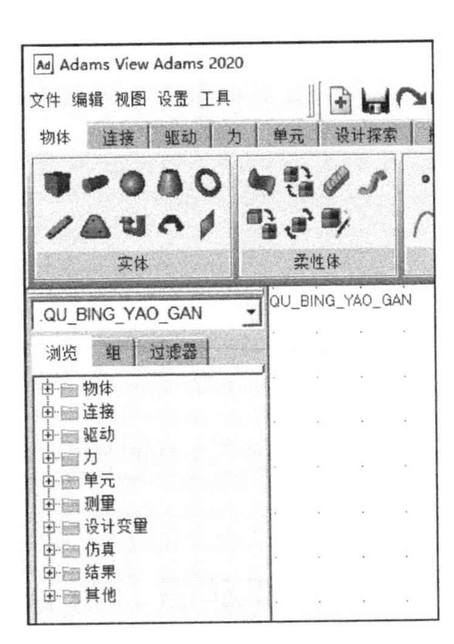


图 2.2　Adams 工作界面

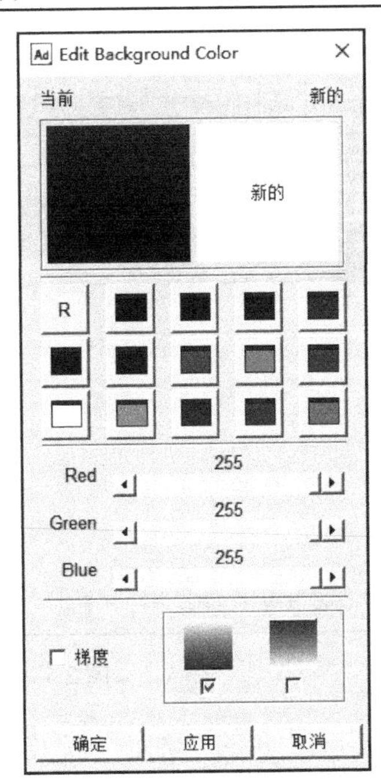


图 2.3　“Edit Background Color”对话框

## 2.2　创建仿真模型

### 2.2.1　搭建模型框架

一个平面四杆机构是否能够成为曲柄摇杆机构，取决于四根杆长度是否满足杆长条件(即最短杆长度和最长杆长度之和小于等于另两杆长度之和，且最短杆为连架杆)，因此构建曲柄摇杆机构需要对各杆长进行计算。在 Adams 软件中建立机构模型时，建模顺序类似于机构运动简图的绘制顺序。

(1) 根据上面的分析，建立曲柄摇杆机构时，首先根据杆长条件来确定各构件的长度，然后确定运动副的位置。曲柄摇杆机构有 4 个运动副且都为旋转副，首先根据杆长条件确定 4 个旋转副转动中心的相对位置。单击功能区中的“物体”→“基本形状”→“设计点”按钮 •，在工作区的左侧会出现“点”的属性工具栏，如图 2.4 所示。

(2) 单击“点表格”按钮，在出现的对话框中单击“创建”按钮四次，然后输入曲柄摇杆机构各节点的坐标 POINT_1(0.0,0.0,0.0)、POINT_2(0.0,200,0.0)、POINT_3(300,400,0.0)、POINT_4(300,0.0,0.0)，如图 2.5 所示。

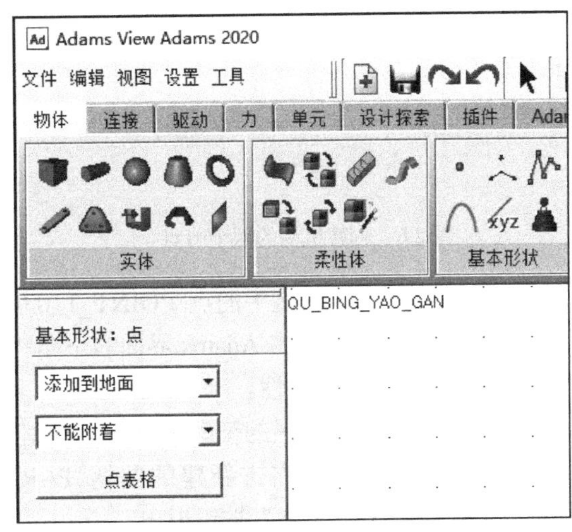


图 2.4　“点”的属性工具栏

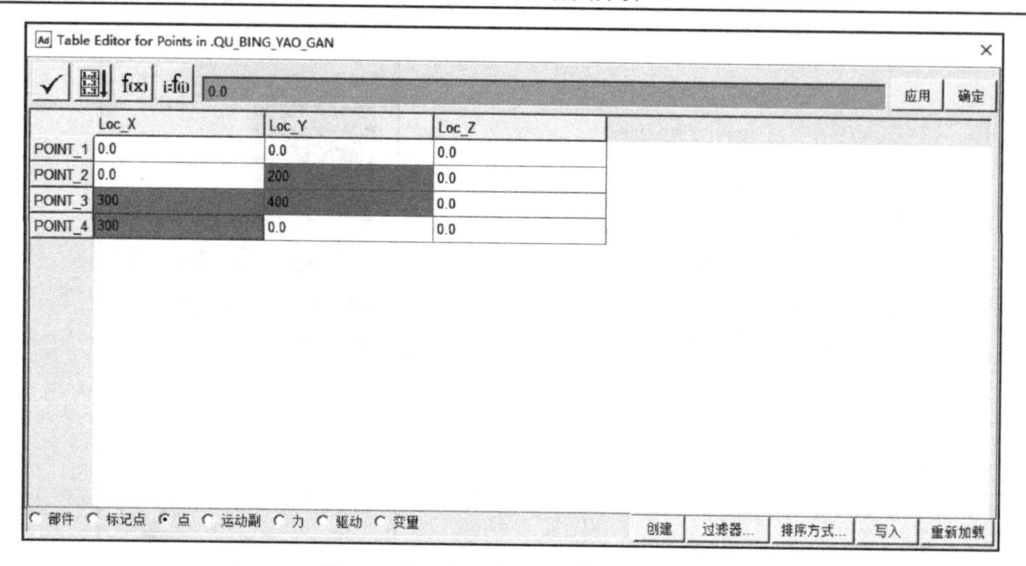


|  | Loc_X | Loc_Y | Loc_Z |
|---|---|---|---|
| POINT_1 | 0.0 | 0.0 | 0.0 |
| POINT_2 | 0.0 | 200 | 0.0 |
| POINT_3 | 300 | 400 | 0.0 |
| POINT_4 | 300 | 0.0 | 0.0 |

图 2.5　在“点表格”中输入点的坐标

(3) 单击右上角的“确定”按钮关闭对话框，工作区上随即出现如图 2.6 所示的四个点。

(4) 单击建模工具条中的“物体”→“实体”→“连杆”按钮，在模型树浏览区会出现连杆的属性工具栏，如图 2.7 所示，勾选“宽度”并将宽度设置为 4.0cm，这样做可以使构件的宽度始终为 4.0cm。

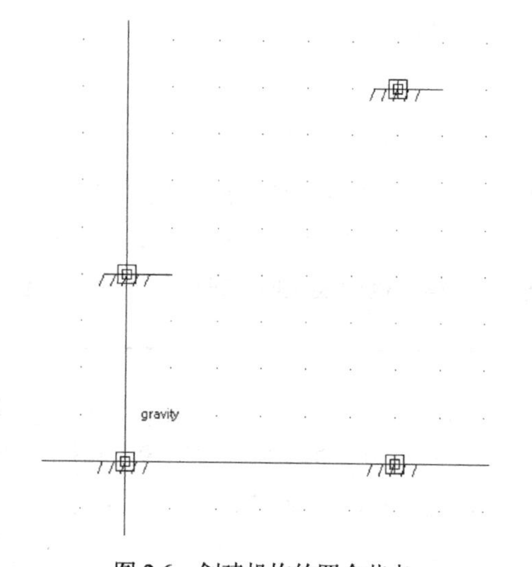


图 2.6　创建机构的四个节点

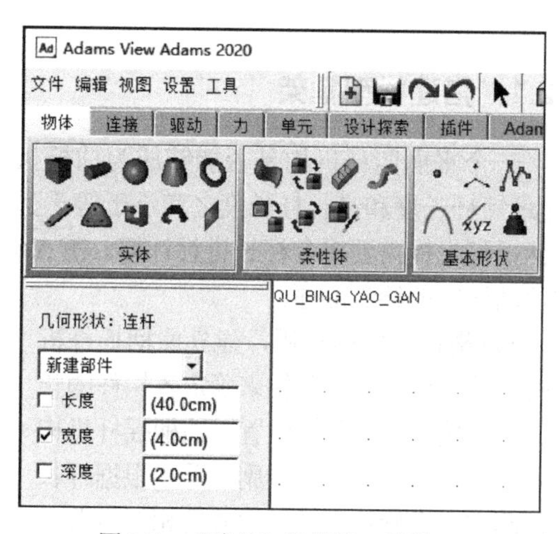


图 2.7　“连杆”的属性工具栏

(5) 依次单击工作区中的点 POINT_1 (0.0,0.0,0.0) 和 POINT_2 (0.0,200,0.0)，即可创建曲柄，如图 2.8 所示。单击 Adams 界面右下角“”切换线框模式或阴影模式，单击“”可切换视图中图标的可见性。

(6) 在模型树浏览区的模型浏览器→“浏览”→“物体”中单击 PART_2，视图中的相应物体会显示为高亮，右击新建的曲柄 PART_2，然后单击“重命名”，将新名称更改为 QU_BING，单击“确定”按钮退出。

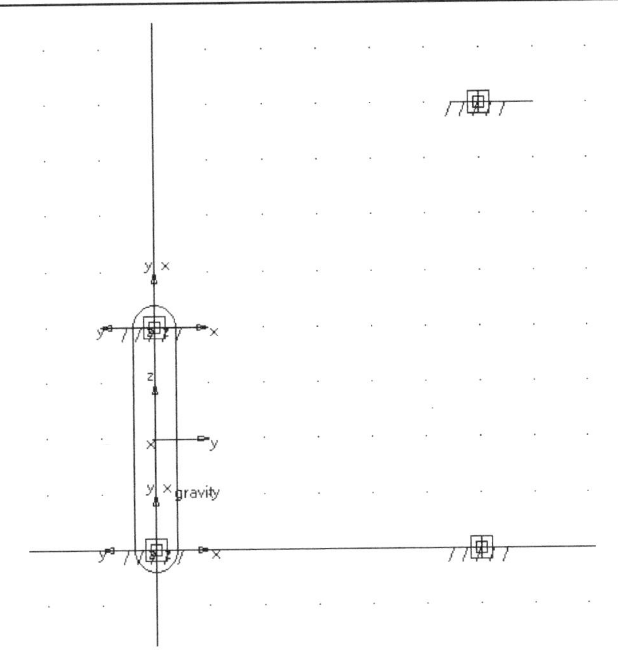

图 2.8　创建曲柄

(7) 参照步骤(4)～步骤(6)，依次创建连杆、摇杆和机架并重命名，结果见图 2.9 和图 2.10。

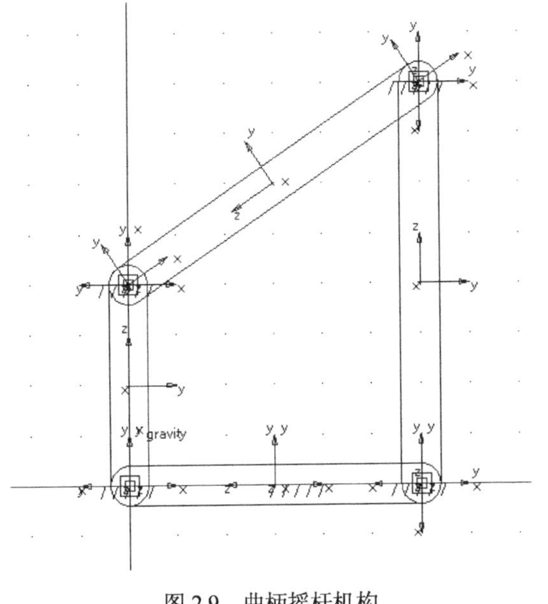

图 2.9　曲柄摇杆机构

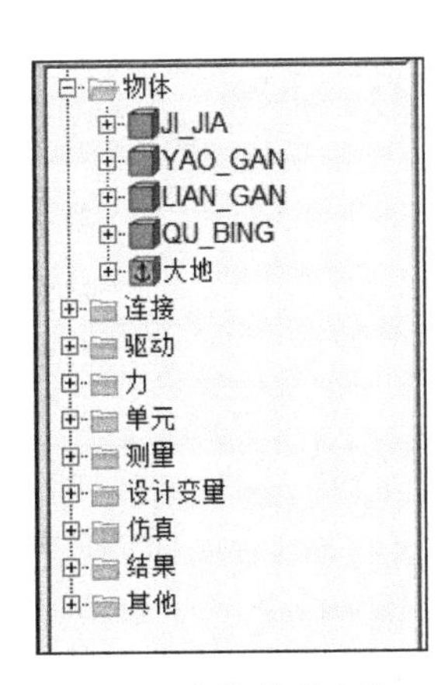


图 2.10　各构件的名称

### 2.2.2　添加约束

(1) 单击建模工具条中的“连接”→“运动副”→“创建旋转副”按钮，在“构建方式”下拉菜单中选择“2 个物体-1 个位置”，如图 2.11 所示。

(2) 依次单击机架上任意一点、曲柄上任意一点，鼠标移至 POINT_1 位置附近右击，出现附近可供选择的点，单击不同的点，视图中会显示该点，选取 ground.POINT_1，单击“确定”按钮，即可创建一个旋转副，如图 2.12 所示。单击左侧模型“浏览器”→“连接”，可以看到新建的旋转副 JOINT_1。

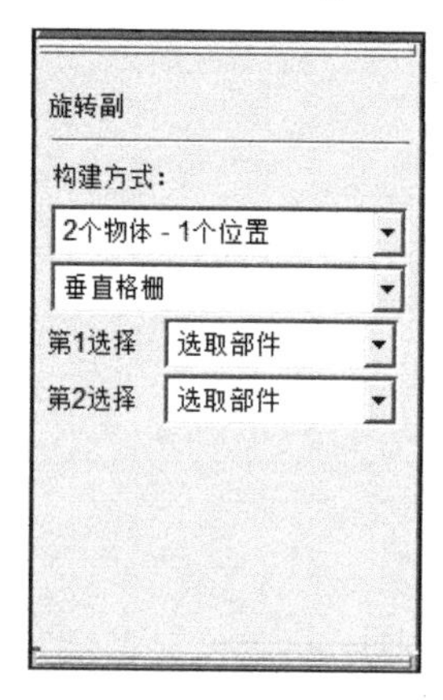


图 2.11　旋转副的属性设置

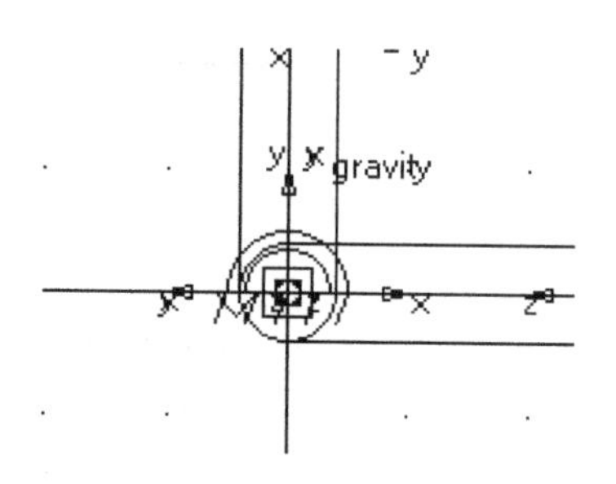


图 2.12　为机架和曲柄创建旋转副

(3) 重复步骤(1)和步骤(2)，建立曲柄摇杆机构剩余的 3 个旋转副，曲柄与连杆间为 JOINT_2，连杆与摇杆间为 JOINT_3，摇杆与机架间为 JOINT_4，如图 2.13 所示。

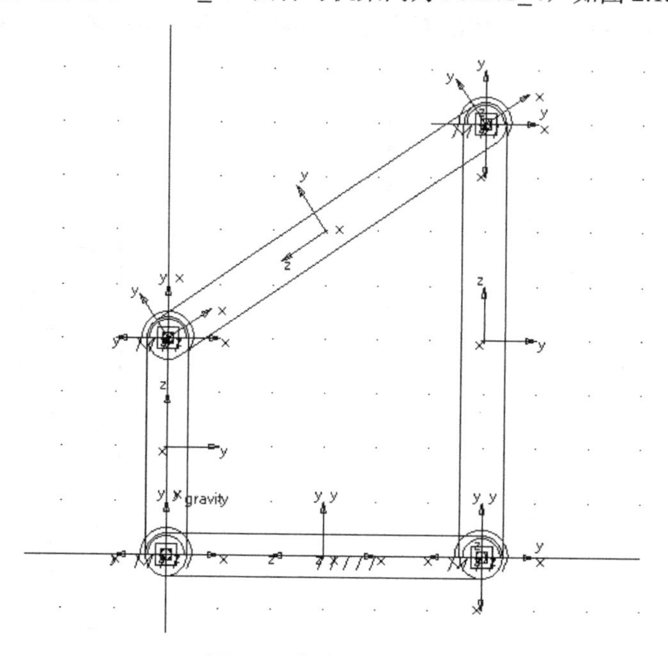


图 2.13　创建其他旋转副

(4) 单击建模工具条中的“连接”→“运动副”→“创建固定副”按钮，在“构建方式”下拉菜单中选择“1 个位置-物体暗指”。

(5) 单击机架的中点即可添加一个固定副，如图 2.14 所示，也可以在步骤(4)的“构建方式”下拉菜单中选择“2 个物体-1 个位置”，然后单击构件 JI_JIA 和“大地”，最后单击构件 JI_JIA 的中点，也可出现图 2.14 所示的固定副。

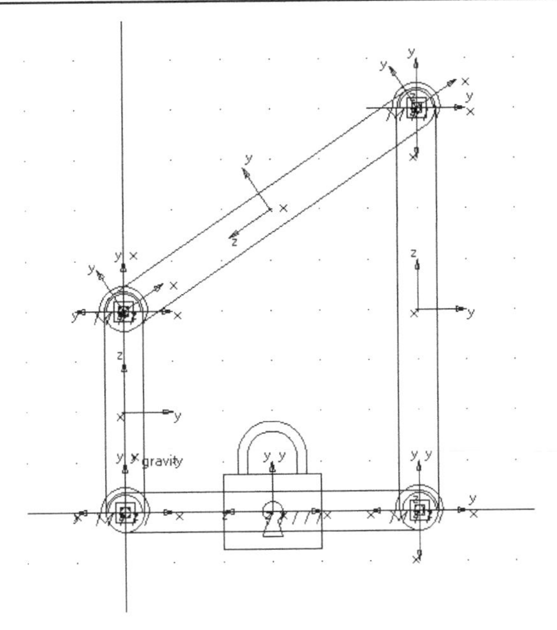


图 2.14　创建固定副

### 2.2.3　添加驱动

单击模型树浏览区的“浏览”工作栏→“连接”→右击“JOINT_1”→“修改”→“施加驱动”，弹出“Impose Motion(s)”对话框，将“绕 Z 旋转”后的下拉框选择“velo(time)=”，在后面的文本框中填写 1，即曲柄的旋转速度设置为 1 弧度/秒，如图 2.15 所示。单击“确定”按钮后结果如图 2.16 所示。

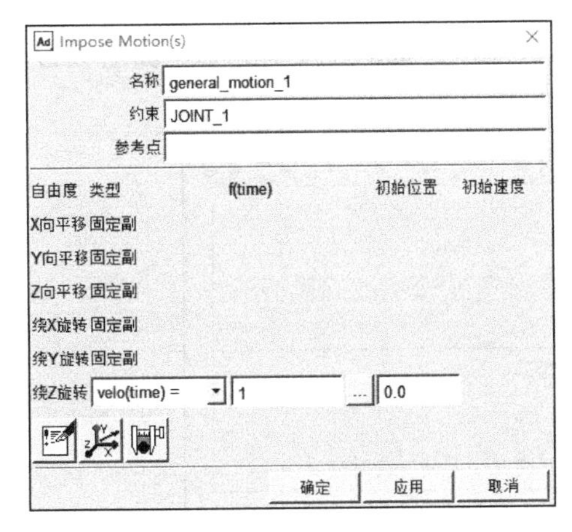


图 2.15　设置旋转速度

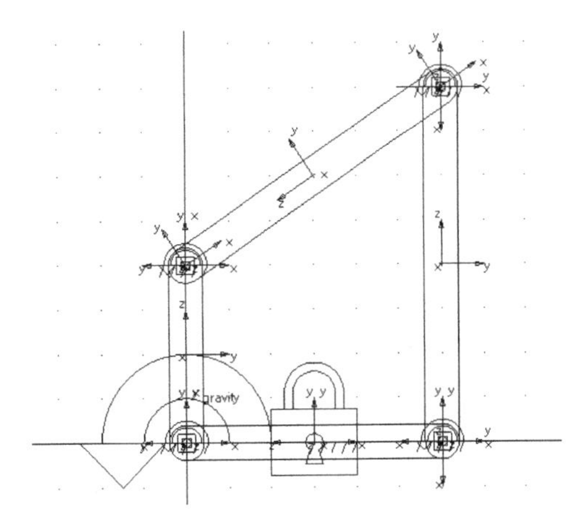


图 2.16　添加旋转驱动

## 2.3　仿 真 分 析

曲柄摇杆机构的仿真模型建立和设置完成，下面将进行机构运动仿真，查看各构件运动变化，检验机构运动的合理性和驱动设置的正确性。

## 2.3.1　模型仿真

(1) 单击建模工具条中的“仿真”→“仿真分析”→“运行交互仿真”按钮⚙，在随后打开的“Simulation Control”对话框中，将“终止时间”设置为 10.0s，“步数”设置为 700，如图 2.17 所示。注意，由于这一软件是利用迭代方式进行计算的，所以设置仿真时长和步数时，两者相除必须能除尽，且步数越多，仿真结果的精度越高。

(2) 单击“开始仿真”按钮▶，模型即开始运动，到了预设的终止时间即仿真结束，图 2.18 给出了运动仿真过程的一个状态。

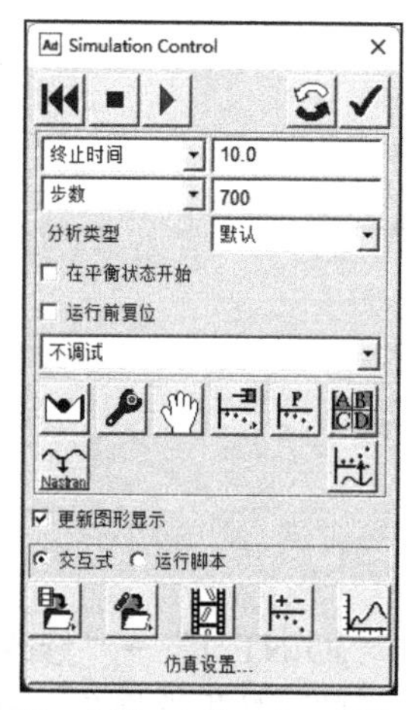


图 2.17　“Simulation Control”对话框

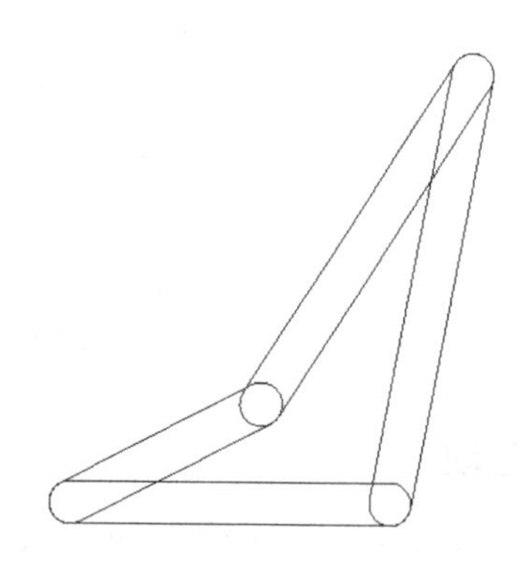

图 2.18　运动仿真过程状态图

## 2.3.2　查看仿真结果

(1) 单击图 2.17 右下角的“绘图”按钮，即可打开 Adams 后处理窗口，如图 2.19 所

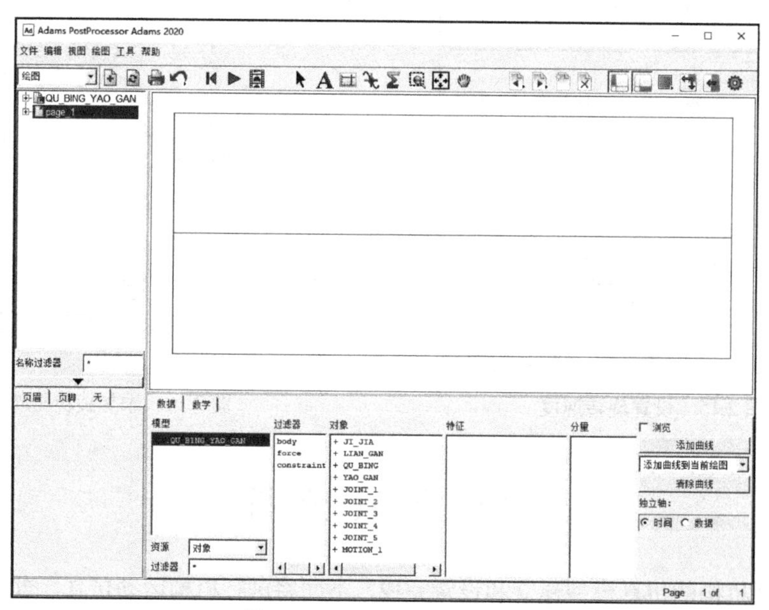


图 2.19　Adams 后处理窗口

示。若要再次仿真，需要先单击“复位”按钮，再单击“运行”按钮。

(2) 在后处理窗口下方，依次单击要测量的“对象”“特征”“分量”，然后单击“添加曲线”按钮即可得到相应的曲线，如图 2.20 (a) ~ (c) 所示。

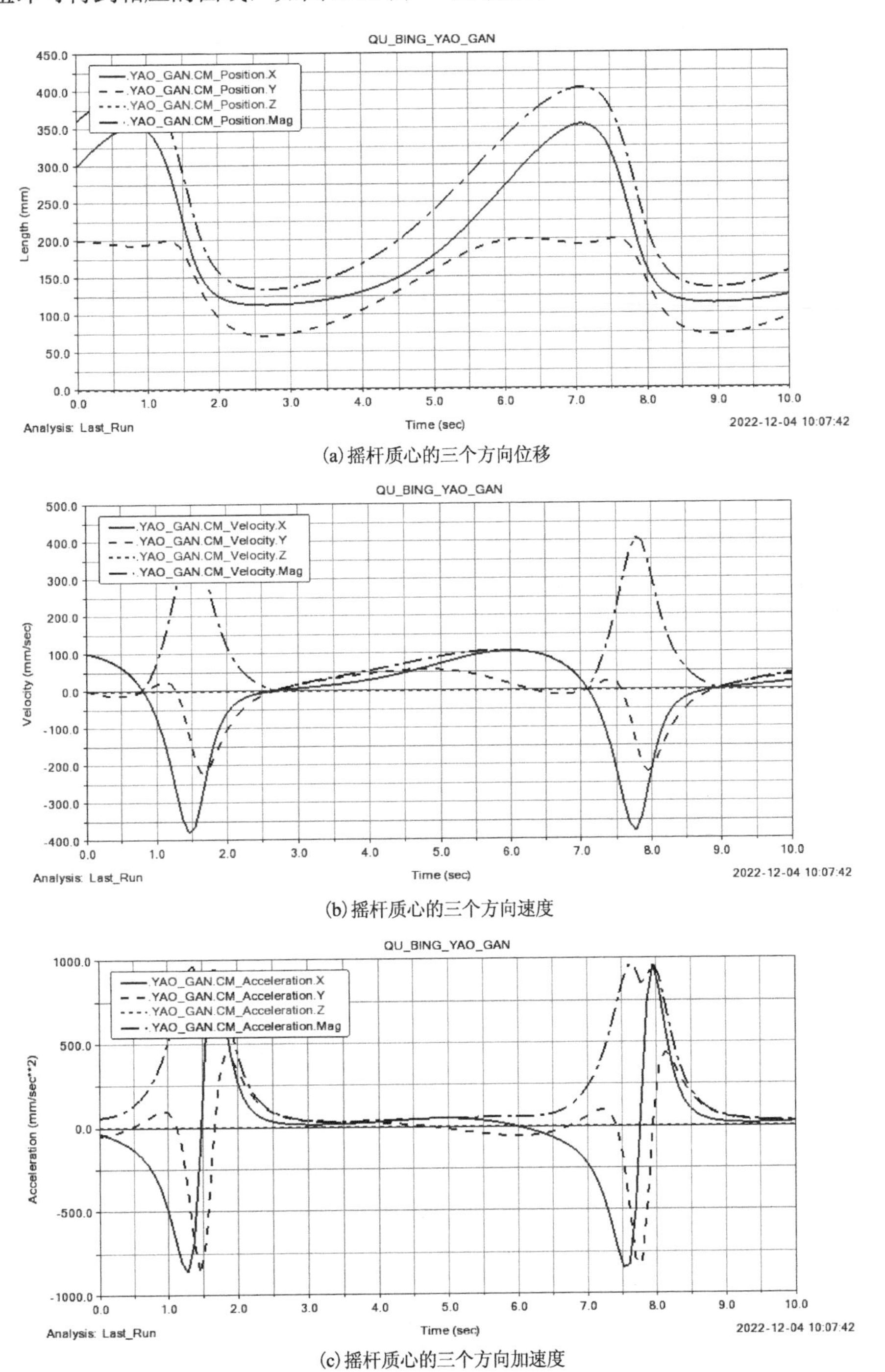


(a) 摇杆质心的三个方向位移

(b) 摇杆质心的三个方向速度

(c) 摇杆质心的三个方向加速度

图 2.20　在 Adams 后处理窗口添加曲线

此曲柄滑块机构的运动近似发生在一个运动周期里。由图 2.20 可知，在 0.5～2.5s 内，摇杆的速度和加速度都有一定的波动，变化较剧烈，而其他时间的运动平稳得多。这是因为此曲柄摇杆机构具有急回特性，而这个时间段正好位于回程阶段，运动时间短，速度变化快。如果想要减小摇杆速度和加速度的变化波动幅度，可以通过降低曲柄的运动速度来实现。

(3) 需要查看某个具体位置的运动变化量时，也可以通过测量的功能来实现。例如，需要查看 YAO_GAN 的 MARKER_13 点的位移、速度、加速度变化时，可以单击模型树浏览区中的“浏览”→“物体”→“YAO_GAN”，这时“YAO_GAN”模型树下面会显示“MARKER_13”条目(此点为连杆和摇杆形成的旋转副的旋转中心)，然后右击“MARKER_13”，在弹出的选项卡中单击“测量”，即可出现如图 2.21 所示的“Point Measure”对话框。

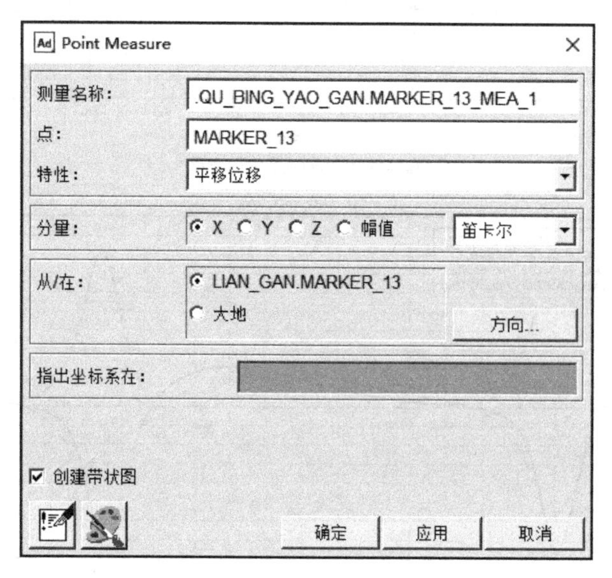


图 2.21　“Point Measure”对话框

(4) 选择特性为“平移位移”，选择“分量”为“X”，单击“确定”按钮，得到如图 2.22 (a) 所示的结果，若选择“分量”为“Y”或“Z”，可得到如图 2.22 (b) 和 (c) 所示的结果。

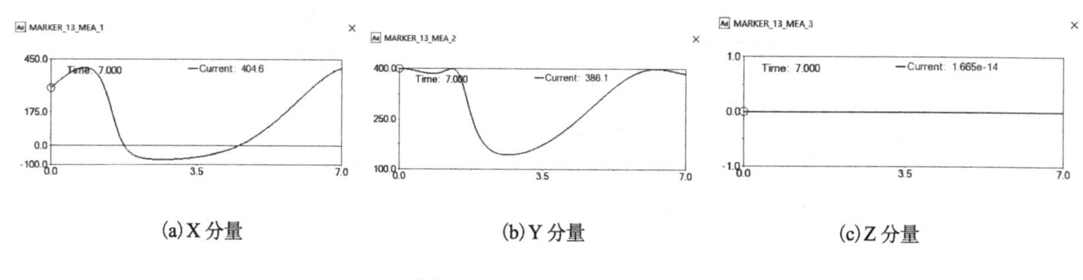


(a) X 分量　　(b) Y 分量　　(c) Z 分量

图 2.22　摇杆端点的位移

(5) 在步骤 (4) 中，若选择特性为“平移速度”，则各分量上测得的曲线如图 2.23 (a)～(c) 所示。

(6) 在步骤 (4) 中，若选择特性为“平移加速度”，则各分量上测得的曲线如图 2.24 (a)～(c) 所示。

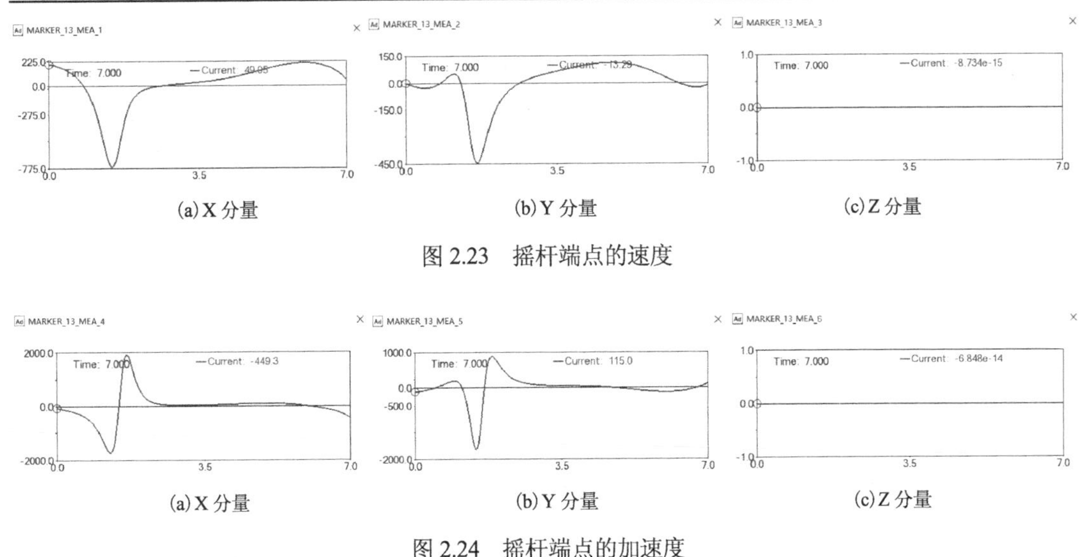


(a) X 分量　　(b) Y 分量　　(c) Z 分量

图 2.23　摇杆端点的速度

(a) X 分量　　(b) Y 分量　　(c) Z 分量

图 2.24　摇杆端点的加速度

## 2.3.3　模型柔性仿真

模型刚性仿真是基于理论基础对结构进行运动分析，结构不需要赋材料，也不会发生形变，除两点间的基本长度信息外，其他信息，如杆构件宽度、厚度、材料等均不会对从动件的输出结果产生影响，结果往往和真实情况存在一定差距。本节对构件进行柔性化，得到更符合实际的运动时间响应曲线。

1) 柔性建模过程

柔性建模在打开软件时需加载额外插件。选择工具栏中“工具”选项，选择“插件管理器”，弹出“Plugin Manager”对话框，勾选“Adams Controls、Adams Durability、Adams Explore、Adams Machinery”的“载入”与“在启动时加载”后，如图 2.25 所示重新启动软件。若不执行该步骤，则某些应力云图结果无法显示。

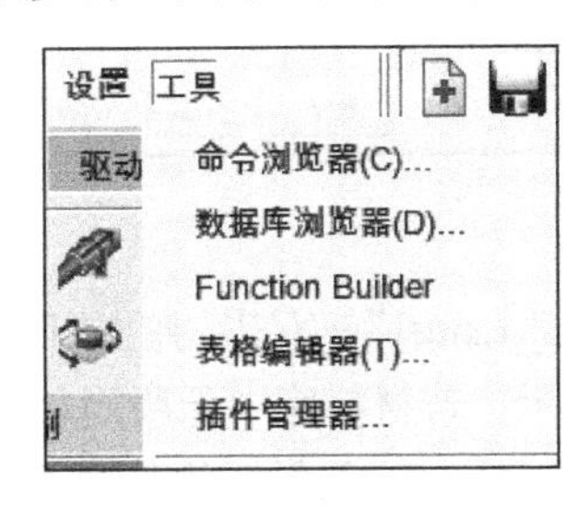


Plugin Manager

| 名称 | 载入 | 在启动时加载 |
| --- | --- | --- |
| Adams Controls | ☑ 是 | ☑ 是 |
| Adams Durability | ☑ 是 | ☑ 是 |
| Adams Explore | ☑ 是 | ☑ 是 |
| Adams Machinery | ☑ 是 | ☑ 是 |

图 2.25　启动柔性仿真模块

(1) 示例模型创建。在工作区内任意绘制一根杆构件，并命名为 EXAMPLE_COMPONENT。将其中一端添加固定副，单击功能区中的“力”→“创建作用力(单向)”→“输入外力值 100N”，单击杆构件另一端添加外力，方向垂直杆向下，如图 2.26 所示。

(2) 柔性体创建。找到模型树浏览区中的物体 EXAMPLE_COMPONENT，右击→“柔性化”，弹出“Make Flexible”对话框→选择“创建新的”→弹出“ViewFlex-Create”对话框，被划分网格构件即选中构件，“材料”默认 steel，“模数”为 6 指模态阶数为 6 阶(具体关于

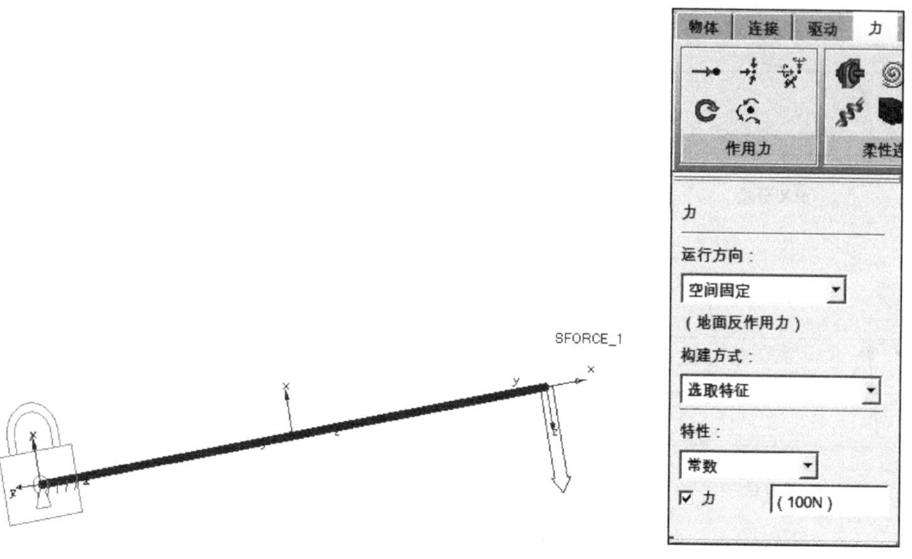


图 2.26　基本单元创建

模态分析参考有限元教材)→勾选“应力分析”和“Strain Analysis”→单击“确定”按钮，系统自动生成柔性体，如图 2.27 所示。另外，也可通过 hypermesh 导入。

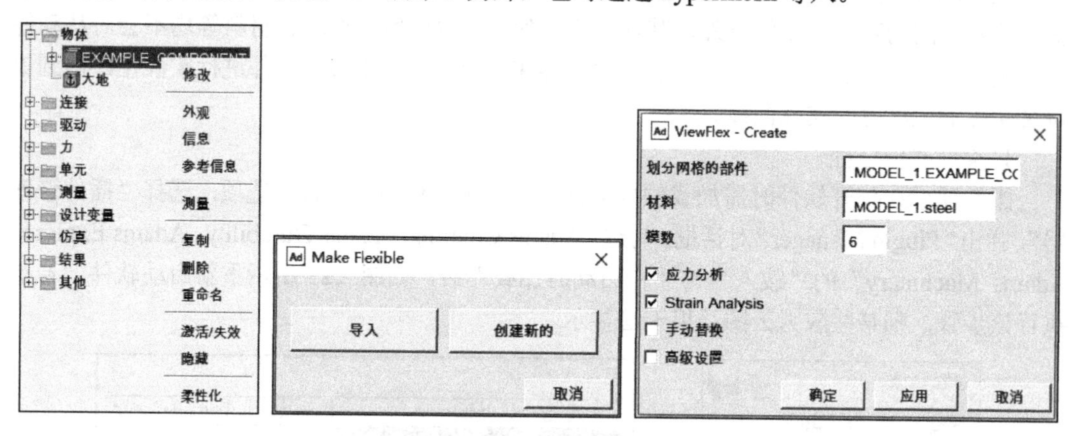


图 2.27　柔性建模创建过程

(3) 定义材料。删除“ViewFlex-Create”对话框中“.MODEL_1.steel”→双击，弹出“Database Navigator”对话框→选择常用材料并双击添加，如图 2.28 所示。若材料库中无所用材料，需自定义。单击“Create a material”→弹出“Create Material”对话框→输入材料的基本参数“密度、类型、杨氏模量、泊松比”，并命名，自定义材料出现在“Database Navigator”中，如图 2.29 所示。

(4) 柔性化仿真。选择建模工具条中“仿真”→选择“运行交互仿真”→单击 Simulation Control，开始仿真，得到构件柔性化后的形变云图，如图 2.30 所示，其中右图为局部放大图，可以发现杆构件已被网格化，网格为正四面体。

(5) 修改柔性体。在默认条件下创建的柔性体是无阻尼的，仿真过程发生剧烈抖动，欲减小抖动或消除抖动，需要单击模型树浏览区中“物体”→选择柔性体构件“EXAMPLE_COMPONENT_flex”→右击“修改”→弹出“Flexible Body Modify”对话框→

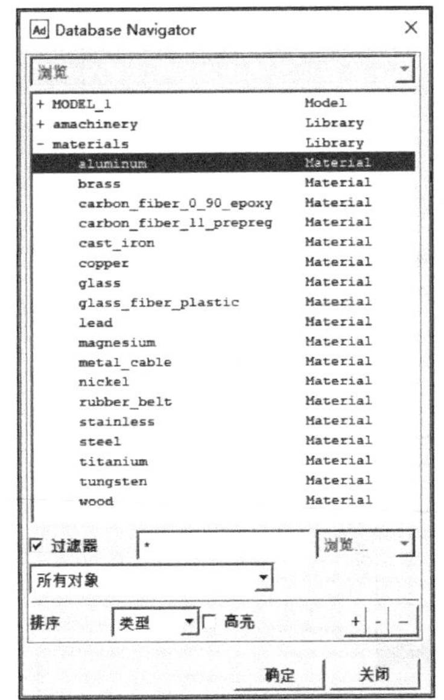


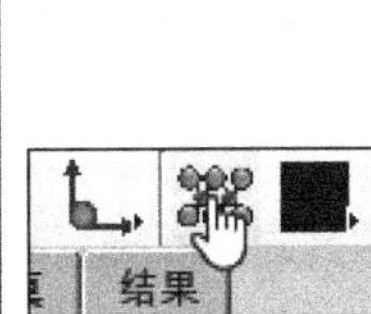


图 2.28　材料选择

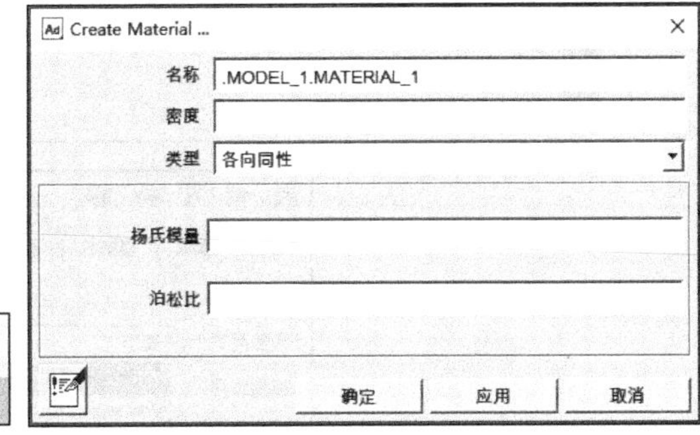


图 2.29　自定义材料

输入“阻尼系数”，图例中为 15，还可调整柔性体的其他属性，如图 2.31 所示。

(6) 结果后处理。建模工具条中选择“结果”→“后处理”→弹出“Adams Post Processor”→选择工具条中“动画”→空白处右击加载动画→播放柔性仿真过程。界面下方为云图控制面板，控制动画播放、录制、云图显示类型、热点(受力或应变最大最小位置显示)、颜色分布、阈值等信息，如图 2.32 所示。

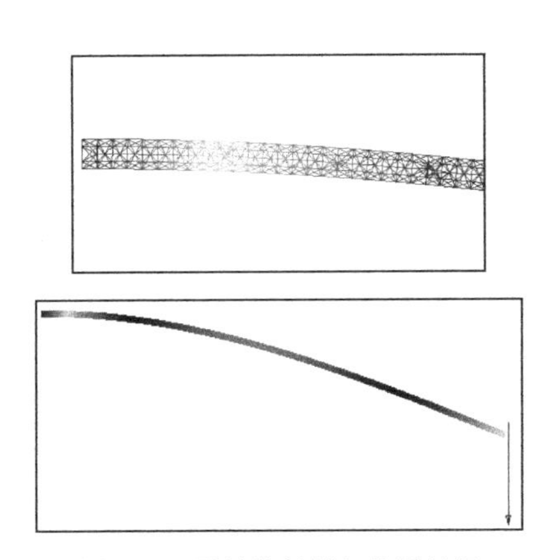

图 2.30　柔性化材料与作用效果

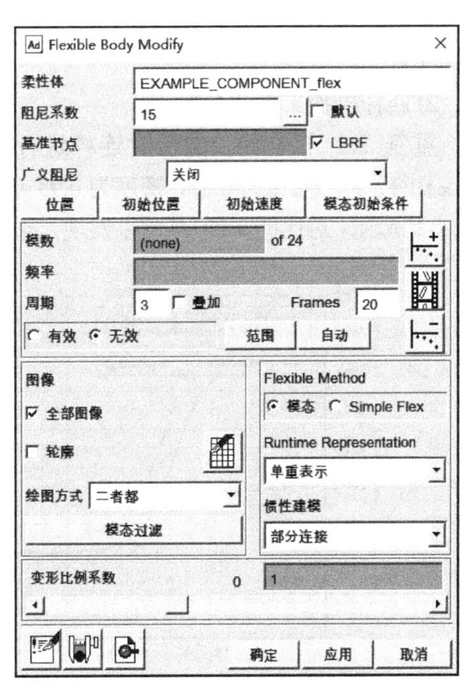


图 2.31　修改柔性体的基本参数

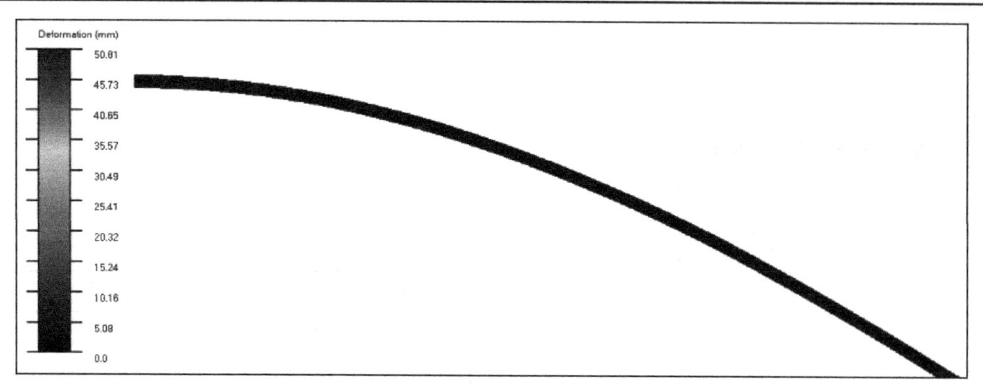


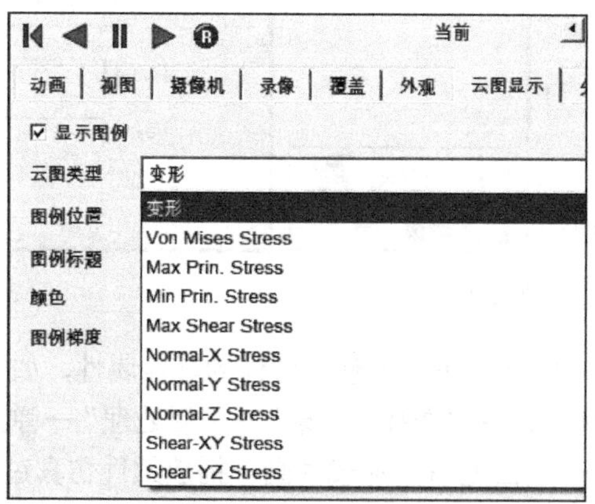


图 2.32　柔性化云图与显示

上面是对单根受力杆柔性化的操作，下面是借助上述操作对曲柄摇杆机构的柔性化操作进行分析。

2) 四杆机构柔性化分析

重复 2.2 节内容，然后对连杆进行柔性化，材料选择“橡胶”(橡胶的杨氏模量为 $7.8\times10^6\,\text{Pa}$，泊松比为 0.47，密度为 $0.93\,\text{g/cm}^3$)。仿真获得的摇杆质心位移与时间响应曲线如图 2.33 所示，对比图 2.20(a)可以发现，柔性化连杆前后，摇杆的质心位移曲线无明显区别。

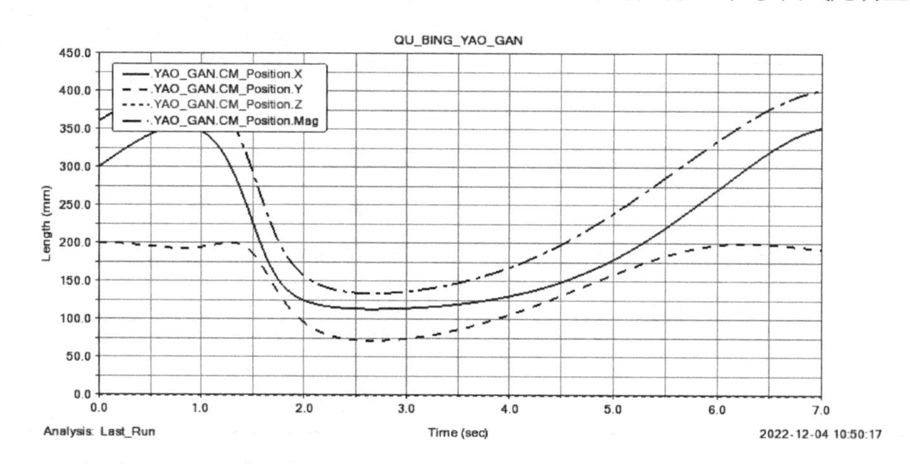


图 2.33　质心位移与时间响应曲线

继续使用“橡胶”柔性化曲柄和摇杆，获得的摇杆质心位移如图 2.34(a)、(b)所示。由图 2.34 可知，柔性化曲柄与连杆两构件后，摇杆的运动会产生明显波动，曲柄、连杆、摇杆都柔性化后，这一波动明显增大。

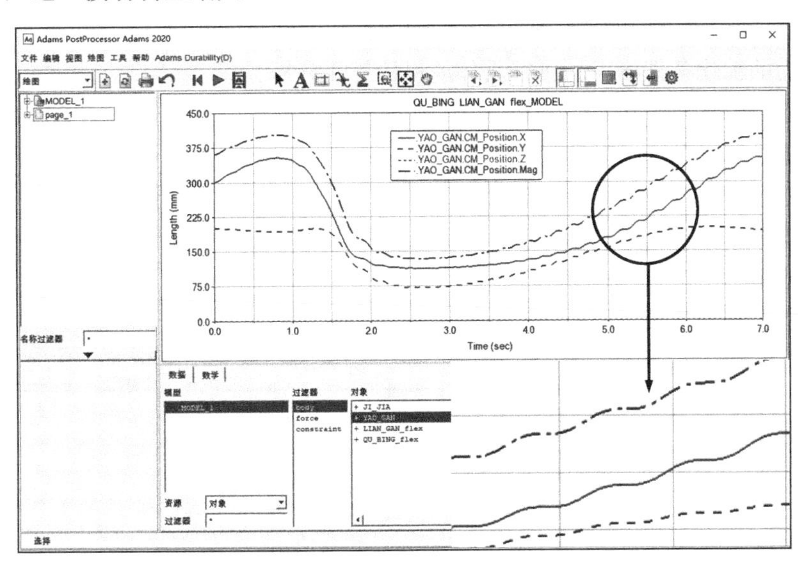


(a) 曲柄、连杆柔性化

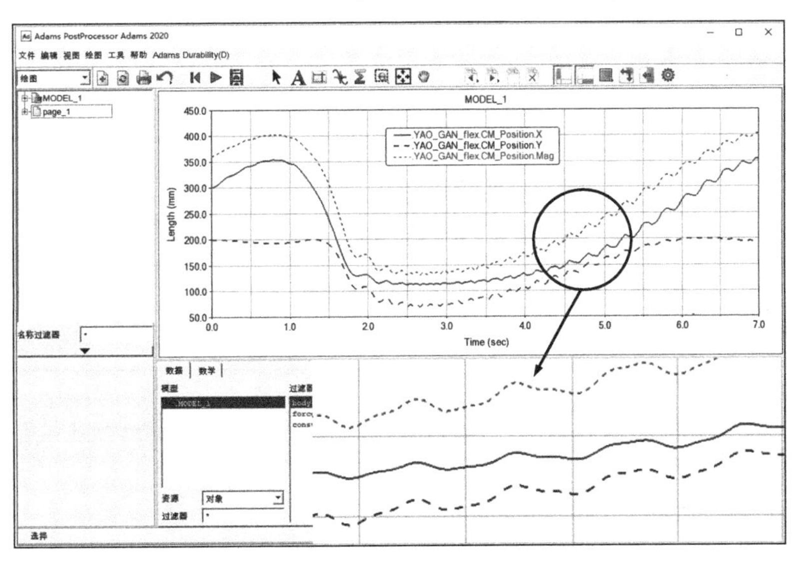


(b) 曲柄、连杆、摇杆柔性化

图 2.34　构件柔性化质心随时间的响应曲线

## 2.4　优 化 设 计

在 2.2 节建立的曲柄摇杆机构，其构件的长度为固定值。这一机构的构件长度是根据四杆机构存在曲柄条件确定的一组数值。这组构件长度确实使此机构成为曲柄摇杆机构，在此基础上可以对构件长度进行进一步优化。

下面假设几个优化条件：

(1) 保持连接机架的两个旋转副旋转中心位置不变；

(2) 曲柄和摇杆的长度在±10%范围内变化；

(3) 以摇杆在运动过程中摆动角度最大为目标。

根据上面的优化条件，下面进行具体的机构优化分析。

(1) 右击点 POINT_2 (0.0,200,0.0) 附近，在弹出的选项卡中单击 Point: POINT_2→“修改”或左侧模型树“浏览”→“物体”→“地面”→右击“POINT_2”→“修改”。

(2) 在打开的“点表格”中单击“POINT_2”的 Y 坐标，右击顶部灰色输入栏中任意一点，选择“参数化”→“创建设计变量”→“实数”，产生设计变量 (DV_1)，如图 2.35 所示，然后单击“应用”按钮。

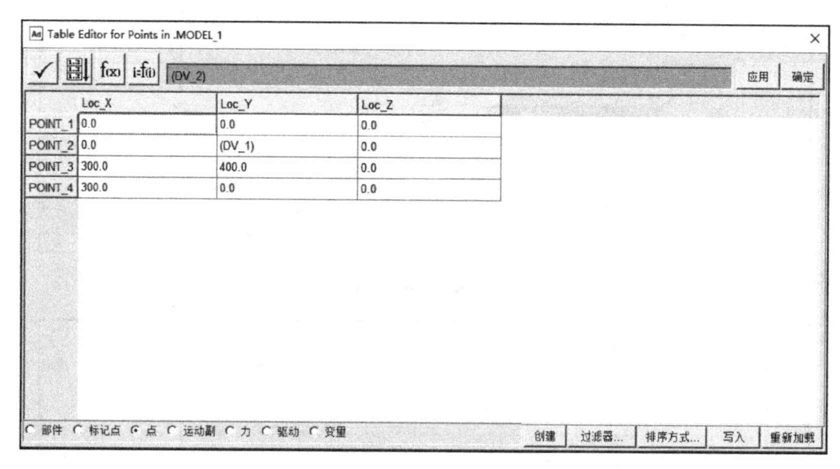


图 2.35 为 POINT_2 的 X 坐标创建设计变量

(3) 在“点表格”中单击“POINT_3”的 Y 坐标，重复步骤 (2)，创建设计变量 (DV_2)，结果如图 2.36 所示，单击“确定”按钮即可关闭对话框。左侧模型“浏览”→“设计变量”，可以看到新建的设计变量 DV_1 和 DV_2。

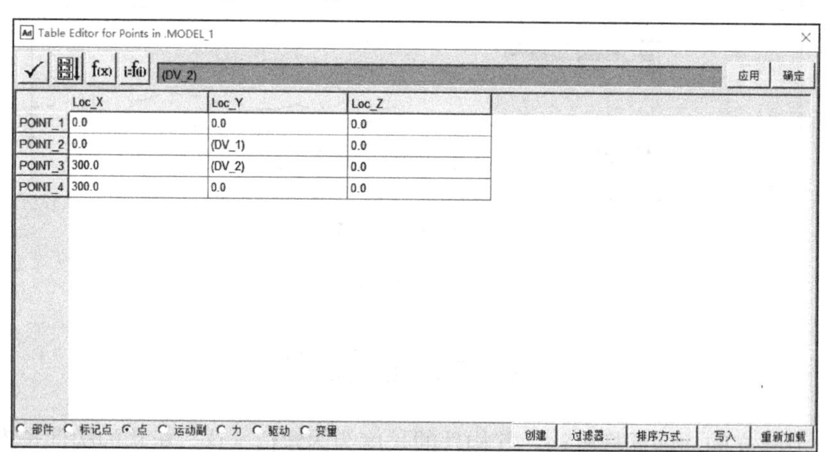


图 2.36 为所有坐标创建设计变量

(4) 单击建模工具条中的“设计探索”→“测量”→“角度测量”图标，创建新的角度测量。单击摇杆上与“POINT_3”点重合的“MARKER_*”点，然后单击摇杆上与“POINT_4”点重合的“MARKER_*”类，最后在与摇杆垂直方向的右侧单击一下完成角度测量的设置。系统会自动生成一个 Mark 点，如图 2.37(a)所示；至此，完成了摇杆右侧角度的测量，测量名称为“MEA_ANGLE_1”。同理以点“POINT_3”、点“POINT_4”以及摇杆垂直方向的左侧机架质心点创建摇杆左侧的角度测量，测量名称为“MEA_ANGLE_2”。通过后处理得到 MEA_ANGLE_1 和 MEA_ANGLE_2 的测量图像如图 2.37(b)所示。

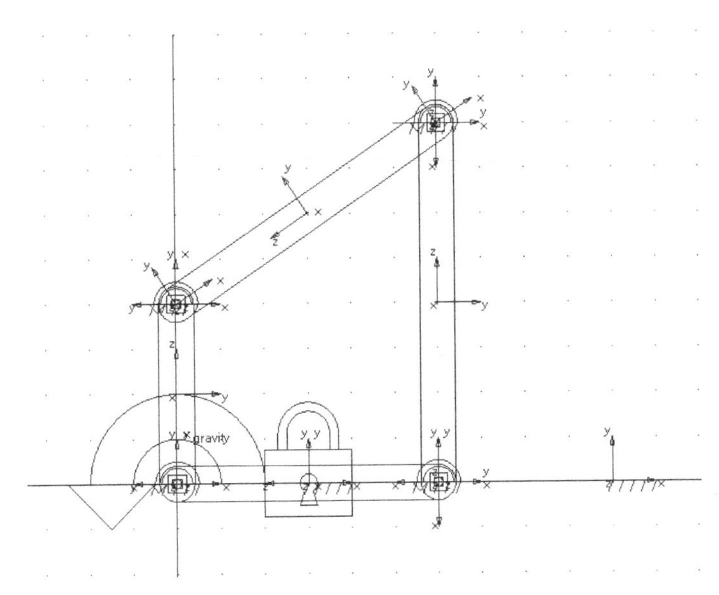


(a)创建“角度测量”

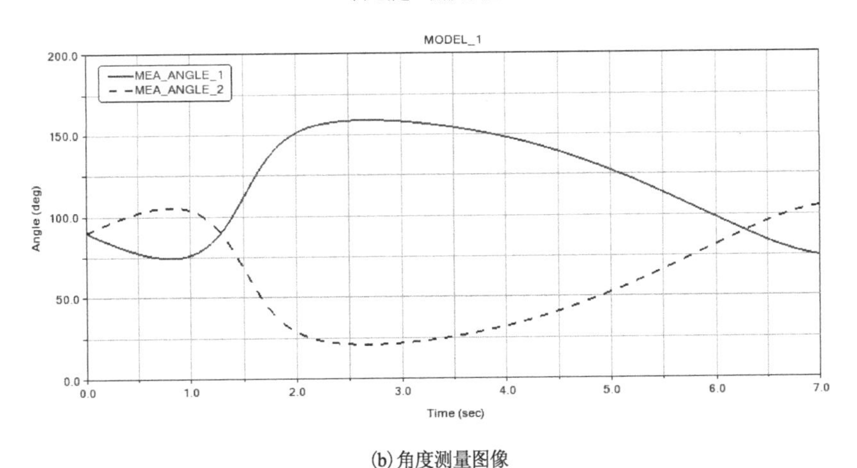


(b)角度测量图像

图 2.37　角度测量

(5)经分析可知，MEA_ANGLE_1 的最大值和 MEA_ANGLE_2 的最小值之间的差值为摇杆摆动的最大值。为了测量角度最大值，在建模工具条中的“设计探索”→“测量”→“建立新的测量函数” 。进入“函数编辑”对话框，如图 2.38(a)所示，在函数编辑框中用 max 和 min 函数组合完成摇杆最大摆动角函数的编辑，函数：MAX(.MODEL_1.MEA_ANGLE_1,

.MODEL_1.MEA_ANGLE_2)-MIN(.MODEL_1.MEA_ANGLE_1,.MODEL_1.MEA_ANGLE_2)，单击“确定”按钮完成测量函数的创建。创建的摇杆最大摆动角度测量函数的名称为 FUNCTION_MEA_1。后处理得出在新建函数的仿真图像如图 2.38(b)所示。

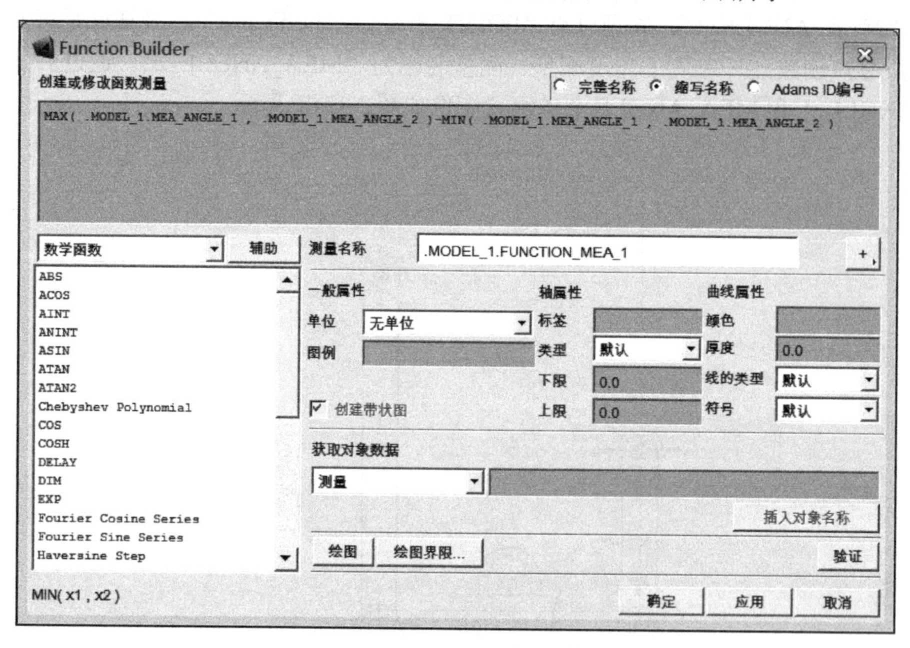


(a) 摇杆最大摆动角度函数编辑框

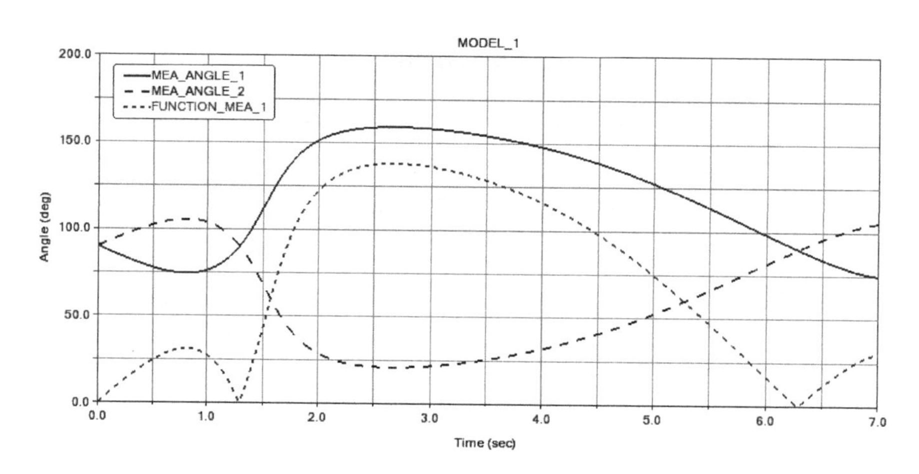


(b) 摇杆最大摆动角度测量曲线图

图 2.38　摇杆最大摆动角度测量

(6) 右击模型树浏览区中的“浏览”→“设计变量”→DV_1，单击“修改”按钮，即可打开“修改设计变量”对话框。选择“值的范围”为“+/-相对百分比”，将“-差值”修改为“-10.0”，“+百分比差值”修改为“10.0”，如图 2.39(a)所示，单击“确定”按钮保存修改。

(7) 参照步骤(6)，将 DV_2 的参数变量修改为如图 2.39(b)所示。

单击建模工具条中的“设计探索”→“设计评价”→“设计计算工具”按钮，在打开

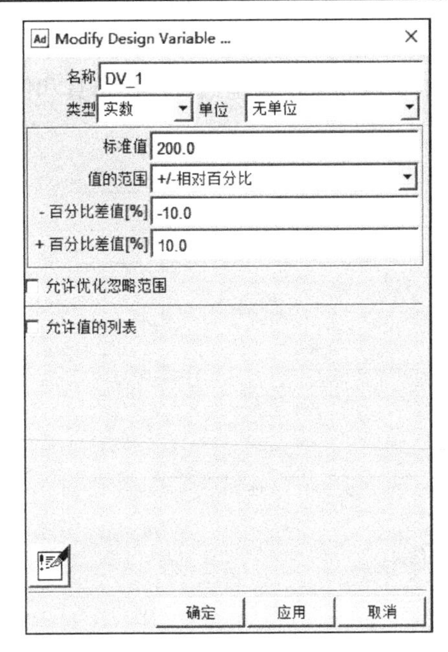


(a) 修改设计变量 DV_1

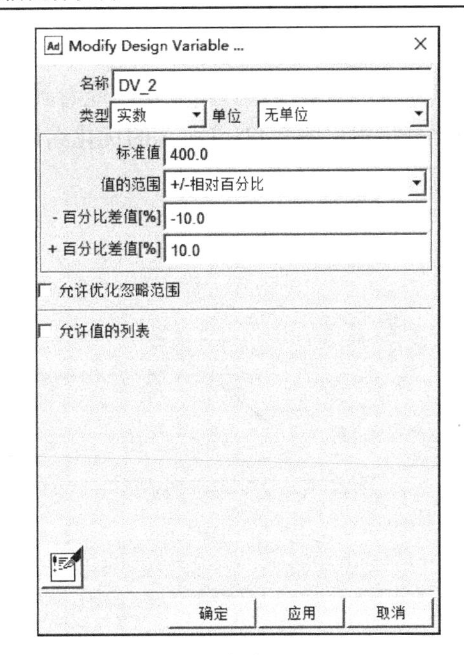


(b) 修改设计变量 DV_2

图 2.39　修改设计变量

的“Design Evaluation Tools”对话框中将各项参数设置为如图 2.40 所示。在研究选项框中右击选择“测量”→“浏览”，选择“FUNCTION_MEA_1”，或者选择“测量”→“推测”，也可以选择到“FUNCTION_MEA_1”。在“设计变量”选项框中右击选择“变量”→“浏览”或者“推测”，选择 DV_1 和 DV_2。

(8) 单击“开始”按钮，曲柄摇杆机构开始运动，不久后提示优化结束，如图 2.41 所示，

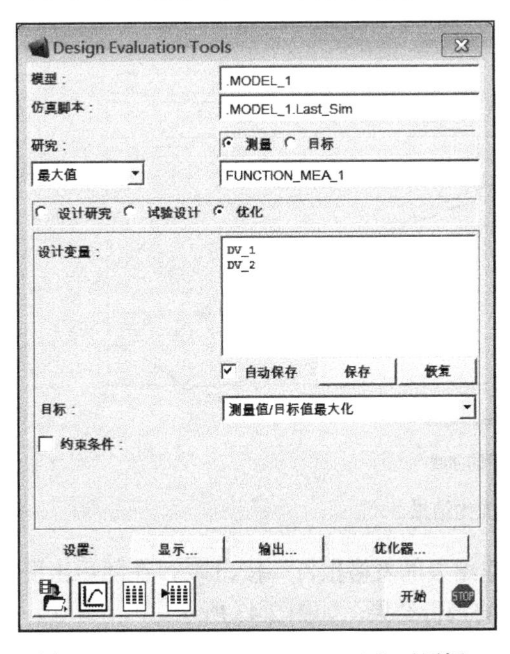


图 2.40　“Design Evaluation Tools”对话框

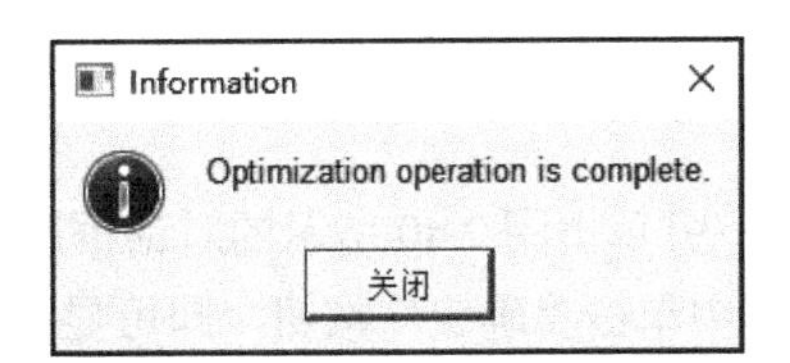


图 2.41　“Information”提示对话框

单击“关闭”按钮，得出优化后 DV_1、DV_2 的优化结果，如图 2.42(a)、(b)所示；在后处理的仿真对象的查看中选择结果集，能看到最后的仿真结果，这里结合原始仿真和优化仿真结果对比分析得出图 2.42(c)所示的优化结果图。

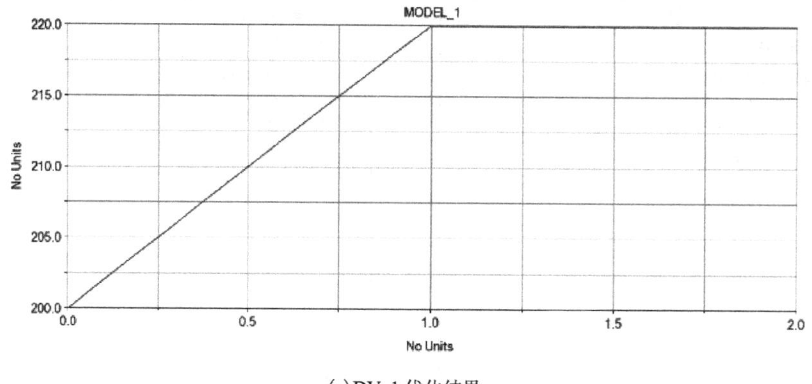


(a) DV_1 优化结果

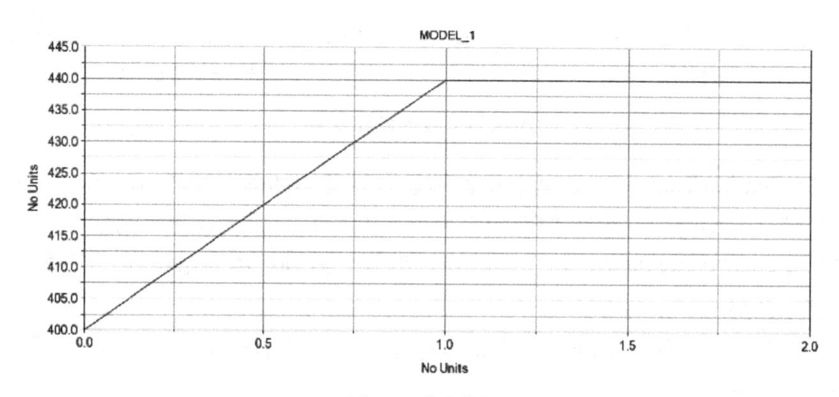


(b) DV_2 优化结果

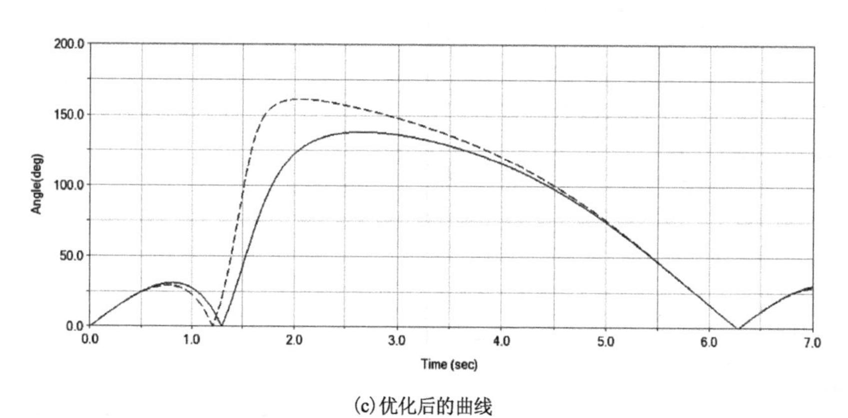


(c) 优化后的曲线

图 2.42　优化结果

(9) 单击图 2.40 所示的对话框底部的“创建结果的表格报告”按钮，在随后出现的对话框中单击“确定”按钮，即可显示本次优化的报告结果，如图 2.43 所示。

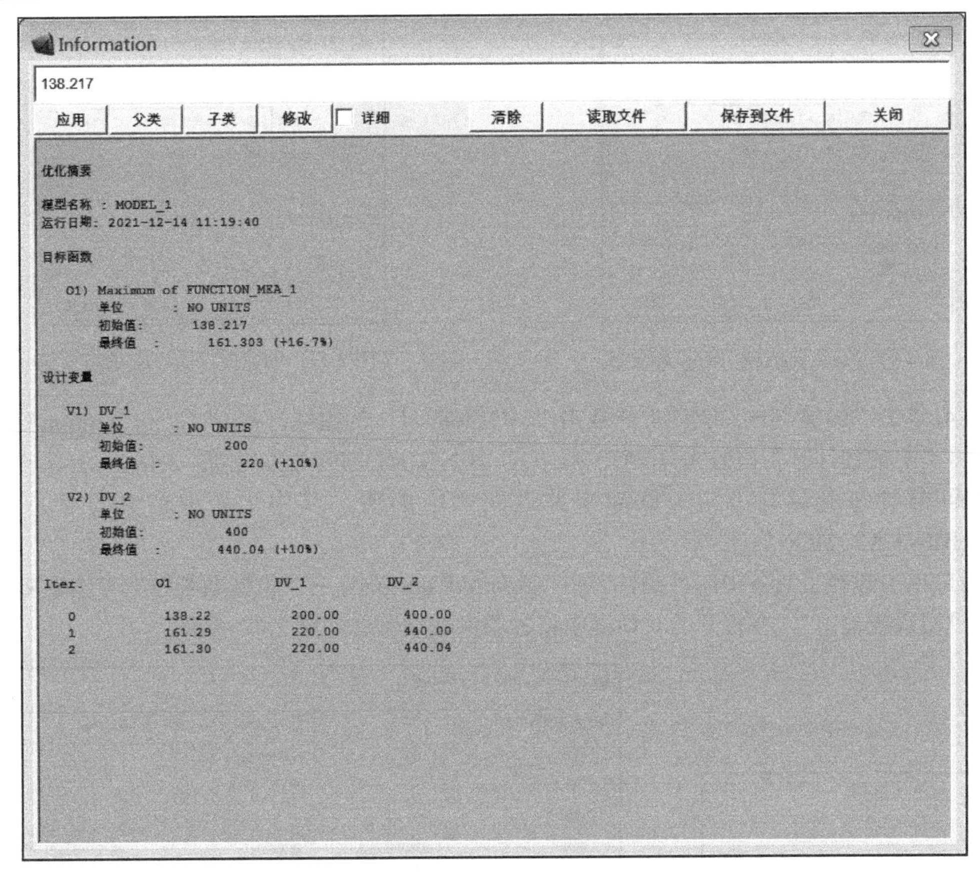


图 2.43　分析结果报告

## 2.5　MATLAB 与 Adams 联合仿真

目前大多数电机的驱动都近似于匀速(不考虑启动和停止阶段)，所以将曲柄的驱动设置为匀速。随着控制技术的发展，可以通过电机控制系统实现更多的电机运动形式。MATLAB 软件在控制系统仿真分析方面更为全面、完善，用该软件控制 Adams 软件中的仿真模型会更为方便、容易实现更为复杂的控制系统的仿真分析。下面将具体演示 MATLAB 软件和 Adams 软件联合仿真方法，此仿真过程中，把曲柄的转动作为输入量，摇杆质心的 X 值作为输出量，具体步骤如下：

(1) 按照 2.1～2.4 节的步骤重新建立曲柄摇杆机构模型。

(2) 单击建模工具条中的“单元”→“系统单元”→“通过线性方程创建状态变量”按钮 x ，在打开的对话框中，将名称更改为“QU_BING_MOTION”，其余参数不做任何改变，单击“确定”按钮，如图 2.44 所示。

(3) 参照步骤(2)，创建一个状态变量并将名称更改为“YAO_GAN_ZHI_XIN”，其余参数如图 2.45 所示。其中函数“DX(YAO_GAN.cm)”可测量摇杆的质心“cm”的 X 坐标，单击“确定”按钮。单击“浏览”→“单元”→“系统单元”，可以看到新建的两个状态变量 QU_BING_MOTION、YAO_GAN_ZHI_XIN。

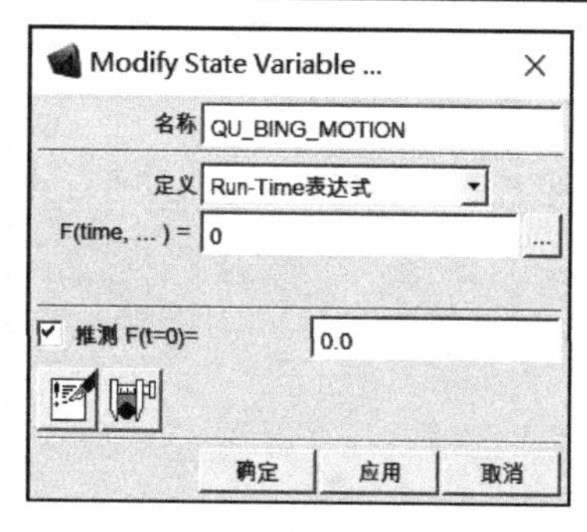


图 2.44　创建曲柄转动的状态变量

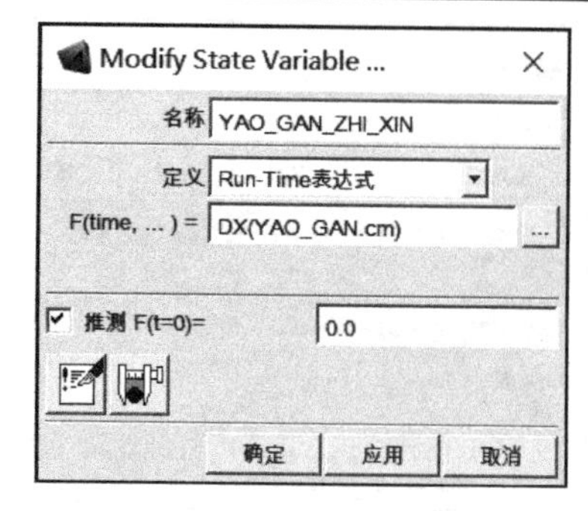


图 2.45　创建摇杆质心的状态变量

(4)单击“浏览”→“驱动”→双击“MOTION_1”的图标，打开“Joint Motion”对话框，将“函数(时间)”更改为“VARVAL(QU_BING_MOTION)”，如图 2.46 所示。这里的函数可把状态变量与力矩关联起来并返回相应的值，其中力矩取值来自状态变量“QU_BING_MOTION”。

(5)单击建模工具条中的“插件”→“Adams Controls”→“机械系统导出”按钮，选择“机械系统输出”，在打开的对话框中将各项参数设置成如图 2.47 所示。

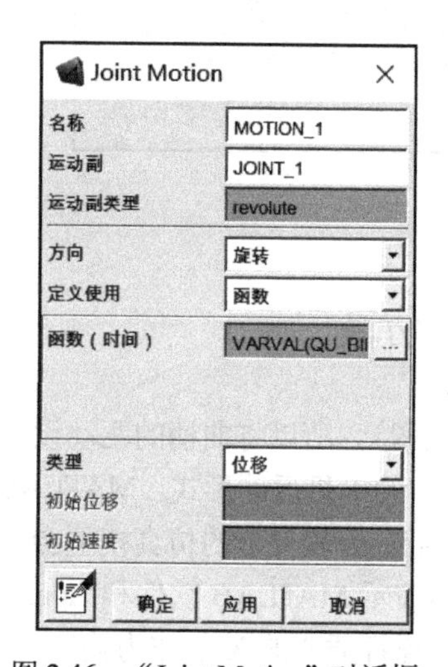


图 2.46　“Joint Motion”对话框

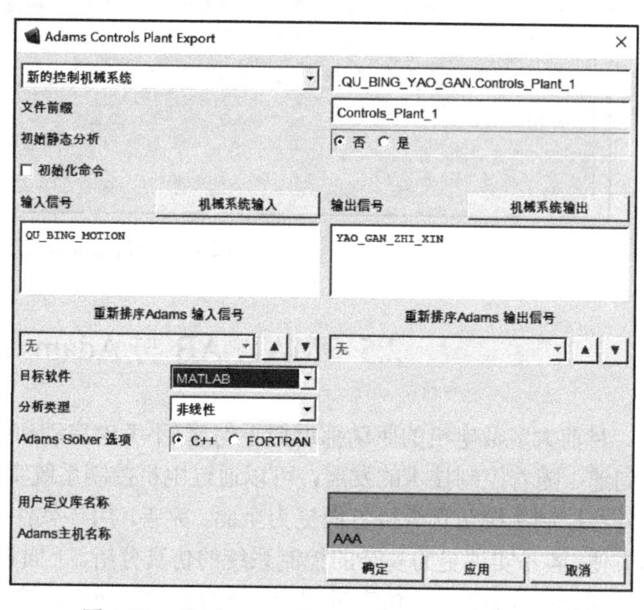


图 2.47　“Adams Controls Plant Export”对话框

(6)单击“确定”按钮，此时会在模型的工作目录中出现如图 2.48 所示的几个文件。

(7)打开MATLAB，在MATLAB中选择“打开”，找到上述文件中的“Controls_Plant_1.adm”并运行，然后在命令窗口中输入“adams_sys”并按“Enter”键，稍后会打开如图 2.49 所示的窗口。双击其中的“adams_sub”方框，可出现如图 2.50 所示的界面。

(8)双击“MSC Software”方框，在打开的对话框中将“Interprocess option”设置为“PIPE(DDE)”，如图 2.51 所示。如果 MATLAB 和 Adams 软件不在同一台计算机上，则将其设置为“TCP/IP”，并将“Communication Interval”设置为“0.005”，即每 0.005s 在 MATLAB 和 Adams 之间进行一次数据交换(若仿真过慢，则可以适当改大该参数)。

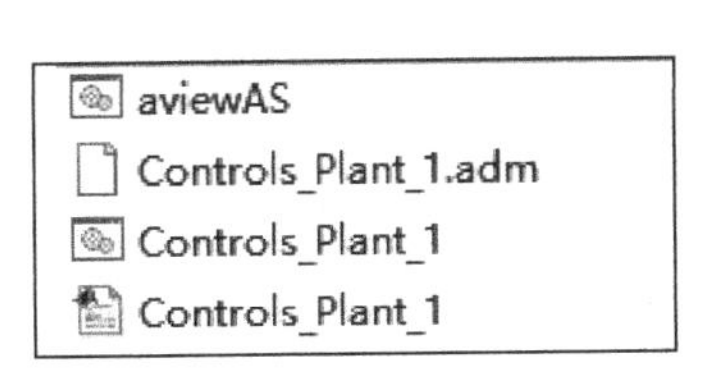


图 2.48　模型导出的几个文件

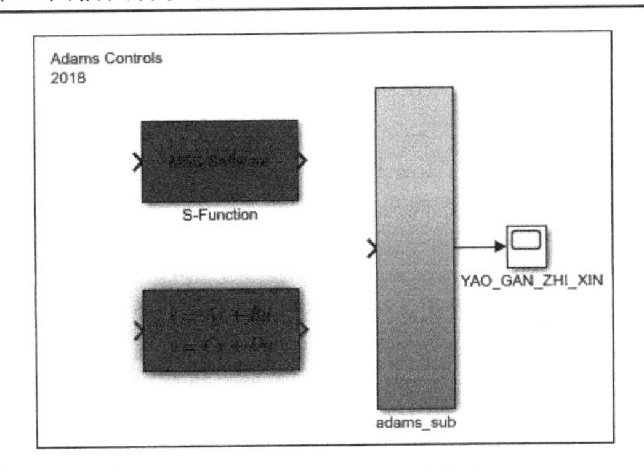


图 2.49　在 MATLAB 中打开 Simulink

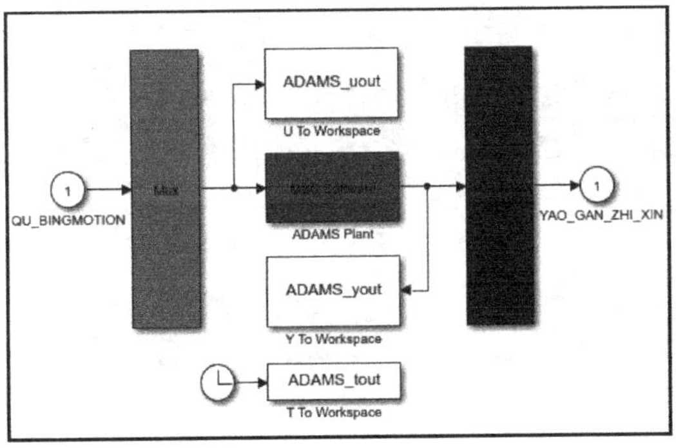

图 2.50　“adams_sub”展开图

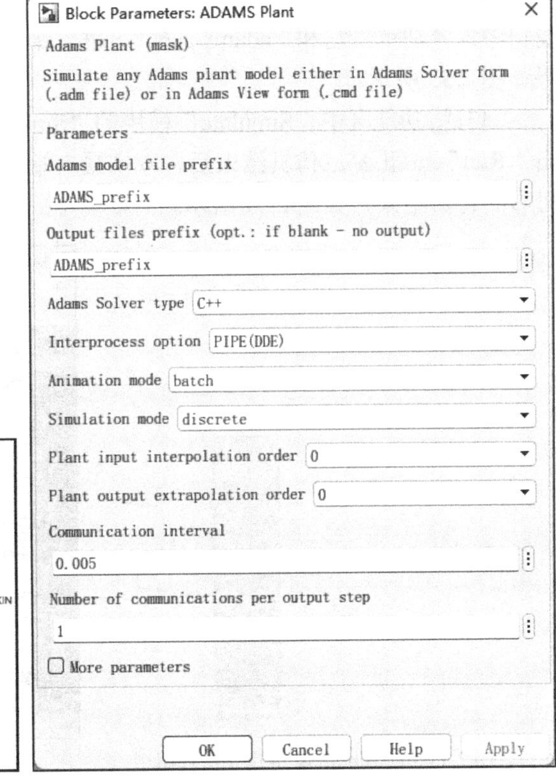


图 2.51　“Block Parameters: ADAMS Plant”对话框

(9) 图 2.51 中将“Animation mode”设置为“batch”，即采用批处理的形式，在 Simulink 计算过程中用户是看不到仿真动画的。若将“Animation mode”设置为“interactive”，则 Simulink 在计算过程中会自动启动 Adams 以便用户观察仿真动画。

(10) 单击“OK”按钮以关闭对话框，然后在图 2.50 所示的窗口中单击功能区下方的“返回”按钮，回到图 2.49 所示的窗口。

(11) 单击功能区中的“SIMULATION”→“LIBRARY”→“Library Browser”按钮，打开“Simulink Library Browser”窗口，在其左上角的搜索框中输入“Sine Wave”(或单击“放大镜”进行搜索)，按回车键，如图 2.52 所示。

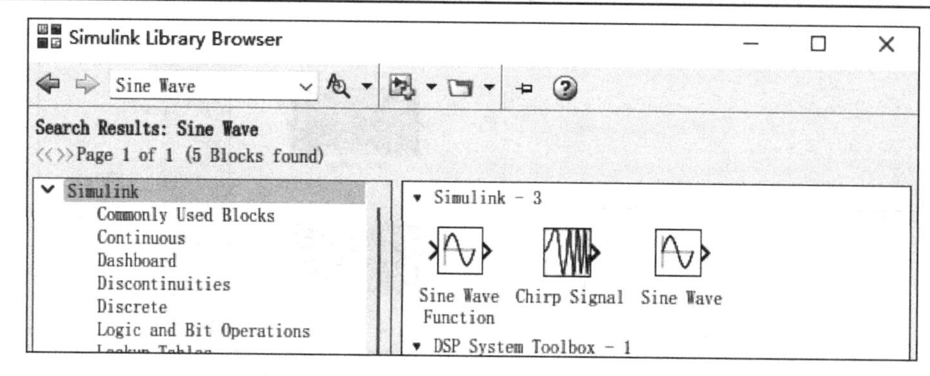


图 2.52　“Simulink Library Browser”窗口

(12) 将“Sine Wave”函数(不是“Sine Wave Function”)左边的两个拖入图 2.49 所示的窗口中，分别单击它和“adams-sub”方框，将它们连接起来，然后删除其左侧两个方框，结果如图 2.53 所示。

(13) 将功能区中“Simulate”模块的“Simulate Stop Time”输入框中设置为 10，然后单击“Run”按钮。仿真结束后，双击最右端的“YAO_GAN_ZHI_XIN”，单击“”，即可看到仿真结果，如图 2.54 所示。

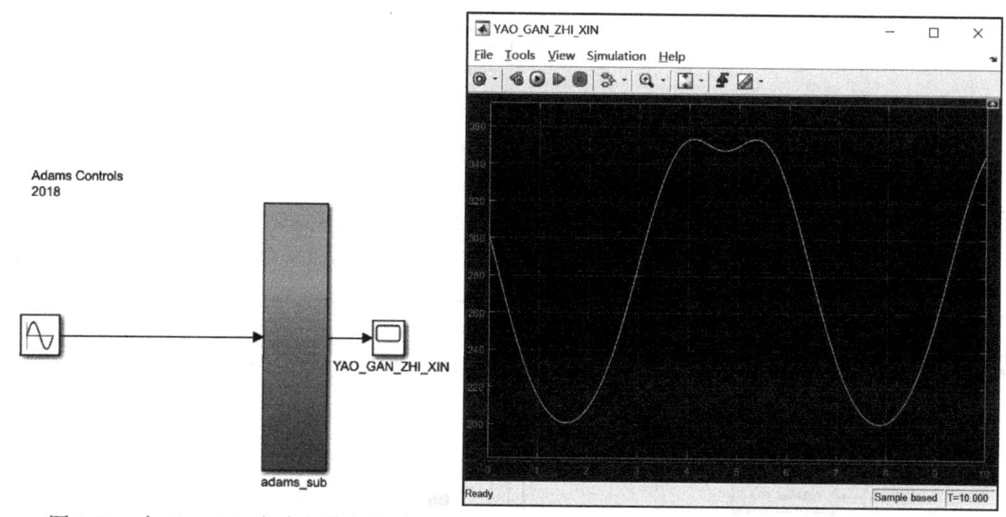


图 2.53　在 Simulink 中建立仿真模型

图 2.54　在 Simulink 中的仿真结果

## 2.6 思 考 题

(1) 只改变点 2 的 X 坐标，其余点坐标不变，根据曲柄存在条件，分析此机构为曲柄摇杆机构时点 2 的 X 坐标取值范围。

(2) 试着将 2.2.3 节中的驱动改为位移 $s=t$，检查仿真结果的变化。

(3) 试着修改构件的质量和转动惯量，检查仿真结果是否有变化。

(4) 修改 2.4 节的取值范围，检查优化结果是否发生变化。

(5) 思考 Adams 与 MATLAB 联合仿真的优势。

# 第 3 章　曲柄滑块机构

曲柄滑块机构是曲柄摇杆机构的一种演化形式。当曲柄摇杆机构中的摇杆长度趋于无穷时，摇杆活动端的轨迹趋于直线，近似于在一条直线上进行往复运动，将曲柄摇杆机构演化为含一个旋转副的四杆机构，称为曲柄滑块机构。曲柄滑块机构能够把连续单向转动转化为往复移动，或将往复移动转化为整周单向转动。许多机械结构都采用曲柄滑块机构将电机的转动转化为所需要的移动。根据滑块移动导路所在直线是否通过曲柄与机架之间连接旋转副的旋转中心，可以把曲柄滑块机构分成对心曲柄滑块机构和偏置曲柄滑块机构两类。

本章主要介绍曲柄滑块机构在 Adams 软件中的建模分析方法，包括曲柄滑块机构的建模、运动仿真、基于构件端点坐标的构件结构尺寸的优化，以及基于 MATLAB 与 Adams 的联合仿真等。

## 3.1　启动软件并设置工作环境

(1) 双击桌面图标 Adams View，启动 Adams 软件。

(2) 出现 Adams 的欢迎界面，如图 1.1 所示。

(3) 选择“新建模型”选项，打开如图 3.1 所示的“创建新模型”对话框。单击“模型名称”文本框，将模型名称改为“QU_BING_HUA_KUAI”，确认“重力”文本框中是正常重力(-全局 Y 轴)，“单位”文本框中是“MMKS-mm，kg，N，s，deg”。确认后单击“确定”按钮(若“单位”文本框中的长度单位是 m，在点表格标注过程中找不到坐标，需要在 Adams 页面左上角设置位置找到单位进行修改)。

(4) 当需要新建一个数据库时，可以通过选择界面左上角的“文件”→“创建新数据库”或者使用快捷键 Ctrl+N 创建一个新的数据库，如图 3.2 所示。

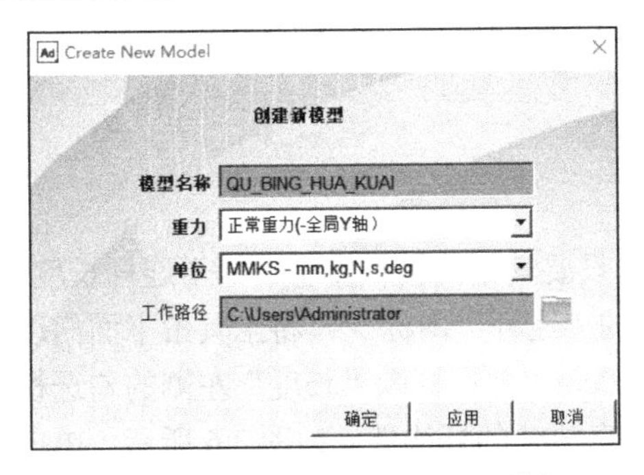


图 3.1　“创建新模型”对话框

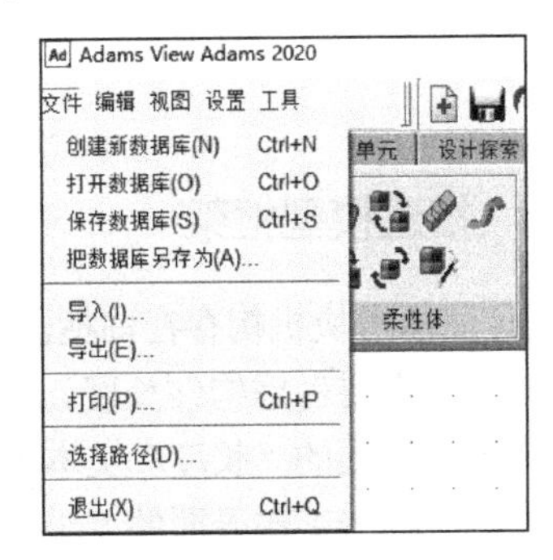


图 3.2　创建新数据库

(5) 创建新模型后，在 Adams 工作窗口的左上角显示有模型的名称。单击菜单栏中的“设置”→“界面风格”→“经典”，将界面切换为经典界面。经典界面是 Adams 低版本软件界面，为了照顾老用户而保留的。本章的仿真将在经典界面内进行。

(6) 单击“设置”→“工作格栅”，在弹出的对话框中“大小”栏的 X 和 Y 项都输入 600mm，在“间隔”栏的 X 和 Y 项都输入 10mm，如图 3.3 所示。单击“确定”按钮，确定工作界面的格栅间距。格栅的设置有助于建模时捕捉点，也可以较为直观地体现模型尺寸，模型不同，相应的设置也要针对具体情况进行改变。

(7) 单击工具栏中的“缩放”图标或者使用快捷键 z，按住鼠标左键，上下移动鼠标调整格栅位置使之占据整个屏幕。

(8) 在设置下拉菜单中选择“背景颜色”，系统打开“背景颜色”对话框，选择“背景颜色”为白色，如图 3.4 所示。

(9) 单击菜单栏中“视图”→“坐标窗口”或者使用快捷键 F4，即弹出如图 3.5 所示的坐标显示框，此显示框可以随时显示鼠标的位置。

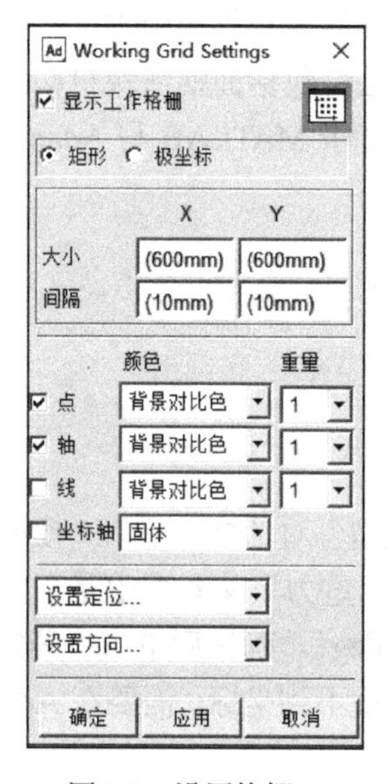


图 3.3　设置格栅

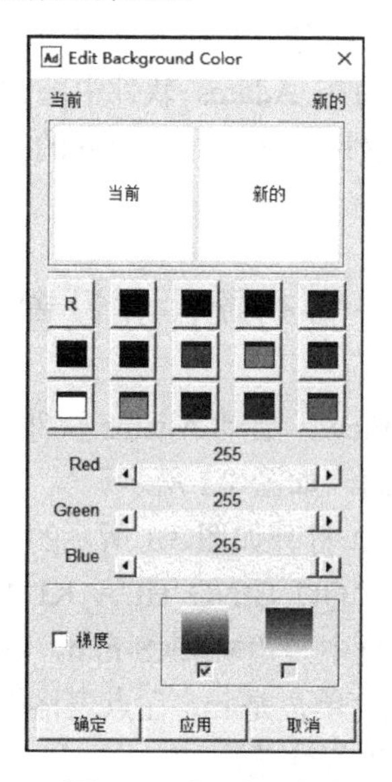


图 3.4　设置背景颜色

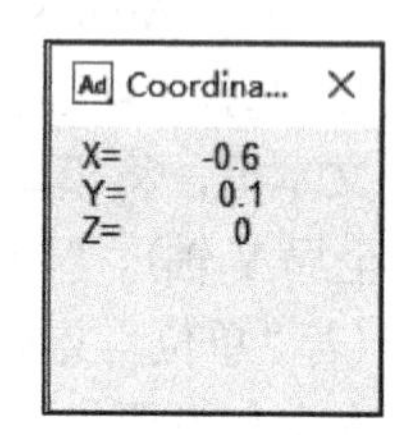


图 3.5　坐标显示框

## 3.2　创建仿真模型

### 3.2.1　搭建模型框架

(1) 曲柄滑块机构存在曲柄的条件比较简单，只要满足曲柄长度小于等于连杆长度即可，因此建模时需要考虑构件长度。单击物体工具条的“连杆”图标，将工具条下面出现的连杆结构尺寸选项的“长度”文本框中数值改为 30.0cm，并在标题“长度”左侧的勾选栏单击勾选，然后单击工作界面的“坐标原点”，建立竖直放置的杆构件，如图 3.6 所示。单击菜单栏的“创建”→“物体/形状”→“实体”的连杆图标，在下部出现的对话框中进行设置，如图 3.6 所示。然后在工作界面上右击，弹出对话框，如图 3.7 所示。在第一个输入栏中输入 (0,300.0,0.0)，即可出现固定长度，绕着点 (0,300.0,0.0) 转动的杆构件，向下拉动鼠标，当杆构件与 Y 轴重合时单击，得到曲柄，如图 3.8 所示。单击选择曲柄，再右击，在弹出的选项卡中选择“Part”，再选择“重命名”，将此构件的名称改为“QU_BING”。

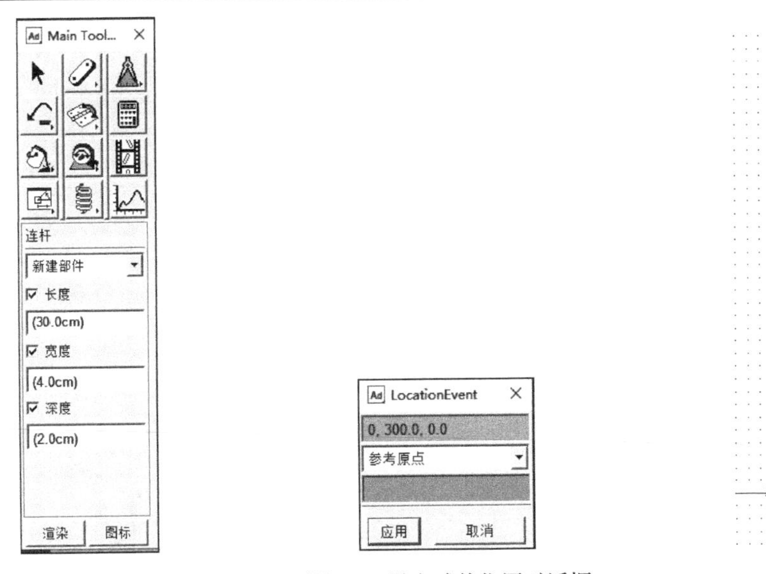


图 3.6　创建连杆对话框　　图 3.7　设定球体位置对话框

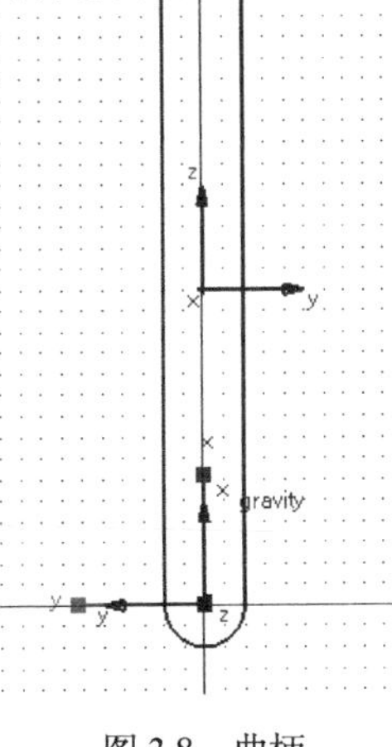


图 3.8　曲柄

(2) 单击物体工具条中的“旋转副”图标，工具条下方出现对话框，如图 3.9 所示。单击依次选取地面和连杆，再单击确定此旋转副旋转中心所在位置，即可完成旋转副的创建，具体设置方法和建立的旋转副如图 3.9 和图 3.10 所示。

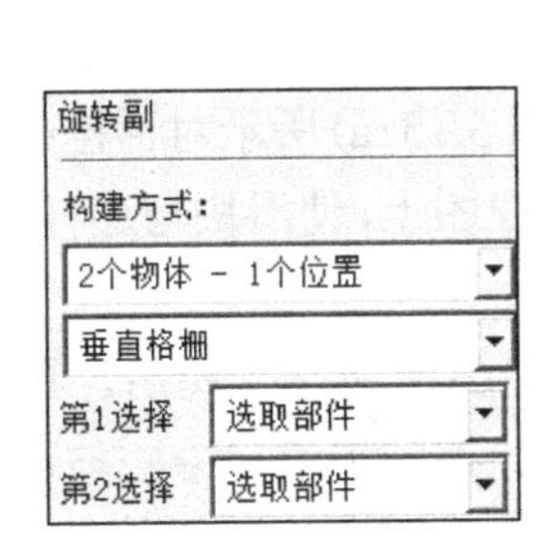


图 3.9　创建旋转副对话框

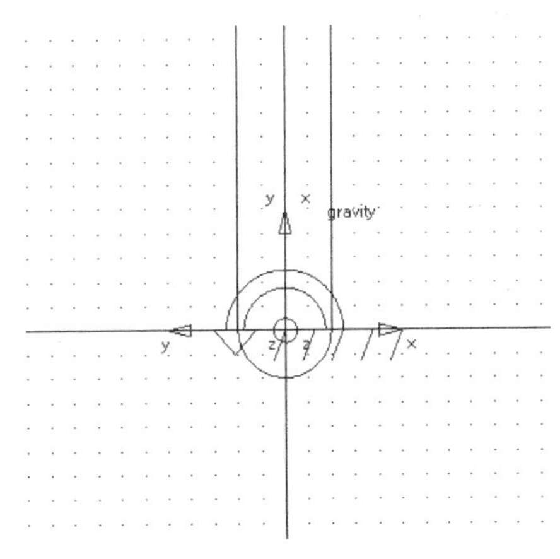


图 3.10　确定旋转副位置

(3) 单击物体工具条中的连杆图标，在工作界面空白处右击，弹出对话框，如图 3.11 所示。将此对话框的第一个文本框中的三个坐标值改为（400,0,0），如图 3.12 所示，单击“应用”按钮，即可创建此标记点。

图 3.11　创建标记点

图 3.12　设置标记点位置

(4)在工具条下部出现的对话框中，设定连杆的结构参数，如图 3.13（a）所示。然后单击曲柄的上端点，得到连杆，如图 3.13（b）所示。

几何形状：连杆
新建部件
长度 (50.0cm)
宽度 (4.0cm)
深度 (2.0cm)

(a)

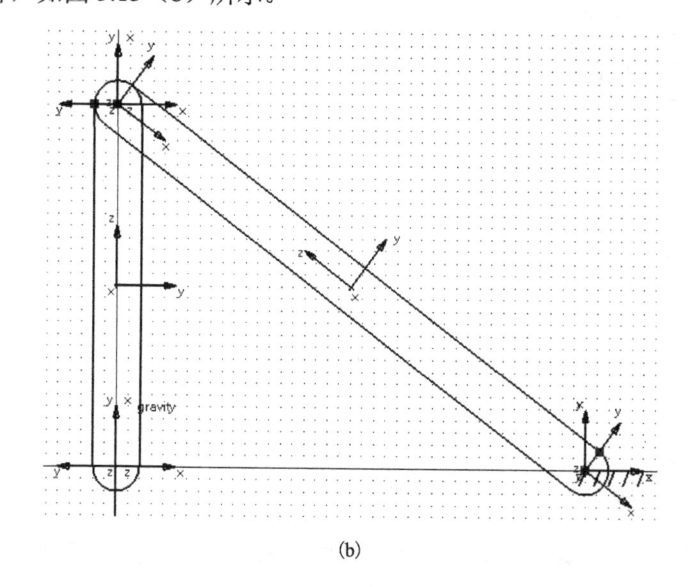


(b)

图 3.13　创建连杆

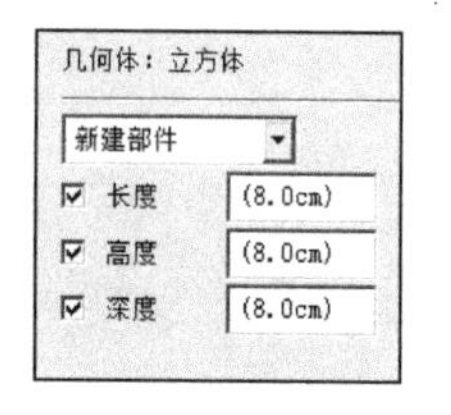


图 3.14　创建滑块

(5)单击“创建立方体”图标，在工具条下方弹出的“几何体：立方体”对话框中进行设置，如图 3.14 所示。工作区域中，在与连杆连接端点的附近单击建立滑块。

若滑块的中心与连杆的端部旋转副中心不重合，则需要对滑块进行移动。选择菜单栏的“编辑”→“移动”，弹出如图 3.15(a)所示的对话框，在工作区域选择滑块，单击图 3.15(a)所示对话框中相应的平移按钮移动滑块，在图 3.16(b)所示的视图上，使滑块与连杆端点重合，即令滑块中心落在点(400,0,0)上。

使用图 3.16 所示的方法来转换视图方向，转换到图 3.16(b)所示视图后，再接着单击图 3.15(a)对话框中的相应按钮，继续调整滑块位置，直到在此视图中滑块中心与连杆端点重合，然后将视图复原。

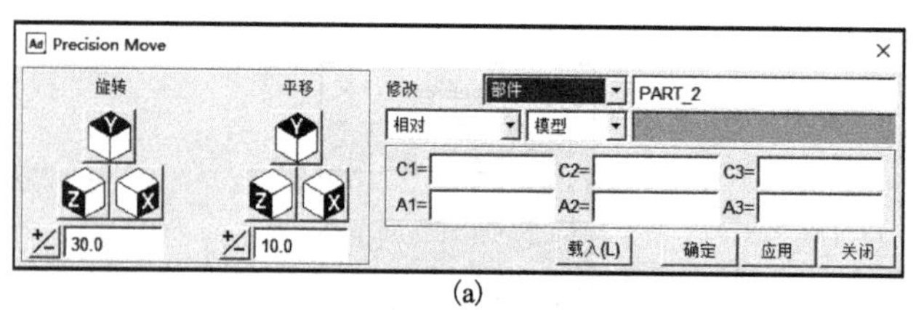


(a)

(b)

图 3.15　调整滑块正视方向的位置

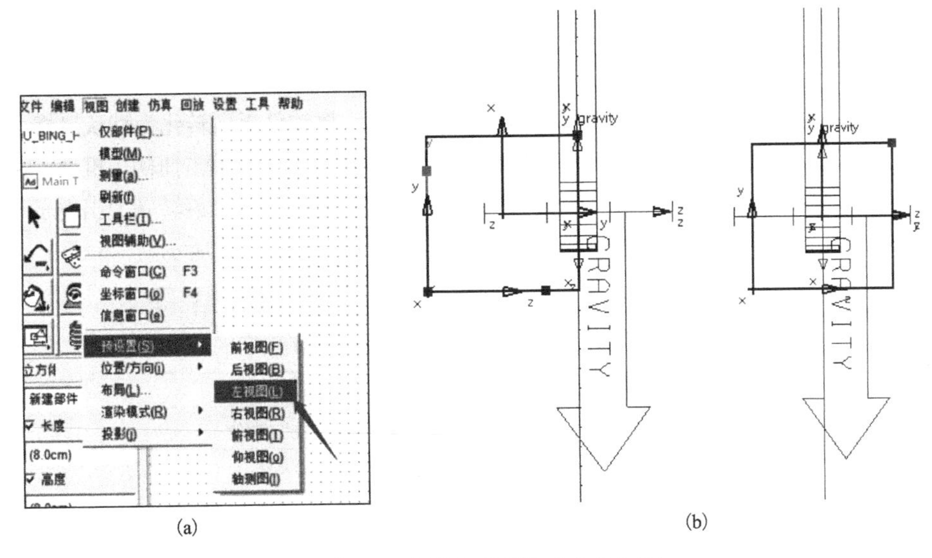


(a) (b)

图 3.16 调整滑块侧视方向的位置

(6) 在连接工具条中单击“平移副”图标，弹出如图 3.17 所示的对话框。两个部件，分别选择滑块与地面，平移副的位置选择滑块上任一点即可，平移副的方向选定为沿 X 轴方向。

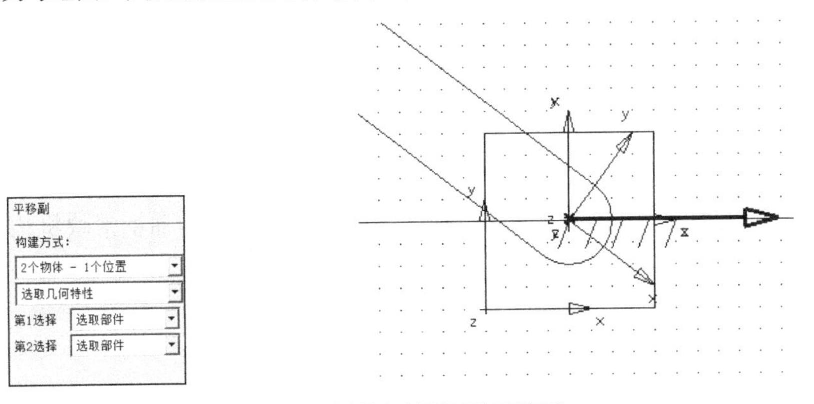


图 3.17 滑块与地面间的平移副

(7) 单击“旋转副”图标，然后在曲柄和连杆间、滑块和连杆间构建旋转副，旋转副的位置设置如图 3.18 所示。

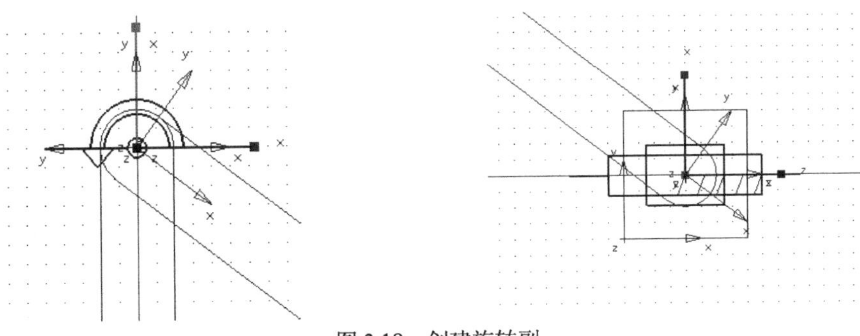

图 3.18 创建旋转副

### 3.2.2 添加驱动

(1)选择菜单栏中“设置”→“界面风格”→“默认”，将软件界面转化为默认风格。选择建模工具条“驱动”→“运动副驱动”→“旋转副”图标，在工作区域单击曲柄与机架连接的旋转副 JOINT_1，这样就达到了为曲柄添加驱动的目的，此时可以看到这一旋转副上出现了一个大的转动箭头。双击这一箭头，即可弹出驱动参数设置界面，如图 3.19(b)所示。

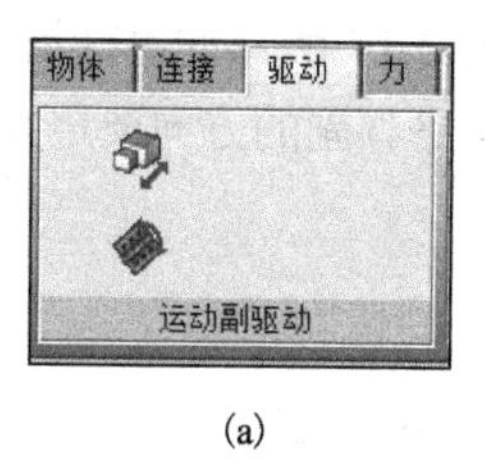


(a)

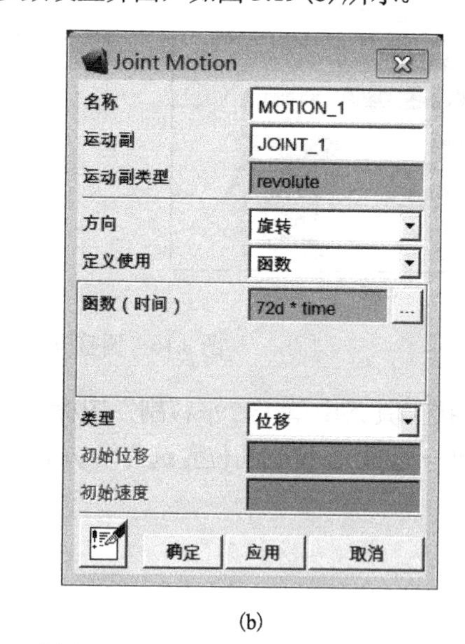


(b)

图 3.19 创建驱动

(2)利用图 3.20(a)中的方法对机构进行渲染，最终获得的曲柄滑块机构仿真模型如图 3.20(b)所示。

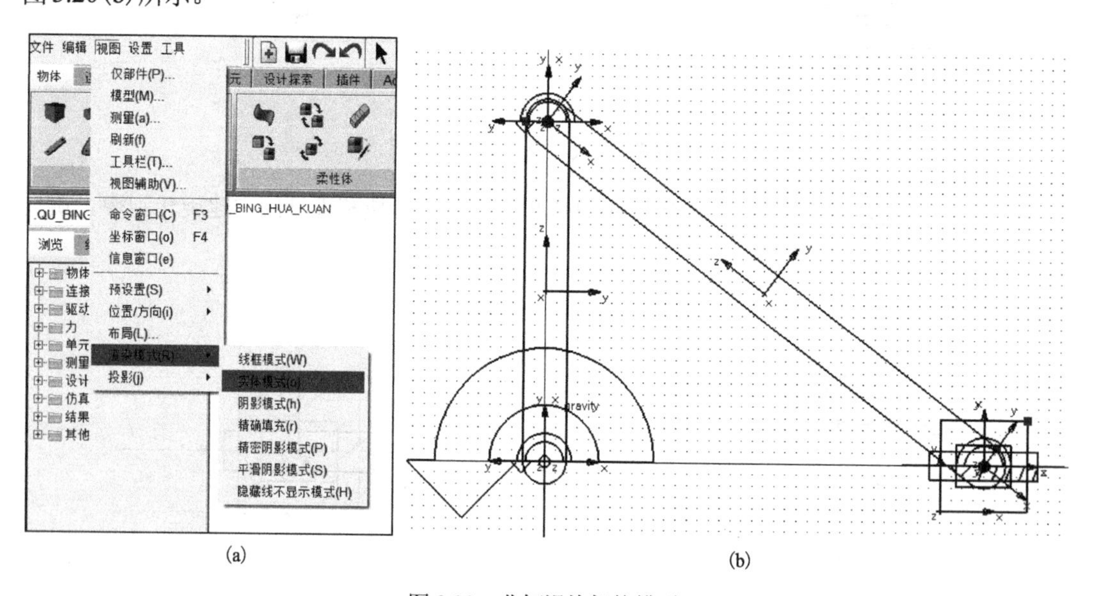


(a) (b)

图 3.20 曲柄滑块机构模型

# 3.3　仿 真 分 析

## 3.3.1　仿真设置

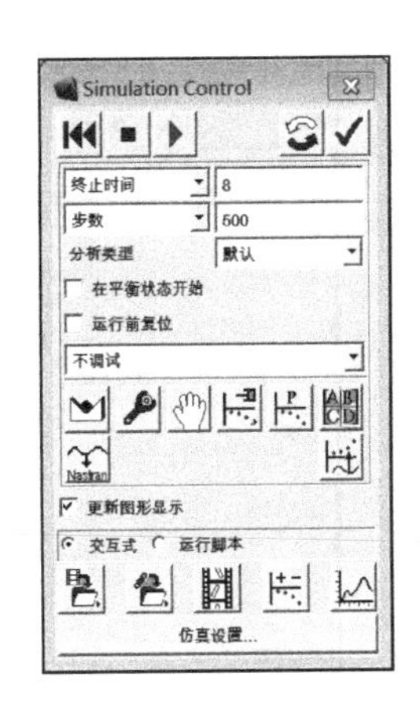


图 3.21　“Simulation Control” 对话框

(1) 选择建模工具条中仿真工具条→仿真分析界面，单击“运动交互仿真”按钮，弹出“Simulation Control”对话框。

(2) 在“仿真设置”对话框中，设置“终止时间”为 8，“步数”为 500，如图 3.21 所示。

(3) 单击对话框中的“开始仿真”按钮“▶”，机构开始运动。

## 3.3.2　查看仿真结果

(1) 仿真结束后，单击图 3.21 右下角的绘图图标“”，弹出“后处理”对话框，如图 3.22 所示。

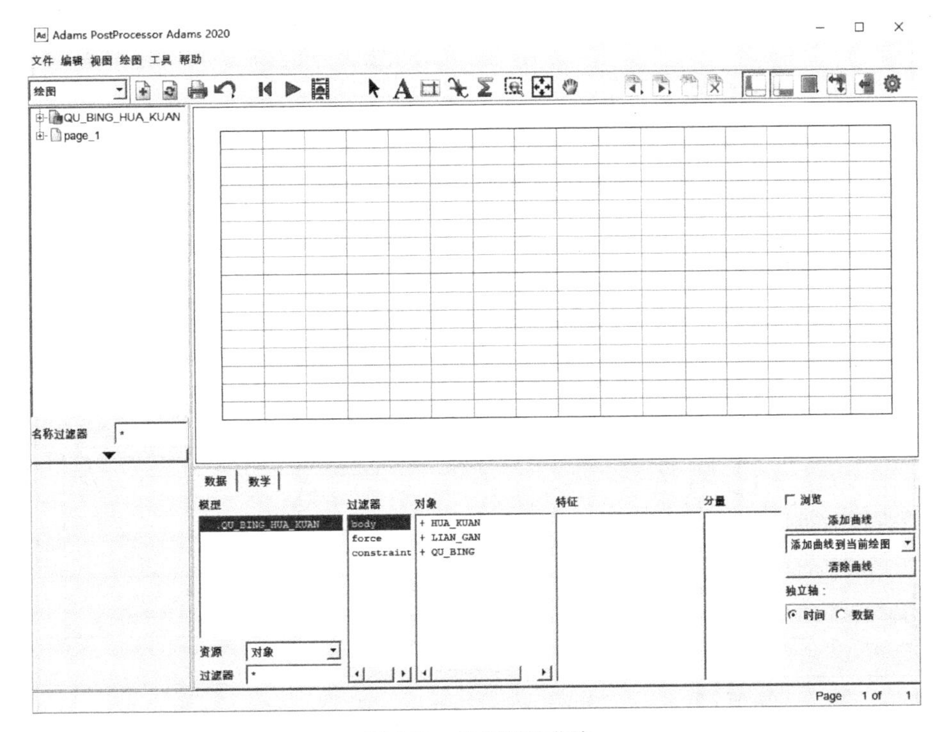


图 3.22　设置测量曲线

(2) 在“后处理”对话框的下方，依次选择“过滤器”“对象”“特征”“分量”这些选择对话框，然后单击“添加曲线”按钮，便可绘制出需要获得的运动曲线。图 3.23 为滑块的位移、速度曲线，图 3.24 为连杆 X、Y 方向的位移曲线，图 3.25 为连杆 X、Y 方向的速度曲线。图 3.23 显示滑块的位移曲线呈周期性变化，数值在 200～800mm 变化(这里的数值指的是滑块中心在移动 X 方向上的坐标)，变化幅度即滑块的行程，此机构的滑块行程为 600mm。由

3.2 节可知，曲柄的长度为 300mm，滑块的行程是曲柄长度的两倍，符合对心曲柄滑块机构的曲柄长度与滑块行程的关系。

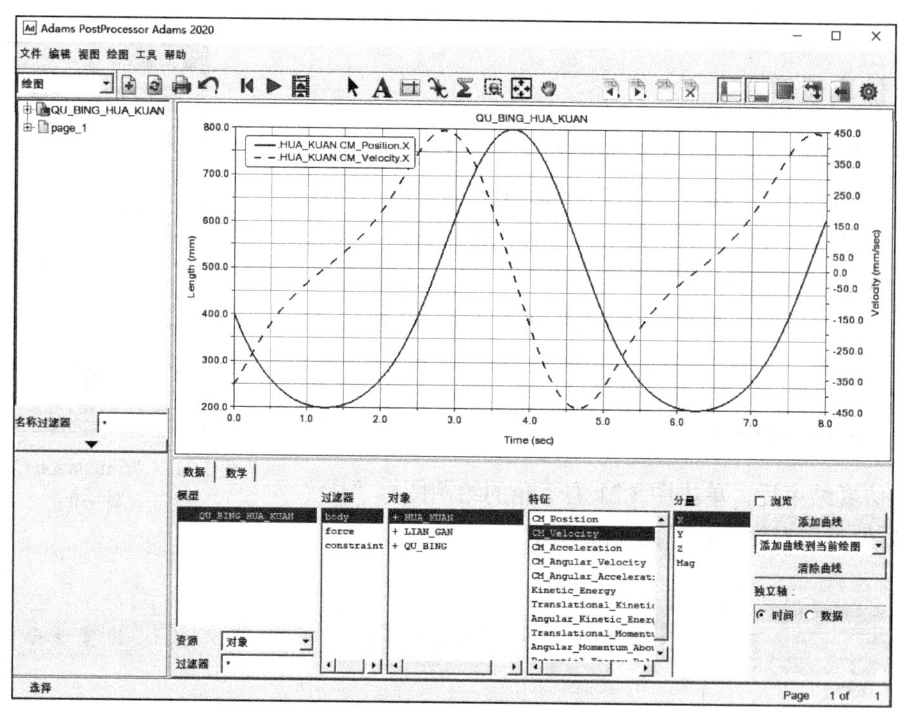


图 3.23　滑块的位移、速度曲线

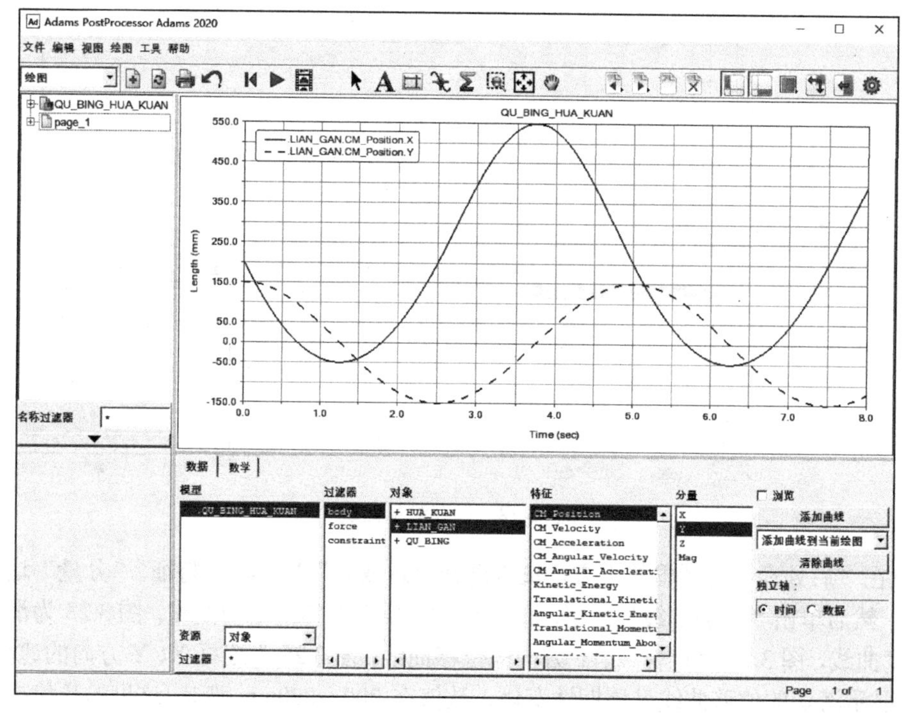


图 3.24　连杆 X、Y 方向的位移曲线

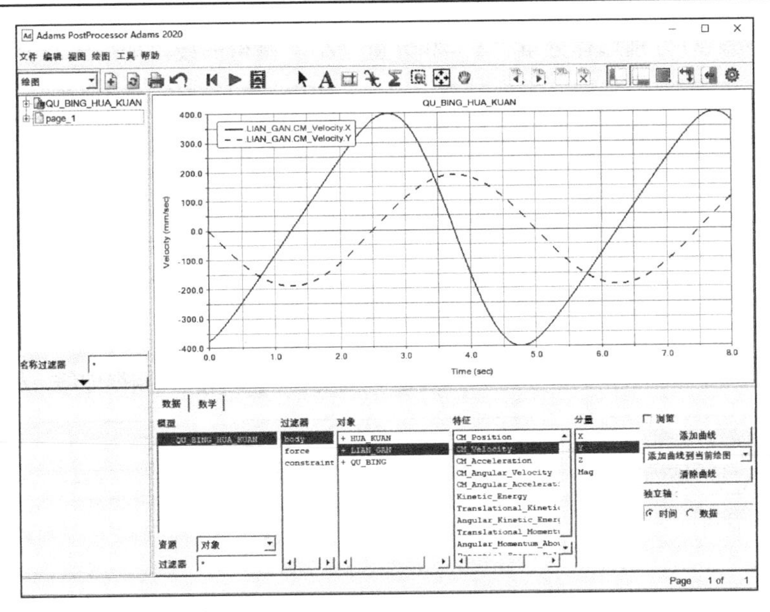

图 3.25　连杆 X、Y 方向的速度曲线

(3) 在模型树浏览区选择“浏览”→“物体”→“PART_3”→右击与曲柄形成旋转副的转动中心点，选择“测量”，弹出“Point Measure”对话框，如图 3.26 所示。

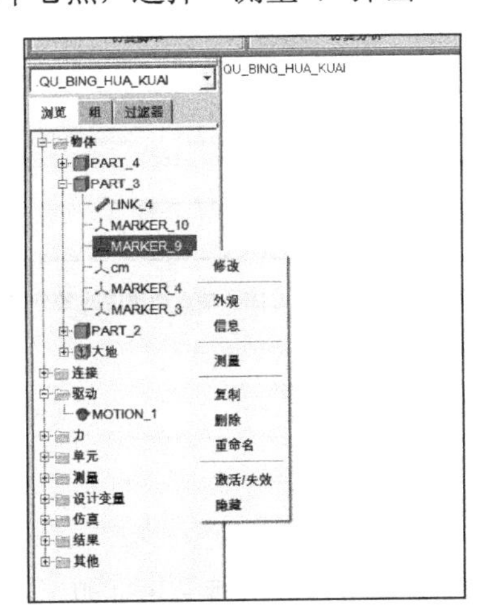

图 3.26　“Point Measure”对话框

(4) 选择特性为“平移位移”，选择分量“X”，单击“确定”按钮测得图线，如图 3.27 所示。

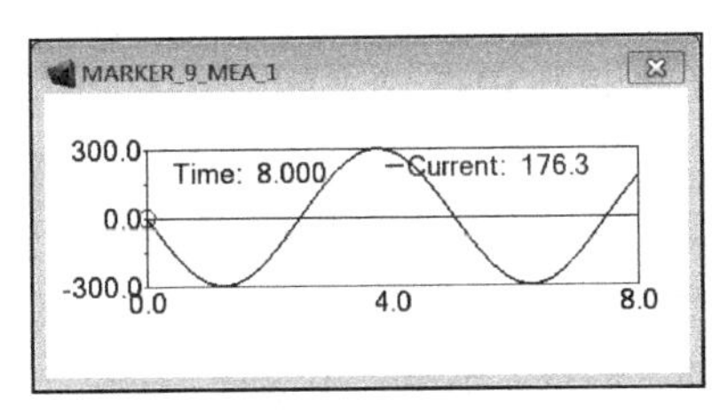

图 3.27　滑块端点的 X 位移

(5) 重复步骤(3)分别选择分量“Y”和分量“Z”，测得曲线，如图 3.28 所示。

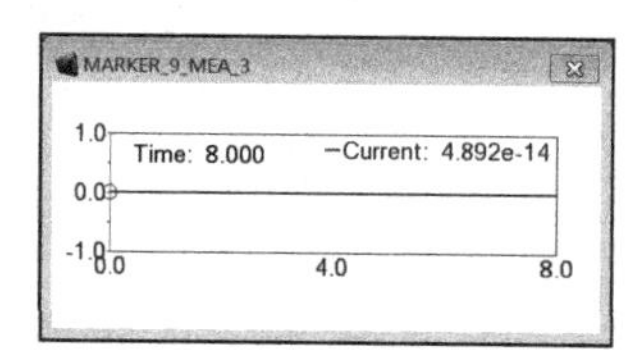


(a) 滑块端点位移的 Y 分量

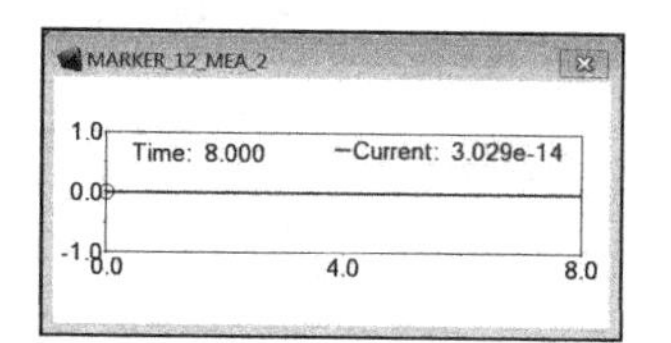


(b) 滑块端点位移的 Z 分量

图 3.28　滑块端点的 Y、Z 位移

(6) 重复步骤(3)，选择特性为“平移速度”，重复步骤(4)(5)，测得曲线，如图 3.29 所示。

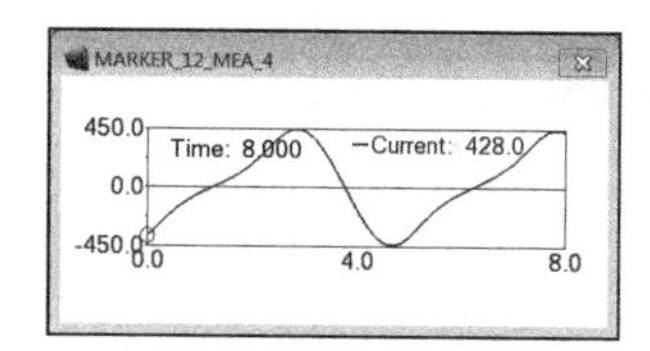


(a) 滑块端点速度的 X 分量

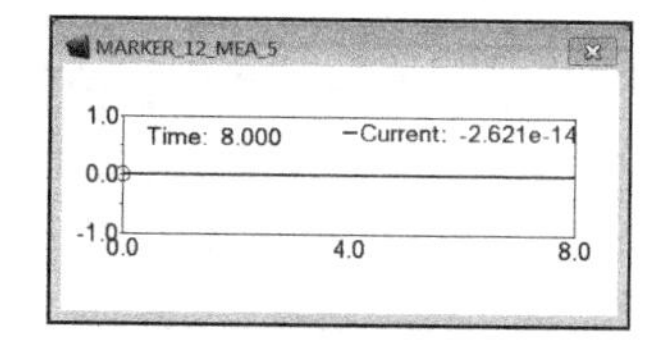


(b) 滑块端点速度的 Y 分量

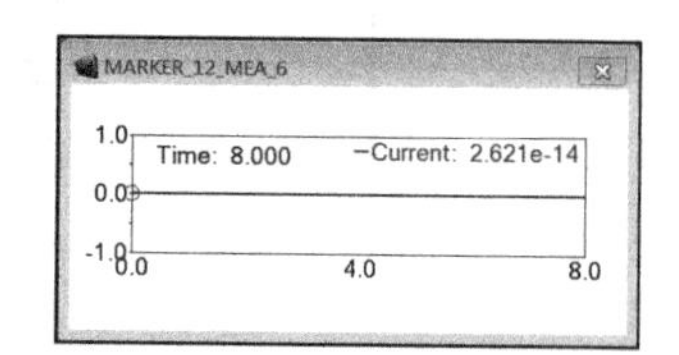


(c) 滑块端点速度的 Z 分量

图 3.29　滑块端点的速度

(7) 重复步骤(3)，选择曲杆上的点，选择特性为“平移加速度”，重复步骤(4)(5)，测得曲线，如图 3.30 所示。

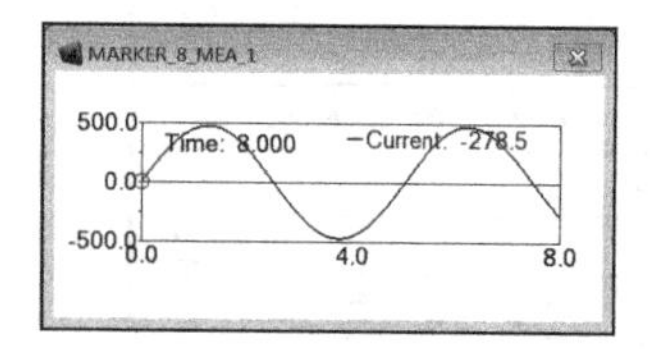


(a) 曲柄端点加速度的 X 分量

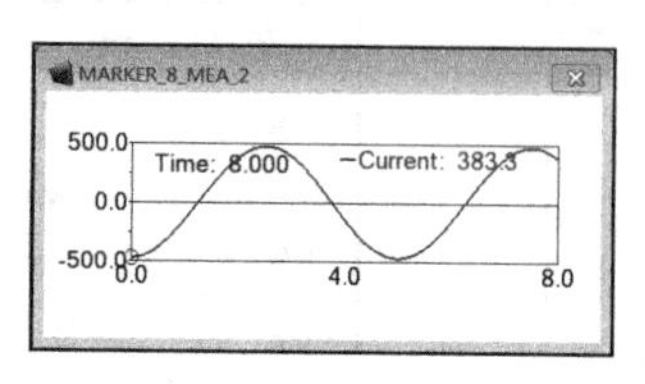


(b) 曲柄端点加速度的 Y 分量

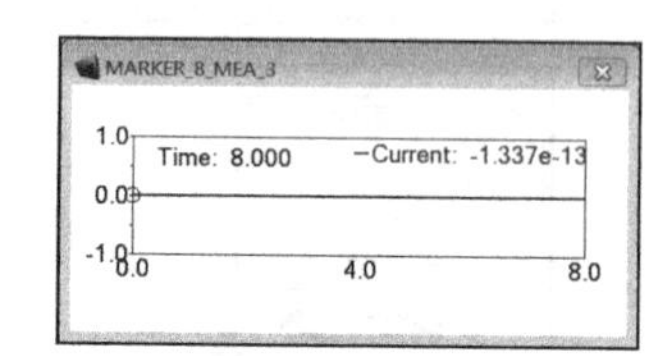


(c) 曲柄端点加速度的 Z 分量

图 3.30　曲柄端点的加速度

## 3.4　优 化 设 计

3.2 节和 3.3 节建立了一个对心曲柄滑块机构，并通过运动仿真分析进一步证明了机构的运动符合对心曲柄滑块机构的特点。下面将通过优化分析，在构件长度允许范围内，寻找滑块行程最大时的结构参数。

(1) 重新绘制曲柄滑块机构。新建模型，在基本形状中选择“ • ”，建立三个点，坐标见图 3.31。点建立完成后，再建立曲柄、连杆和滑块三个构件，曲柄的两个端点为 POINT_1 和 POINT_3，连杆位于 POINT_1 和 POINT_2 之间，滑块的中心在 POINT_2。具体的建模过程见 3.2 节。选择 POINT_1 的 Y 坐标单元格，在表格上方灰色区域右击弹出选项卡，然后依次选择：“参数化”→“创建设计变量”→“实数”，产生设计变量 DV_1，POINT_2 的 X 坐标单元格产生设计变量 MODEL_1.DV_2。

(2) 在左侧模型树浏览区的“浏览”菜单栏中选择“物体”，找到 PART-4(滑块)，右击选择“测量”，弹出“Part Measure”对话框，如图 3.32 所示。

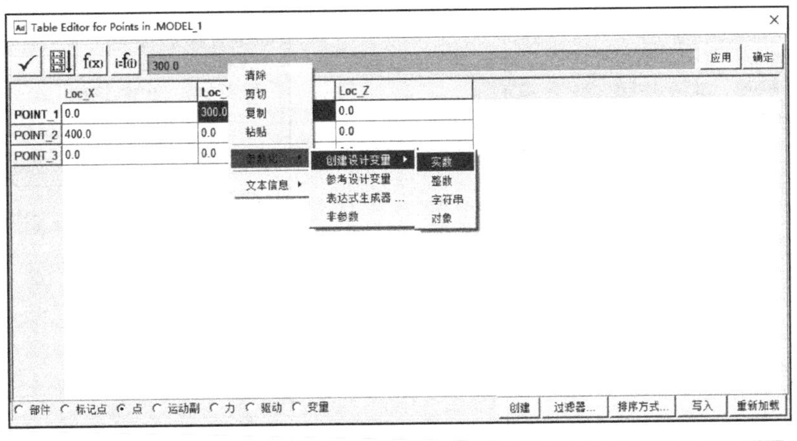


|  | Loc_X | Loc_Y | Loc_Z |
|---|---|---|---|
| POINT_1 | 0.0 | 300 | 0.0 |
| POINT_2 | 400 | 0.0 | 0.0 |
| POINT_3 | 0.0 | 0.0 | 0.0 |

图 3.31　设置点表格

(3) 将分量选择“X”，单击“确定”按钮，得到测量结果如图 3.33 所示。关闭测量窗口。

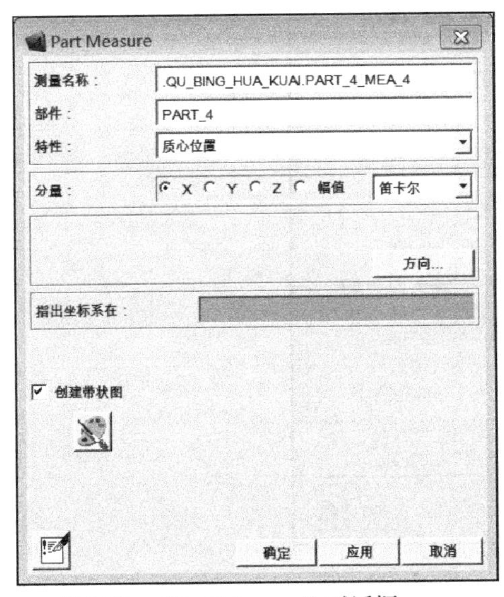


图 3.32　“Part Measure”对话框

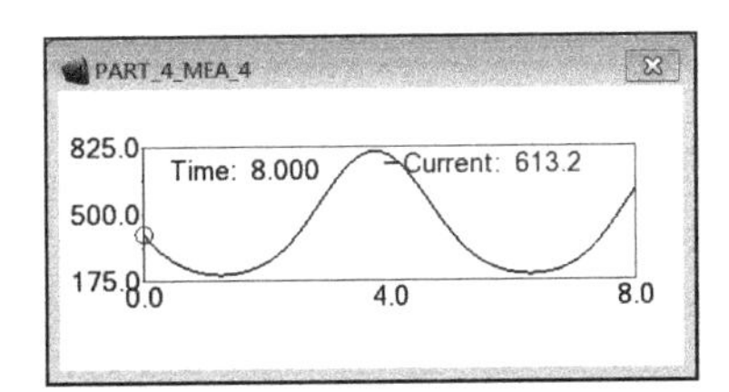


图 3.33　滑块质心的 X 坐标变化曲线

(4) 在左侧“浏览”菜单栏找到“设计探索”，选择“设计变量”，数据库浏览器中显示 DV_1，右击选择“修改”选项，弹出“Modify Design Variable”对话框。“值的范围”选择“+/−相对百分比”，设置−百分比差值为−10.0，+百分比差值为 10.0，如图 3.34 所示，单击“应用”按钮确认修改值。

(5) 重复步骤(4)，将 DV_2 的参数变量修改为如图 3.35 所示。

(6) 单击“确定”按钮，关闭修改设计变量窗口。

(7) 在建模工具条中选择“设计探索”→“设计评价”，选择命令“ ”，将显示“设计研究”对话框、“试验设计”对话框和“优化”对话框。

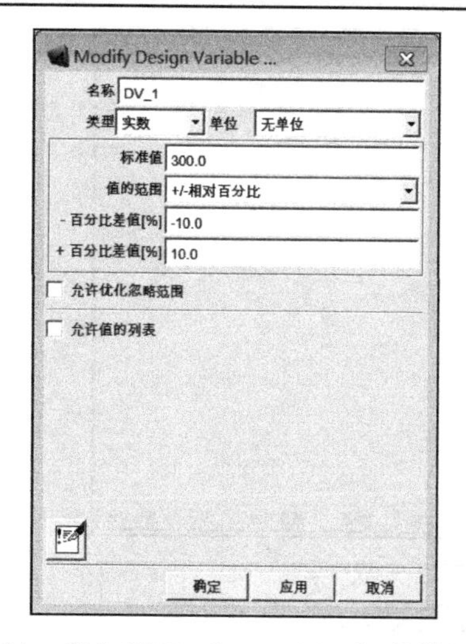


图 3.34　“Modify Design Variable”对话框(DV_1)

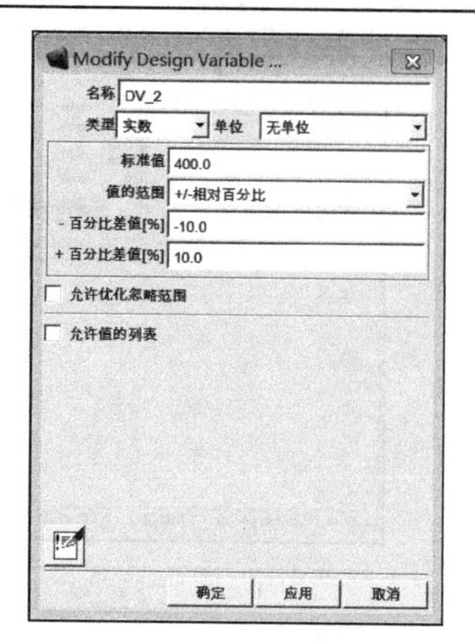


图 3.35　“Modify Design Variable”对话框(DV_2)

(8)选择和重置：将命令选择为“优化”，按照图 3.36 中的参数进行设置。

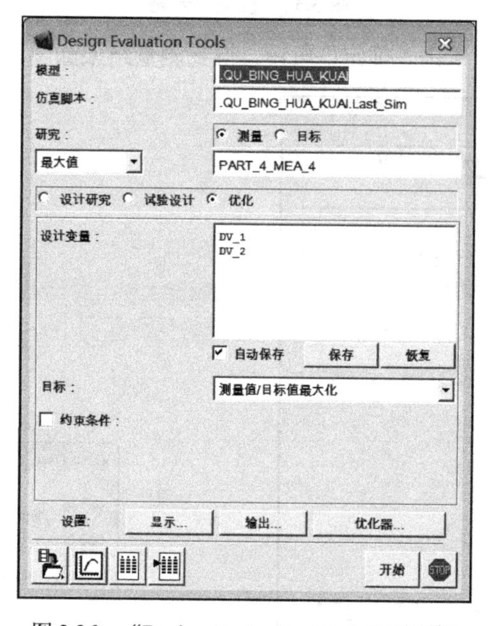


图 3.36　“Design Evaluation Tools”对话框

(9)单击“开始”按钮，曲柄滑块机构开始运动，不久后提示优化结束，如图 3.37 所示，单击“关闭”按钮，得出优化后的结果。如图 3.38 和图 3.39 所示，通过仿真得出曲柄滑块机构在通过优化设计后，设计变量的变化范围为初始值的±10%时，滑块能到达的最大位移为 858.1mm。

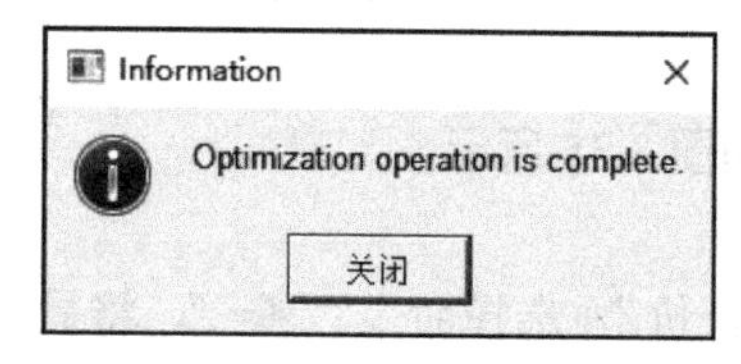


图 3.37　“Information”提示对话框

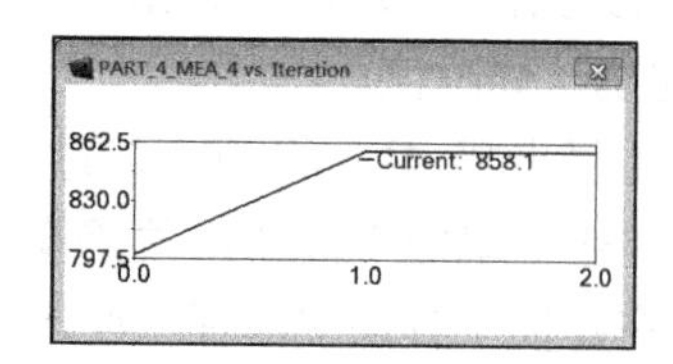


图 3.38　滑块最大行程位移优化

(10) 单击图 3.36 所示对话框底部的“创建结果的表格报告”按钮▦，在随后出现的对话框中单击“确定”按钮，即可显示本次优化的报告结果，如图 3.40 所示。

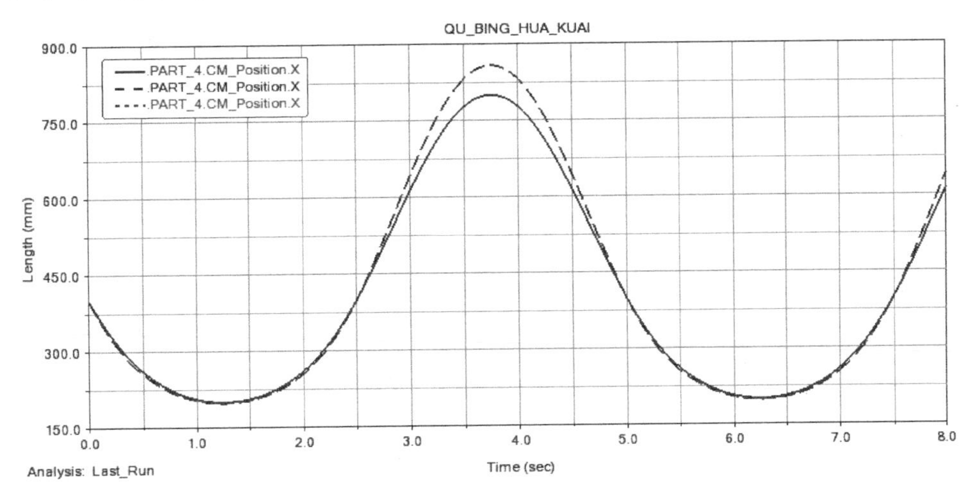


图 3.39　滑块优化位移结果

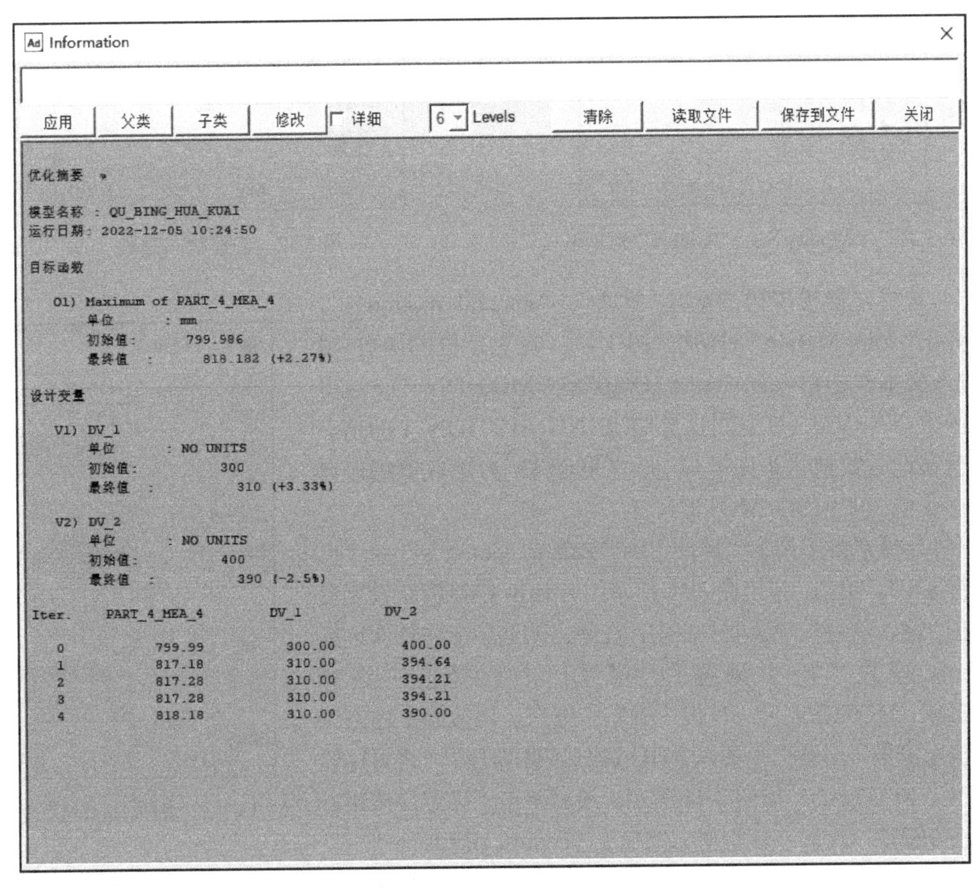


图 3.40　分析结果报告

## 3.5　MATLAB 与 Adams 联合仿真

下面将把曲柄的转动作为输入量，摇杆的质心 X 方向位移值作为输出量，进行 MATLAB 和 Adams 两个软件的联合仿真，以拓展 Adams 软件的仿真功能。

(1) 按照 3.2 节的方法将操作界面设置为默认界面，按照 3.2 节和 3.3 节的步骤重新建立曲柄滑块机构模型。

(2) 在建模工具条中选择“单元”→“系统单元”，单击创建通过代数方程定义的“状态变量” x ，弹出“Modify State Variable”对话框，如图 3.41 所示。创建状态变量，将其命名为“HUAKUAIZHIXIN”，并在公式对话框填写函数 DX(PART_3.cm) 以测量滑块的质心 X 方向的坐标变化。

(3) 重复步骤(2)，创建状态变量，将其命名为“QUBING_MOTION_1”，函数输入栏中不做任何改变，如图 3.42 所示。

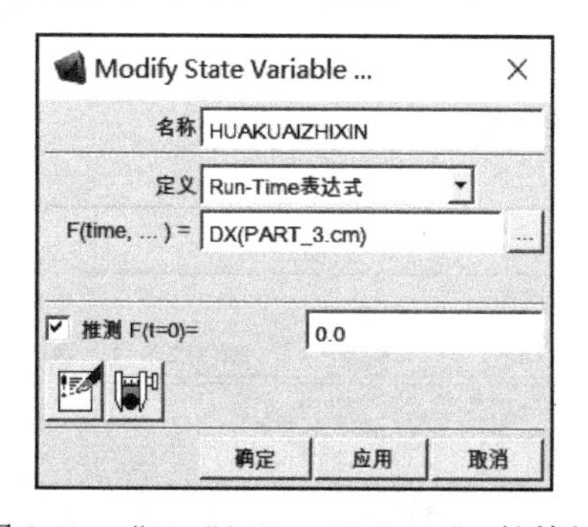


图 3.41　“Modify State Variable”对话框

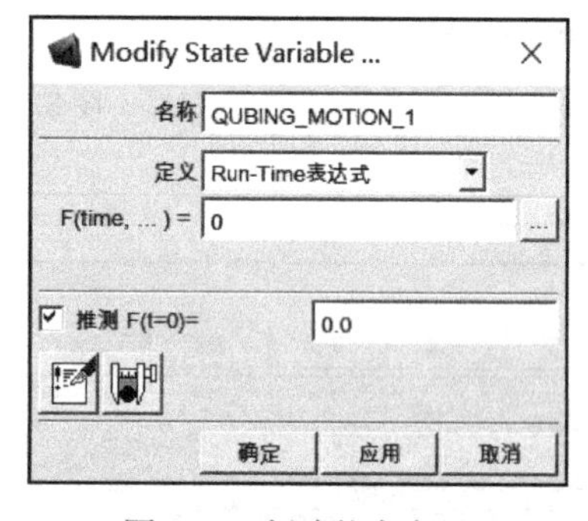


图 3.42　创建状态变量

(4) 选择左侧模型树浏览区“驱动”→“general_motion_1”，双击弹出“Joint Motion”对话框(图 3.43)。在对话框的函数(时间)输入文本框中输入 VARVAL(QUBING_MOTION_1)，这里利用函数 VARVAL(*) 返回变量 QUBING_MOTION_1 的值。这样就通过函数把状态变量与力矩关联起来，力矩取值将来自于状态变量 QUBING_MOTION_1。

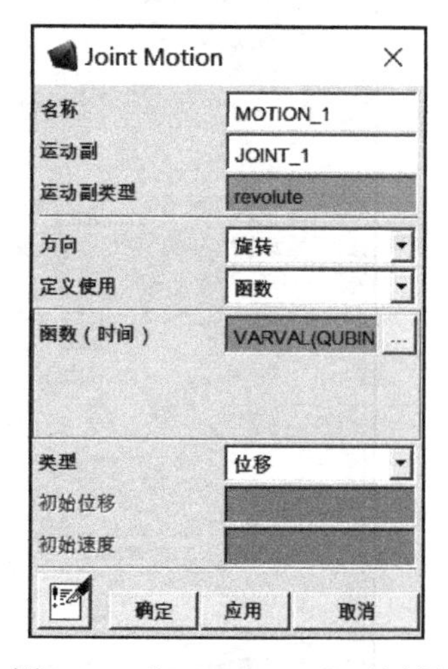


图 3.43　“Joint Motion”对话框

(5) 选择建模工具条“插件”→“Adams Controls”→“机械系统导出”，单击，弹出图 3.44 所示的 Adams 控制模块设置窗口。在“输入信号”对话框中右击，在弹出的选项卡中依次选择“Adams 变量”→“浏览”，在弹出的选择框中选择“QUBING_MOTION_1”，单击“确定”按钮。再按照上述方法在“输出信号”对话框中填入“HUAKUAIZHIXIN”，将目标软件更改为 MATLAB，如图 3.44 所示。最后单击“确定”按钮，生成控制模型，此时在模型树中增加了“control_plants”。

(6) 此控制模型文件将在 Adams 软件模型存储文件夹中生成几个文件，如图 3.45 所示。

(7) 打开 MATLAB 软件，设置 MATLAB 当前文件夹为 Adams 模型的存储文件夹，在 MATLAB 中打开 Adams 存储文件夹中的 Controls_Plant_*.m，如图 3.46 所示，单击“运行”按钮。

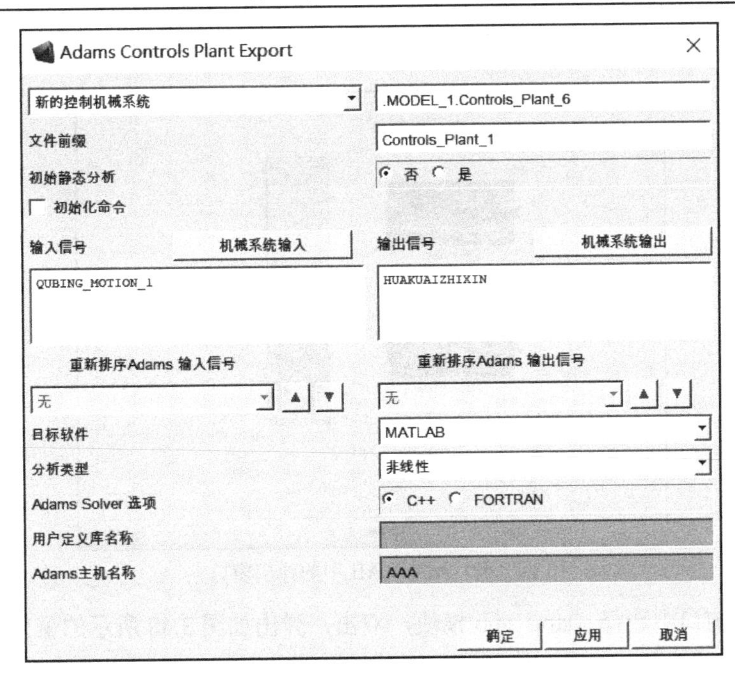


图 3.44　控制模块设置窗口

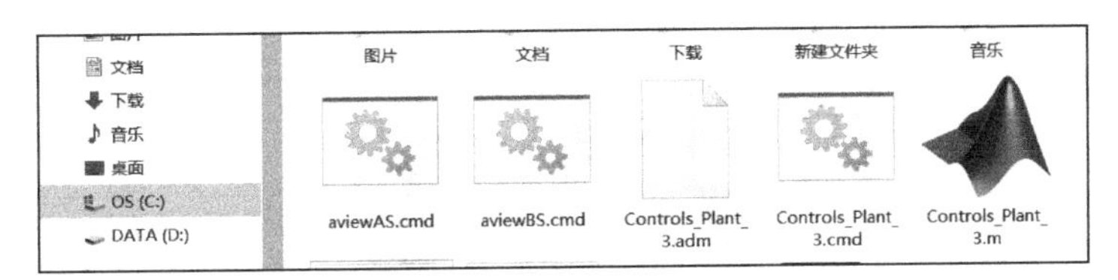


图 3.45　Adams 导出到 MATLAB 文档

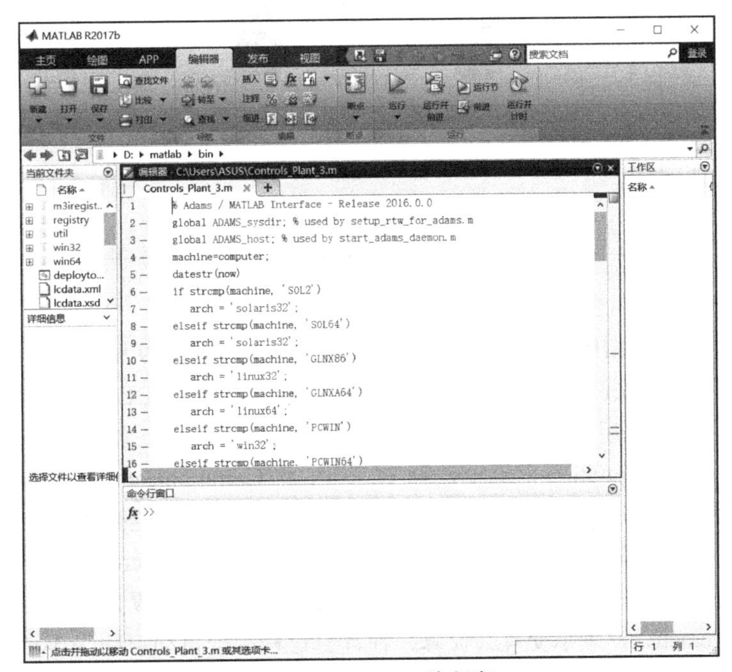


图 3.46　MATLAB 编程窗口

(8) 在 MATLAB 软件的命令行窗口中输入 adams_sys，按回车键，弹出如图 3.47 所示窗口。

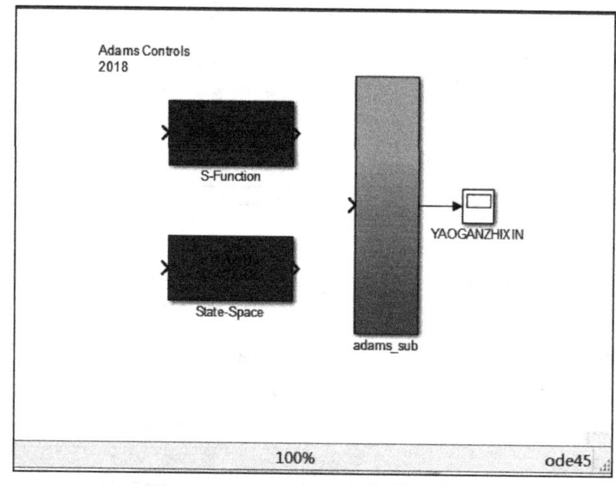


图 3.47　MATLAB 中的弹出窗口

(9) 在弹出窗口中选择 adams_sub 模块，双击，弹出如图 3.48 所示的窗口。

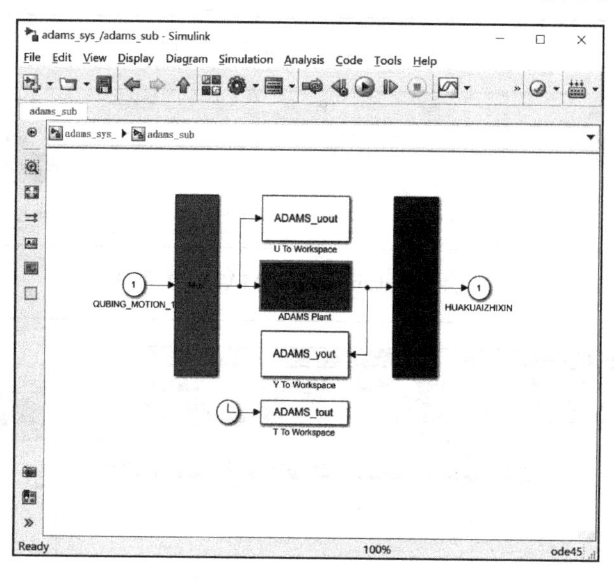


图 3.48　Simulink 窗口

(10) 双击图 3.48 窗口中的 MSC Software 模块，弹出如图 3.49 所示的数据交换参数设置对话框，注意以 Interprocess option 为题的对话框内容为 PIPE(DDE)，对话框的各项设置如图 3.49 所示，设置完成后，单击“OK”按钮，关闭窗口。注意，如果此仿真不在同一台计算机上运行，Interprocess option 对话框选择 TCP/IP，将 Communication interval 输入框中输入 0.005，这表示每隔 0.005s 在 MATLAB 和 Adams 之间进行一次数据交换。若在仿真过程中发现运行较慢，可以适当增大该参数，将 Simulation mode 设置为 discrete，则用批处理的形式，看不到仿真动画，其他使用默认设置即可。如果 Simulation mode 设置为 continuous，Animation mode 设置成 interactive，表示交互式计算，在计算过程中会自动启动 Adams/View，以便观察仿真动画。

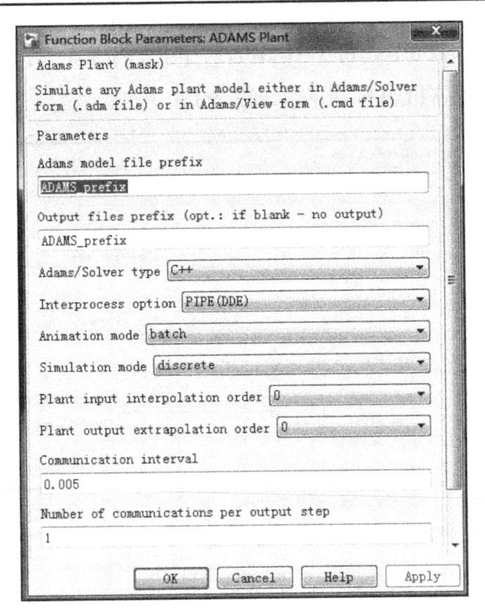


图 3.49　Adams Plant 界面

(11) 单击 adams_sys_窗口的工具栏中“library browser”图标，弹出图 3.50 所示的“Simulink Library Browser”界面，单击左侧浏览区“Simulink”→“Sources”，选择右侧工作区的“Ramp”作为输入信号。

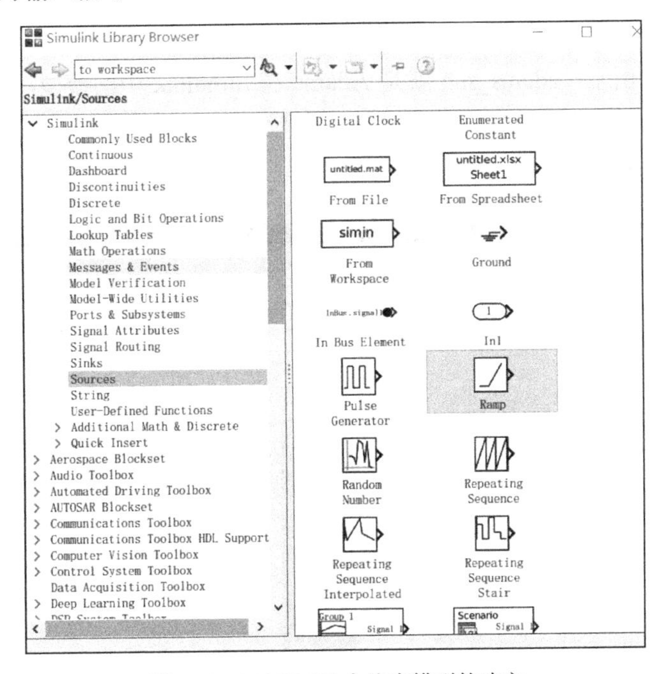


图 3.50　MATLAB 中仿真模型的建立

(12) 单击图 3.48 所示界面的菜单“Simulation”→“Simulation Parameters”，弹出图 3.51 所示的“Configuration Parameters”对话框，在 Solver 界面中将 Start time 设置为 0.0，将 Stop time 设置为 10.0，将 Type 设置为 Variable-step，其他使用默认选项，单击“OK”按钮。返回图 3.48 所示界面，单击开始按钮，程序运行。若出现错误，重启 MATLAB 即可。每次启动

MATLAB 都需要选择路径到 Adams 的工作路径中的文件夹，并输入 Control_Plant_1(.m 文件名)和 Adams_sys(Adams 与 MATLAB 的接口命令)。

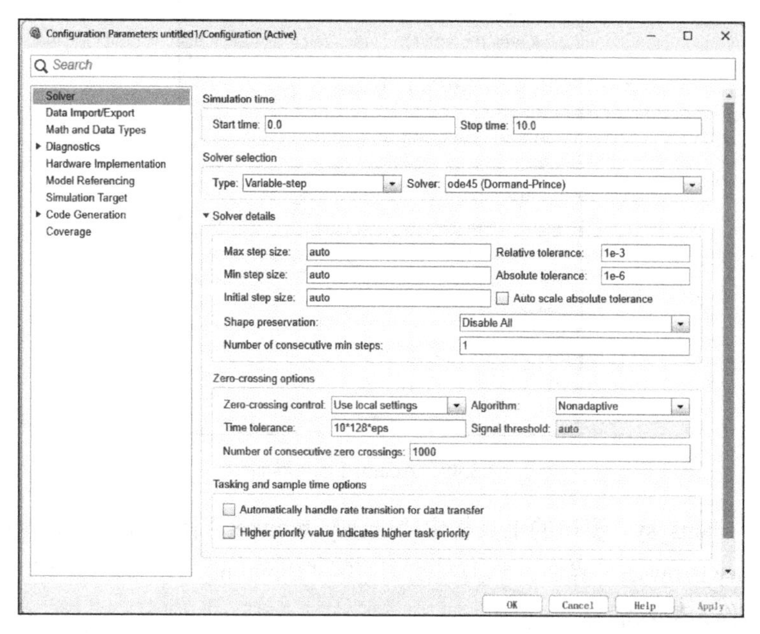


图 3.51　“Configuration Parameters”对话框

(13)如图 3.52 所示，adams_sub 就是 Adams 在 Simulink 中的模型，输入为曲柄转动正弦信号，输出为摇杆质心 X 坐标。其中双击☑可修改输入的参数，双击▣可查看仿真结果曲线图，如图 3.53 所示。

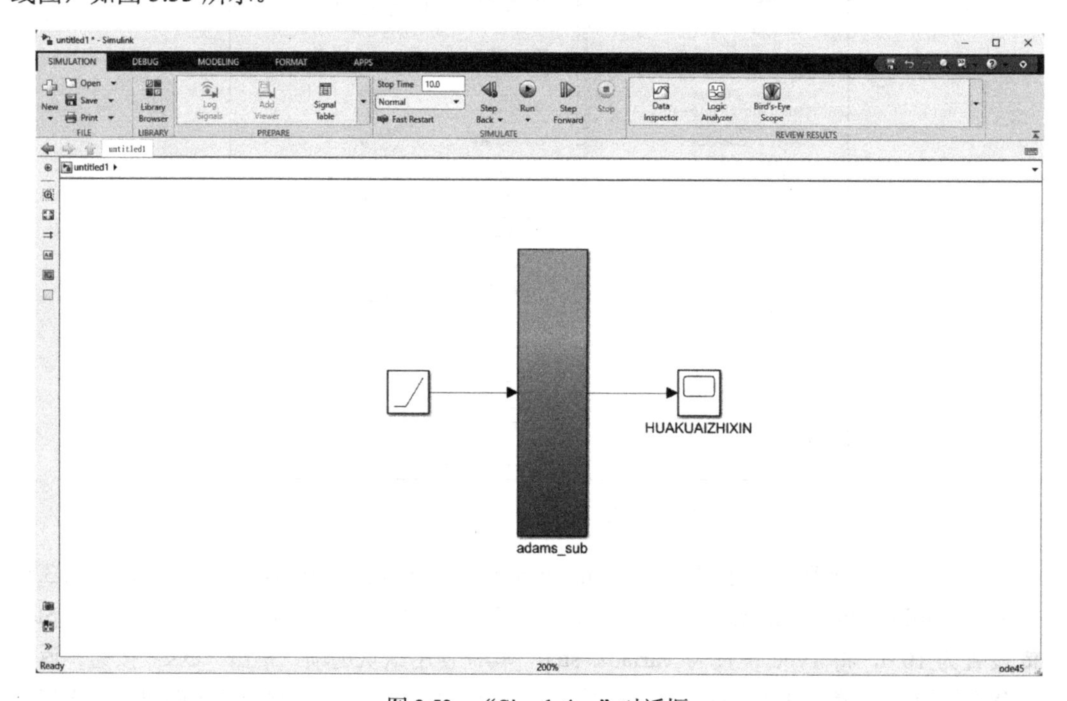


图 3.52　“Simulation”对话框

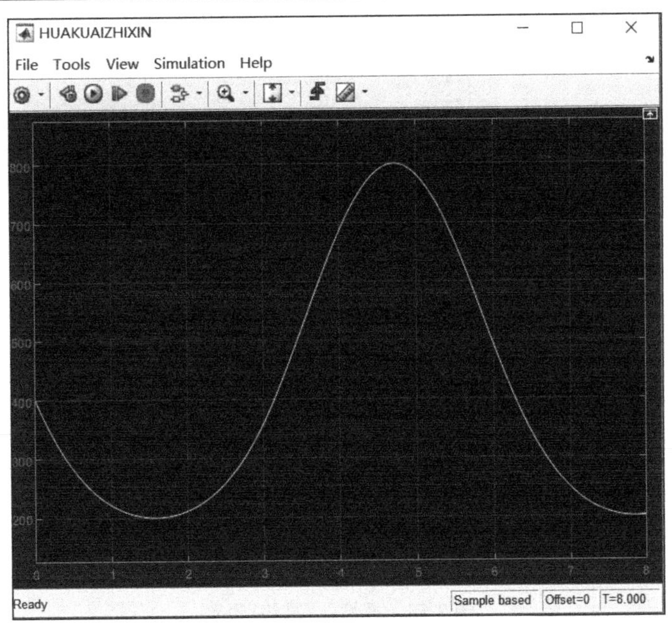


图 3.53　曲柄滑块机构在 MATLAB 中的仿真结果

## 3.6　滑块柔性化

(1)选择模型树浏览区“物体”→“HUA_KUAI”，右击，弹出选项卡，选择“柔性化”(也可在工作区域选择构件质心，右击，弹出选项卡，选择“柔性化”)，弹出“Make Flexible”对话框，如图 3.54 所示，单击“创建新的”按钮。

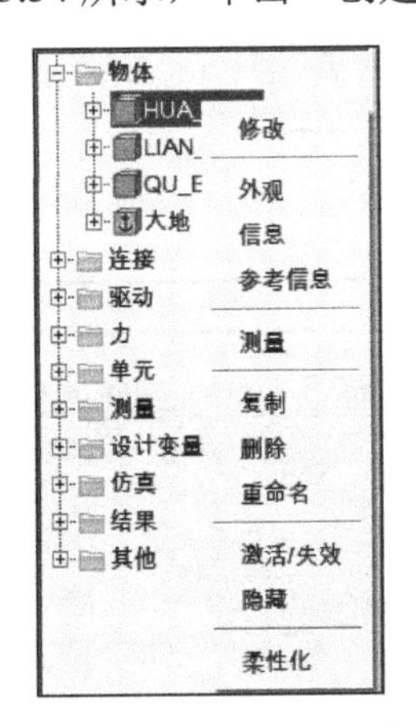


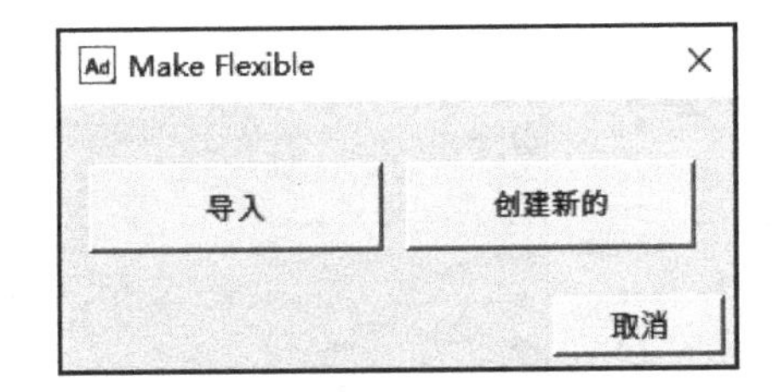


图 3.54　柔性化方式选择

(2)弹出“ViewFlex-Create”对话框，如图 3.55(a)所示，勾选“应力分析”(高版本除应力分析外还勾选“Strain Analysis”)，勾选“高级设置”弹出详细柔性化参数设置，如图 3.55(b)所示。选择所需材料(或手动添加材料，详见 2.3.3 节)，为使柔性化前后对比明显，依然使用 2.3.3 节的软材“橡胶”，其杨氏模量为 $7.8\times10^{6}$Pa，泊松比为 0.47，密度为 $0.93\text{g/cm}^3$，设置完成后单击“确定”按钮。

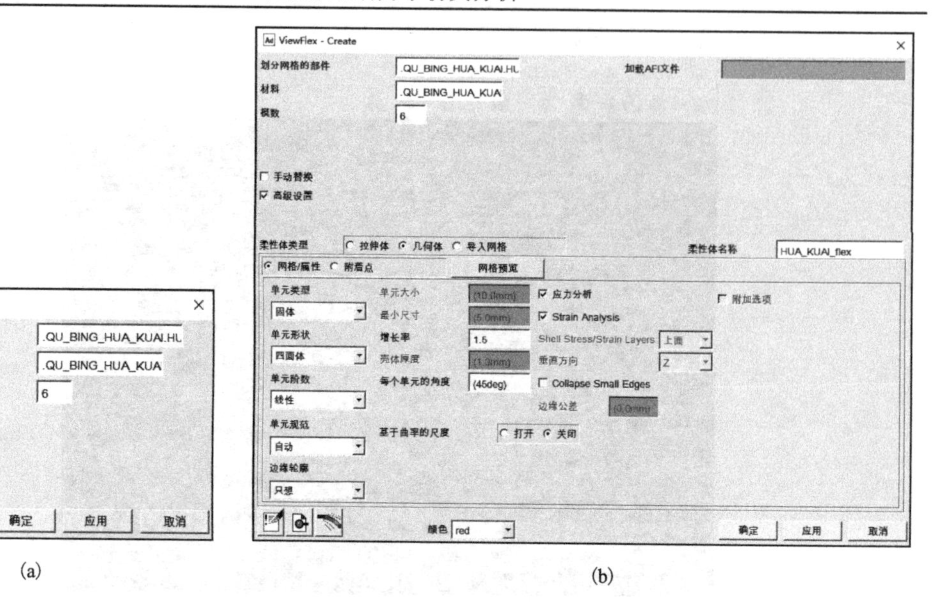


(a)　　　　　　　　　　(b)

图 3.55　柔性化(高级)设置

(3)系统将自动创建柔性化单元，完成后显示“柔性化已完成”，如图 3.56 所示。如图 3.57 所示，在模型树浏览区可以查看生成的柔性体基本信息。

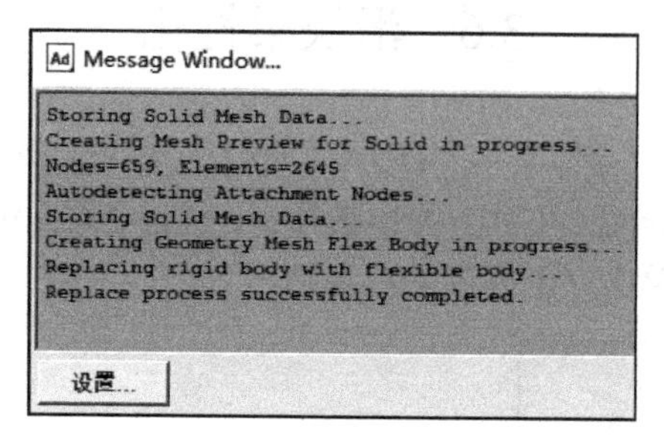


图 3.56　柔性体创建过程提示

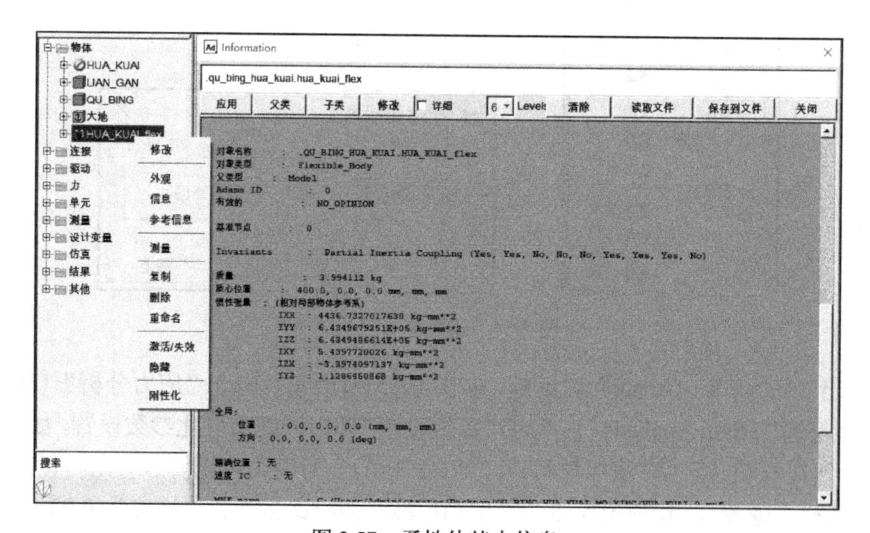


图 3.57　柔性体基本信息

柔性化后的滑块，如图 3.58 所示。

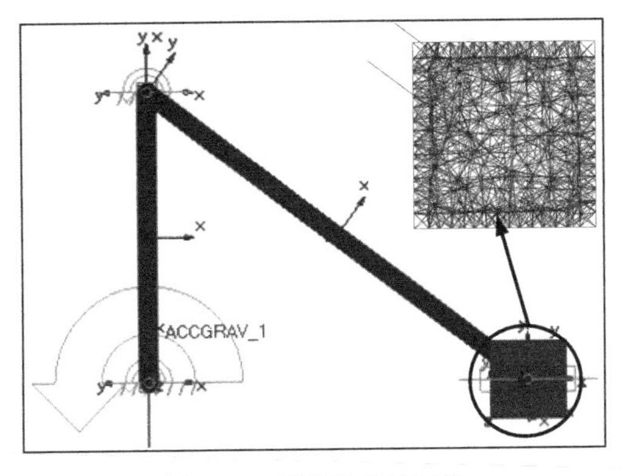


图 3.58　柔性化后的滑块

(4) 选择模型树浏览区“驱动”→“MOTION_1”(图 3.59(a))，右击，弹出“Joint Motion”对话框(图 3.59(b))，单击“函数(时间)”对话框后面的按钮，弹出“Function Builder”对话框(图 3.59(c))。在“Function Builder”对话框的“定义运行时间函数”对话框中输入 72d * time(说明：72d 表示每秒 72 degree，下方数学函数可供使用者添加更为复杂的驱动)。仿真时间设置为 5s，然后开始仿真。

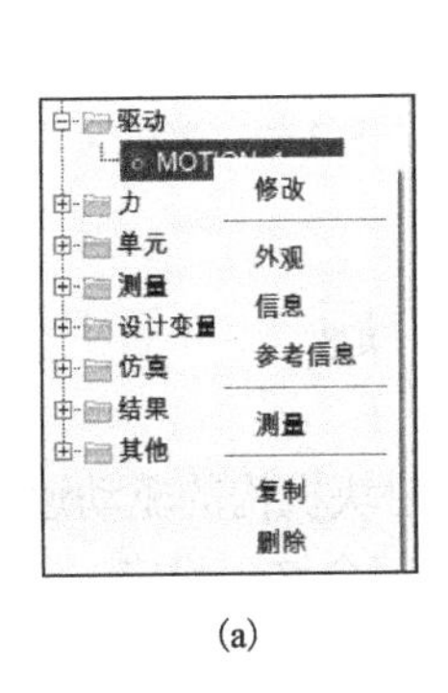


(a)

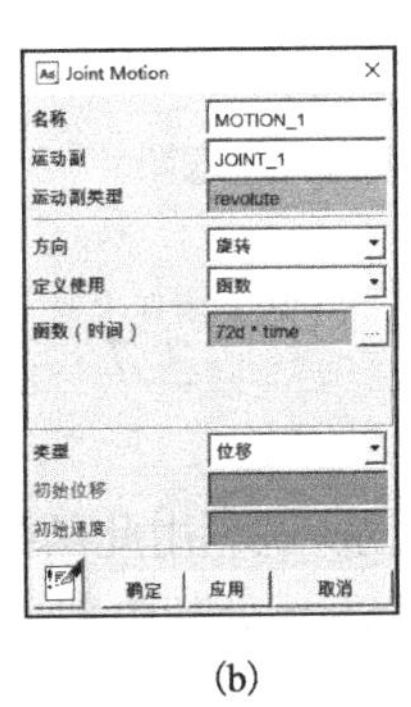


(b)

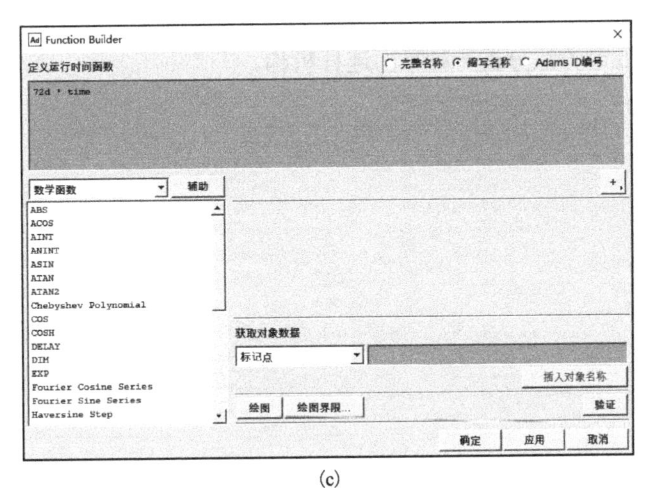


(c)

图 3.59　驱动参数的修改

(5) 测量 X 方向滑块质心位移变化曲线，如图 3.60 所示，发现滑块的运动与柔性化之前没有明显差异，即仅柔性化滑块对整个机构的运动没有影响。

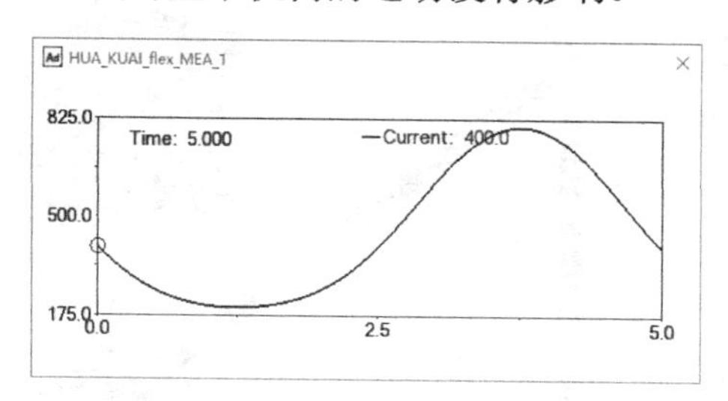


图 3.60　滑块 X 方向的位移

按照本节的步骤，依次柔性化曲柄与连杆，图 3.61 显示了全部构件柔性化后的仿真模型。测量滑块 X 方向的位移曲线，如图 3.62 所示，可以看出运动过程波动明显。

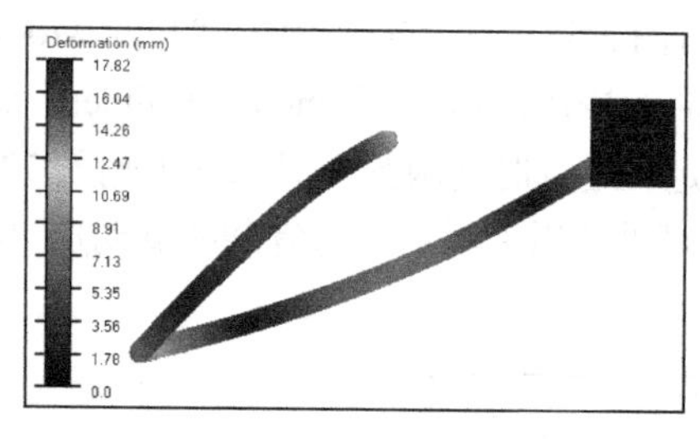


图 3.61　全部柔性化运动过程示意图

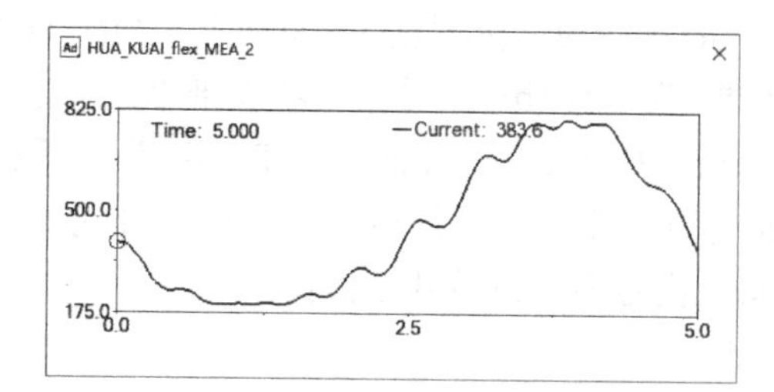


图 3.62　滑块 X 方向的位移曲线

## 3.7　思　考　题

(1) 查询 step 函数的用法，试利用此函数，将曲柄滑块机构的驱动速度改为前 4s 为 1rad/s，后 4s 为 0.5rad/s，运行并查看后处理中曲柄转速是否符合这一设定。

(2) 尝试将 3.2 节所建立的模型改为偏距为 100mm 的偏置曲柄滑块机构，利用 3.4 节的优化分析获得滑块行程最大时的结构参数。

(3) 尝试使用 3.5 节方法分析一种平面连杆机构。

# 第4章　凸 轮 机 构

凸轮机构是一种常用机构，在自动化和半自动化机械中应用非常广泛。凸轮机构由凸轮、从动件和机架三种基本构件组成，只要设计合适的凸轮轮廓，就可以实现所需的从动件运动规律，而且结构简单、紧凑。凸轮机构的分类方式很多，按照从动件的顶端形式可以把从动件分成尖顶从动件、滚子从动件和平底从动件。尖顶从动件的运动能够精确地遵循凸轮轮廓，滚子从动件与凸轮间是滚动摩擦，耐磨性好，可承受较大载荷，平底从动件的传动效率高，而且接触面易形成油膜，利于润滑，适用于高速。

本章主要介绍凸轮机构在 Adams 软件中的建模分析方法，包括凸轮机构的建模、运动仿真、基于凸轮构件位置的优化。

## 4.1　启动软件并设置工作环境

(1) 双击图标 Adams View，启动 Adams 软件。

(2) 显示 Adams 开始界面，如图 1.1 所示。

(3) 单击图 1.1 所示的开始界面上“新建模型”选项前的“+”号，即可弹出“创建新模型”对话框。

在“模型名称”文本框中输入“TULUNJIGOU”，确认“重力”文本框中是“正常重力(-全局 Y 轴)”，“单位”文本框中设置为“MMKS-mm，kg，N，s，deg”。设置修改完成后，单击“确定”按钮，出现软件界面。

## 4.2　创建仿真模型

### 4.2.1　创建点

本节将分析偏置移动从动件盘形凸轮机构。首先，单击建模工具条→“物体”→“基本形状”界面→“设计点” • →“点表格”→“创建”，弹出“点表格”对话框(图 4.1)。单击

| | Loc_X | Loc_Y | Loc_Z |
|---|---|---|---|
| POINT_1 | -60.0 | 0.0 | -10.0 |
| POINT_2 | -60.0 | 0.0 | 10.0 |
| POINT_3 | 0.0 | 0.0 | 0.0 |
| POINT_4 | 0.0 | 80.0 | 0.0 |
| POINT_5 | 0.0 | 85.0 | 0.0 |
| POINT_6 | 0.0 | 165.0 | 0.0 |
| POINT_7 | -80.0 | 0.0 | 0.0 |
| POINT_8 | 8.0 | 145.0 | 0.0 |
| POINT_9 | -14.0 | 145.0 | 0.0 |

图 4.1　点表格

“创建”按钮，建立 9 个点，其坐标设置如图 4.1 所示。点坐标输入完成后，单击“确定”按钮，即可在工作区域得到 9 个点，如图 4.2 所示(注：个别单位文本框长度单位是 m，在点表格标注过程中找不到坐标，实际在图中极远处，需要在 Adams 页面左上角设置位置找到单位修改成 mm)。

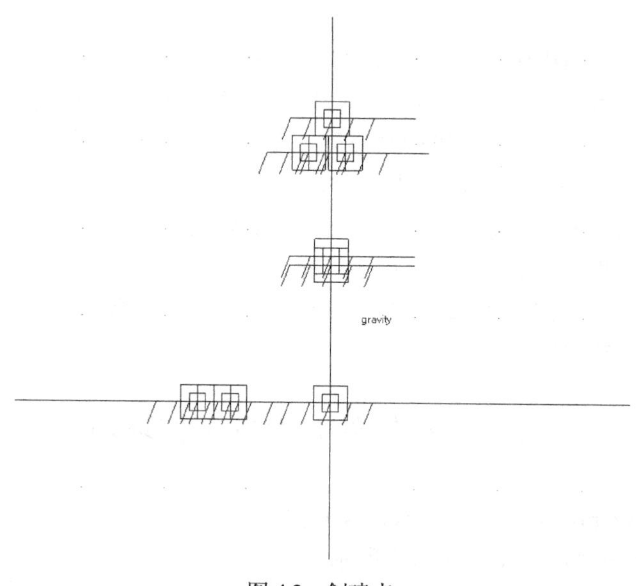


图 4.2　创建点

## 4.2.2　创建凸轮

这里凸轮采用偏心圆的形式。单击建模工具条的“物体”→“实体”→“圆柱体”图标，即在模型树浏览区出现创建圆柱体对话框(图 4.3)。勾选对话框中的“半径”，并在后面的输入框中填写作为凸轮的圆盘半径 100mm，如图 4.3 所示。然后在工作界面单击点 POINT_1，此时出现圆柱体轮廓，再按“r”键(也可选择上方快捷栏旋转选项)，拖动鼠标左键旋转视角，单击点 POINT_2，这样就建立了圆盘。旋转后，可选择，回到正、侧、俯视图。单击模型树浏览区的“物体”→“PART_2”，右击，在弹出的选项卡中选择“重命名”，将此构件命名为“Pianxinlun”，如图 4.4 所示。

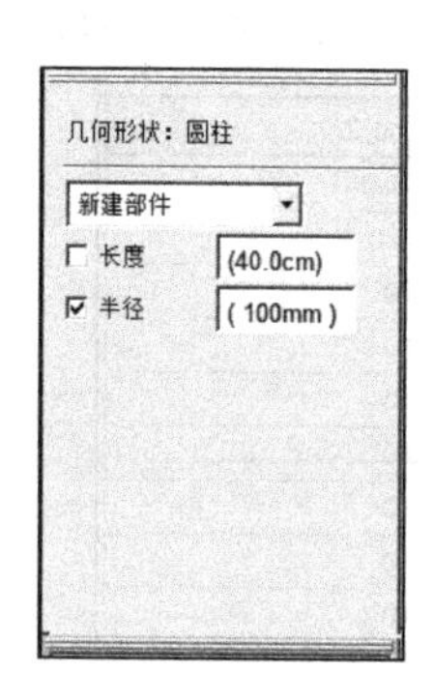


图 4.3　创建圆柱体

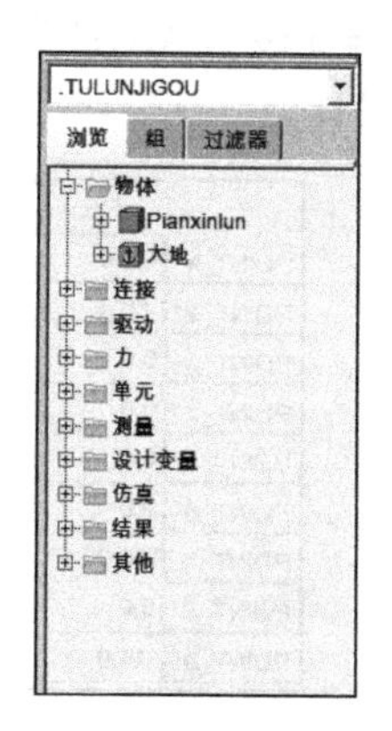


图 4.4　偏心轮重命名

单击软件界面右下角的图标，即可使凸轮的外形在线框和填充形式间切换(图 4.5)。这一切换也可以单击模型树浏览区“物体”→“Pianxinlun”，右击，在弹出的选项卡栏中选择“外观”即可弹出“编辑外观”对话框。此对话框中的“渲染”选项可实现填充和线框的切换。

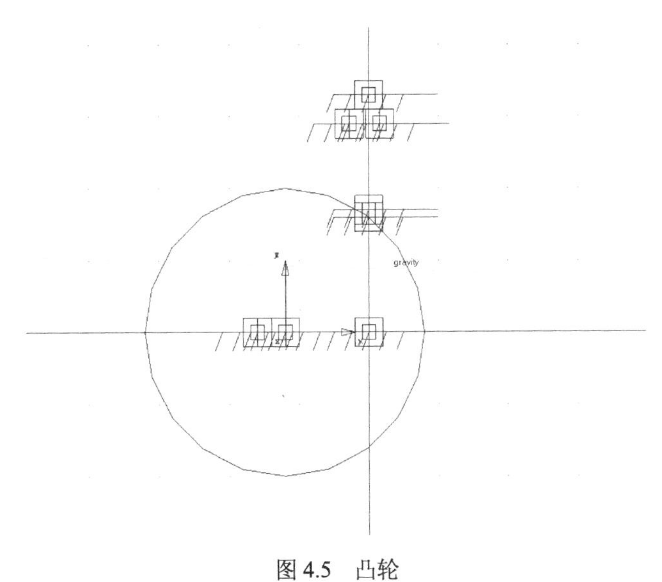


图 4.5　凸轮

## 4.2.3　创建移动导杆主体

创建凸轮后，下面继续进行移动从动件的建模。单击建模工具条的“物体”→“实体”→“圆柱体”图标，在模型树浏览区出现的“圆柱设置”界面中，勾选“半径”选项，并在后面的文本框里填写 4mm，勾选“长度”选项，并在后面的文本框里填写 150mm，如图 4.6 所示。单击工作区域中点 POINT_5，然后在点 POINT_5 正上方的任一点单击，即可创建此移动从动件主体，即移动导杆主体。然后在模型树浏览区将此构件重命名为“gan”(图 4.7)，创建的移动导杆如图 4.8 所示。

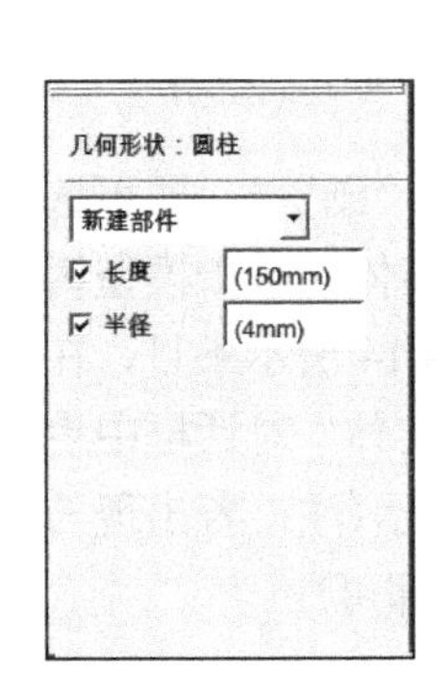


图 4.6　创建导杆

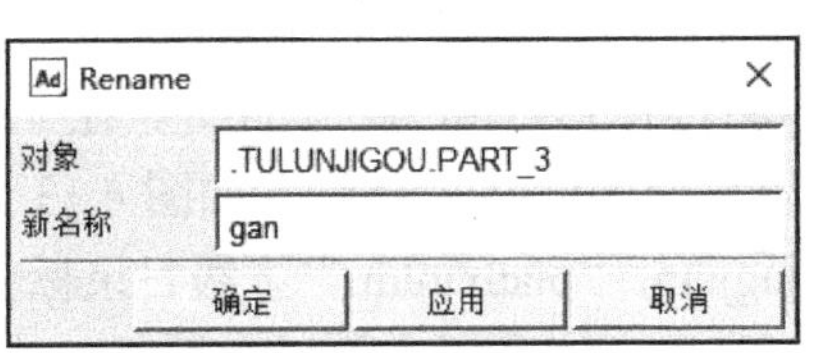

图 4.7　杆重命名

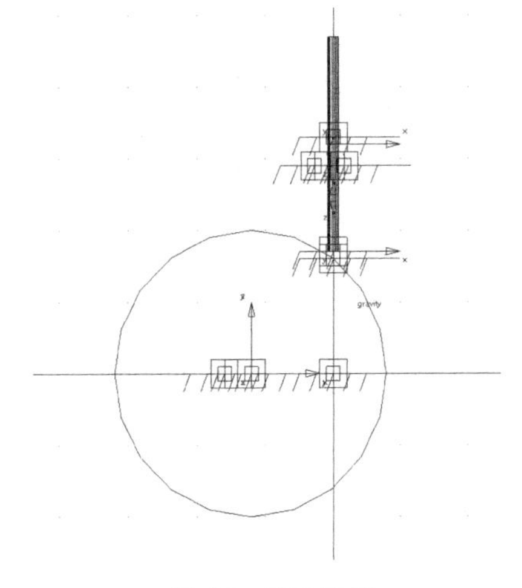

图 4.8　移动导杆

### 4.2.4 创建导杆顶尖

单击建模工具条的“物体”→“实体”→“锥台”图标，即可出现“锥台参数设置”对话框。按照图 4.9 设置修改后，在工作区域中单击点 POINT_5”(若无法直接选取，则可将鼠标移至该点附近右击，选取所需的点)，在点 POINT_5 下方任一点单击，即可形成导杆顶尖，如图 4.10 所示。然后将建立的实体重命名为“dingjian”。最后形成的顶尖如图 4.11 所示。

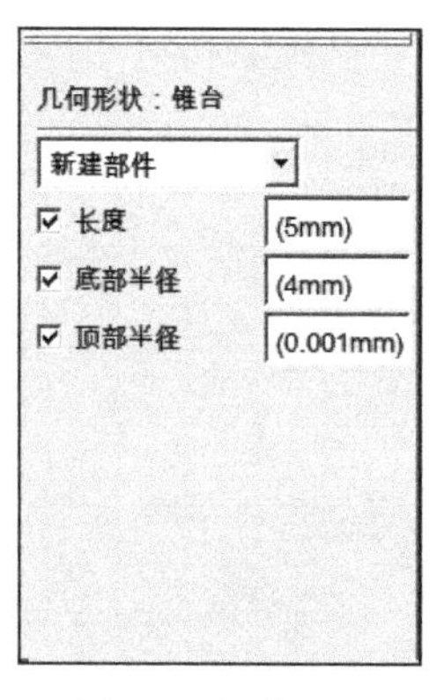

图 4.9　创建顶尖

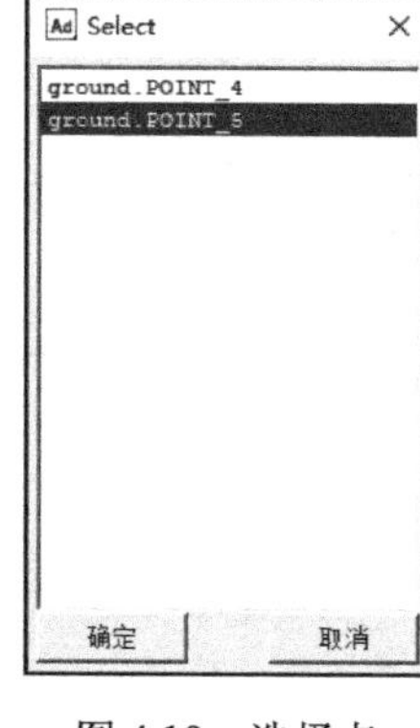

图 4.10　选择点

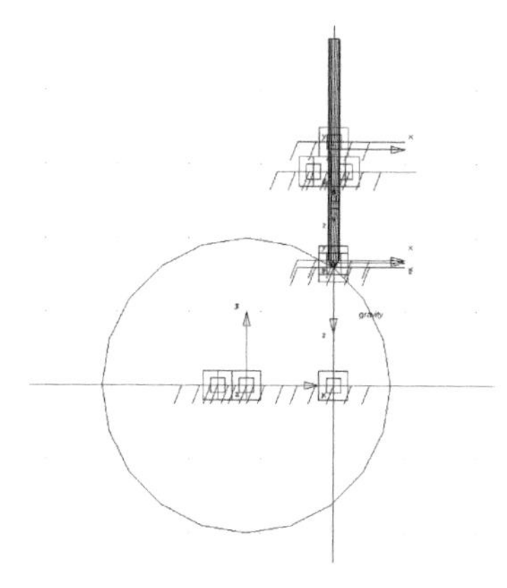
图 4.11　凸轮机构图

### 4.2.5 固定移动导杆主体与导杆顶尖

单击建模工具条的“连接”→“运动副”→“创建固定副”图标，然后在工作区域单击移动导杆主体，再单击导杆尖(若导杆尖不易被选中，则可在物体树中单击“dingjian”，再在显示颜色的物体上单击，即可选中)，单击两物体接触面中点，即可实现两部分的固定。在工作区域选择此运动副，并在右击弹出的选项卡中选择“修改”，即可弹出图 4.12 所示的对话框，可以通过查看此对话框来检查刚才的固定副的设置是否正确。

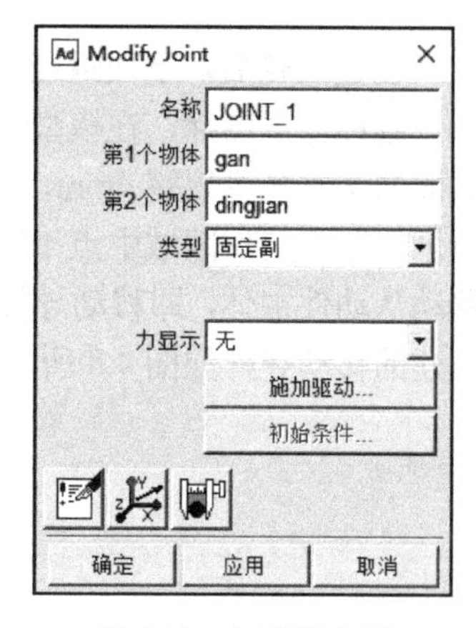

图 4.12　创建固定副

### 4.2.6 创建导杆顶尖与偏心轮的接触

单击建模工具条的“力”工具条，在出现的特殊力界面中选择“创建接触”图标，即弹出“接触设置”对话框(图 4.13)。在对话框中的“I 实体”对话框中右击，在弹出的选项卡中选择“浏览”，即可选择物体。在“I 实体”对话框中应选择导杆顶尖，但是不能直接选择这一实体。单击模型树浏览区“物体”→“dingjian”，在“dingjian”下一级模型树中可以看到图 4.14 所示条目，在“I 实体”对话框中应填入第一个条目，即“FRUSTUM_12”。同理，在“J 实体”对话框中也应填入第一个条目，即“CYLINDER_10”。此接触的具体设置如图 4.13 所示(注：若出现与文中不同标号，就要选择图 4.14 中“dingjian”“pianxinlun”下级目录标号即可)。

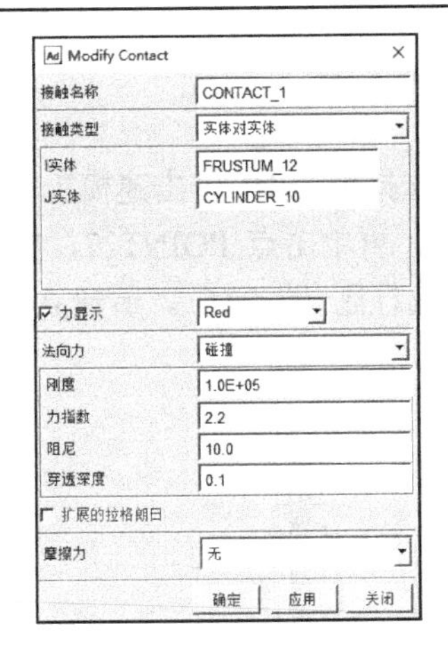


图 4.13　创建顶尖和偏心轮的接触

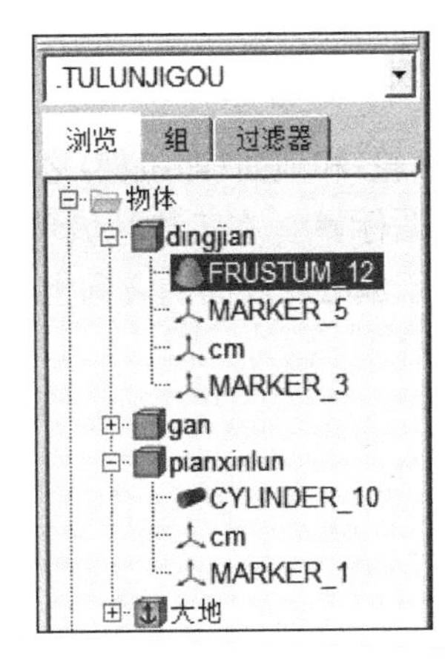


图 4.14　导杆顶尖编号

## 4.2.7　添加移动导杆的平移副

单击建模工具条的“连接”→“平移副”图标，然后在工作区域中单击移动导杆和地面，再单击导杆中点即 POINT_6，最后在导杆中点的正上方任一点单击，即完成平移副的创建，如图 4.15 所示。

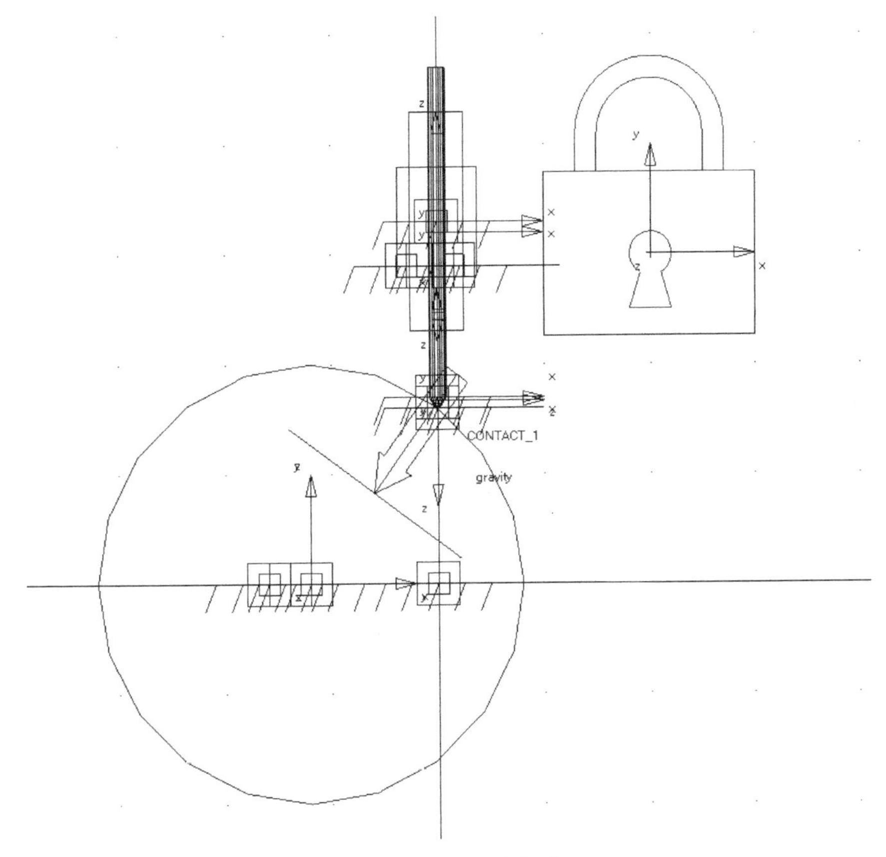


图 4.15　添加平移副

## 4.2.8　创建圆柱副

偏心轮(凸轮)和地面(即机架)之间的连接运动副选择圆柱副。单击建模工具条的“连接”→“圆柱副”图标，在工作区域单击偏心轮和地面，再单击点 POINT_7，按“r”键调整视角，在垂直于偏心轮表面的方向上单击，即可创建圆柱副(图 4.16)。所建立的凸轮机构如图 4.17 所示。

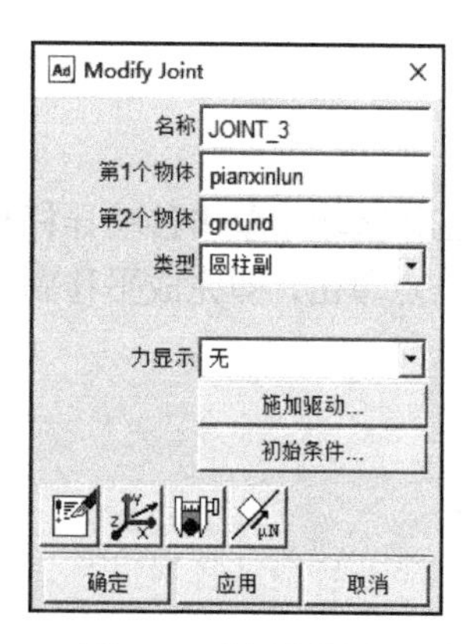


图 4.16　创建圆柱副

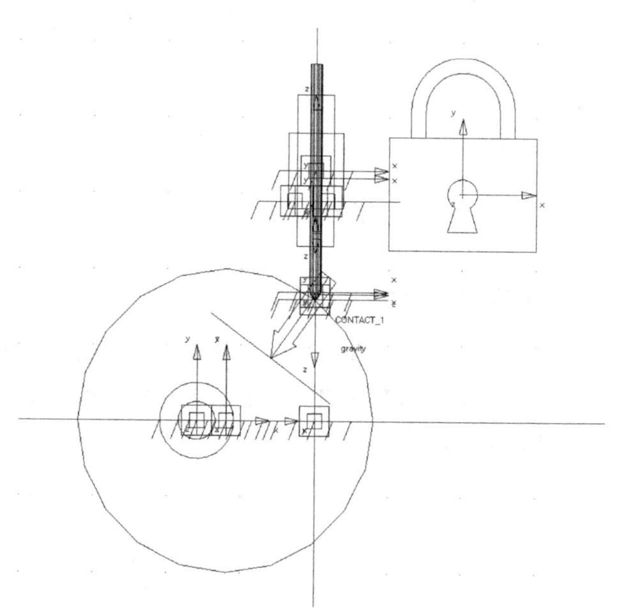


图 4.17　已添加旋转副的凸轮机构

## 4.2.9　添加驱动

单击建模工具条的“驱动”→“运动副驱动”界面的“旋转驱动”图标(适用于旋转副和圆柱副)，在模型树浏览区出现如图 4.18 所示的“设置”对话框，在对话框中进行旋转速度的设置。在工作区域选择凸轮和机架间的圆柱副，即实现此驱动添加于圆柱副。在模型树浏览区的驱动下，可以发现刚建立的驱动，双击此驱动名称，即可弹出如图 4.19 所示的对话框。添加驱动后的机构模型如图 4.20 所示(如果想改变运动方向，可在图 4.19 中进行修改)。

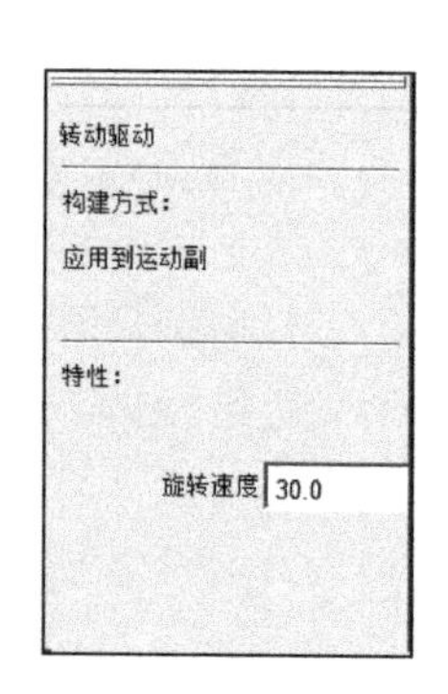


图 4.18　编辑驱动副

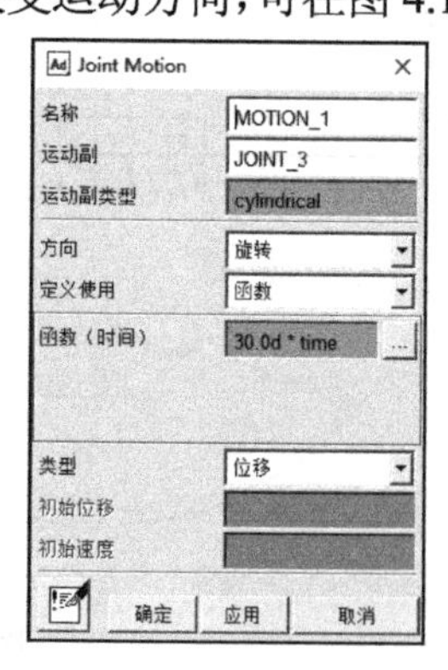


图 4.19　添加旋转副

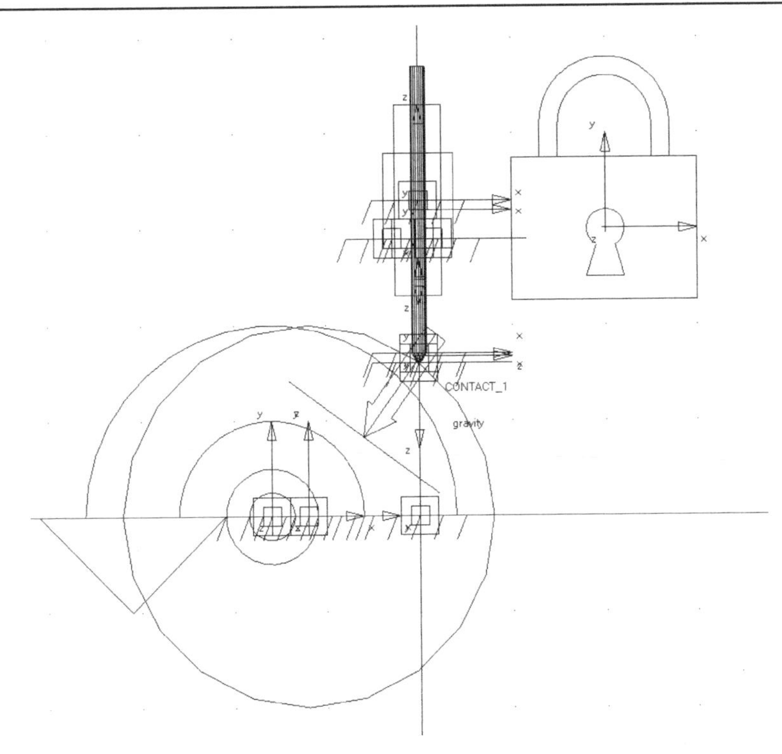


图 4.20 添加驱动后的凸轮机构

# 4.3 仿 真 分 析

## 4.3.1 仿真设置

(1) 单击建模工具条中仿真工具条的仿真分析界面中的“运行交互仿真”按钮，弹出图 4.21 所示的“Simulation Control”对话框。

(2) 在“开始仿真”按钮中，设置“终止时间”为 30s，“步数”为 300，如图 4.21 所示。

(3) 单击“开始仿真”按钮，仿真开始(注：若开头没有新建文件，此时仿真没有重力，杆在仿真过程中会飞，所以需要按开头所注修改，或者单击设置选取重力，设置成 Y 轴负方向)。

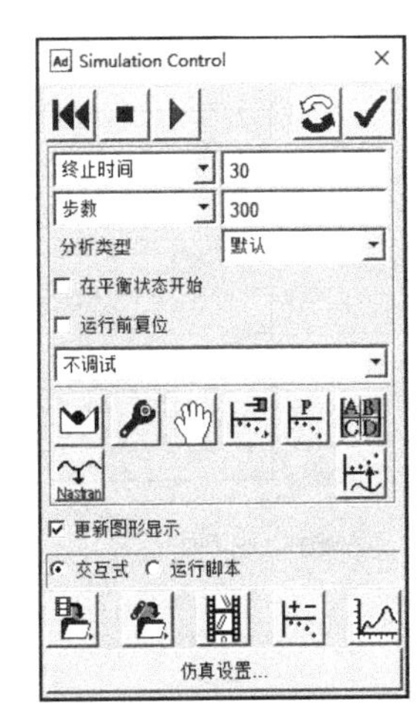


图 4.21 “Simulation Control”对话框

## 4.3.2 查看仿真结果

仿真完成后，单击图 4.21 所示对话框中右下角的“绘图”图标，打开如图 4.22 所示的后处理界面，也可以在建模工具条中结果工具条的后处理界面找到后处理图标，单击打开后处理界面。

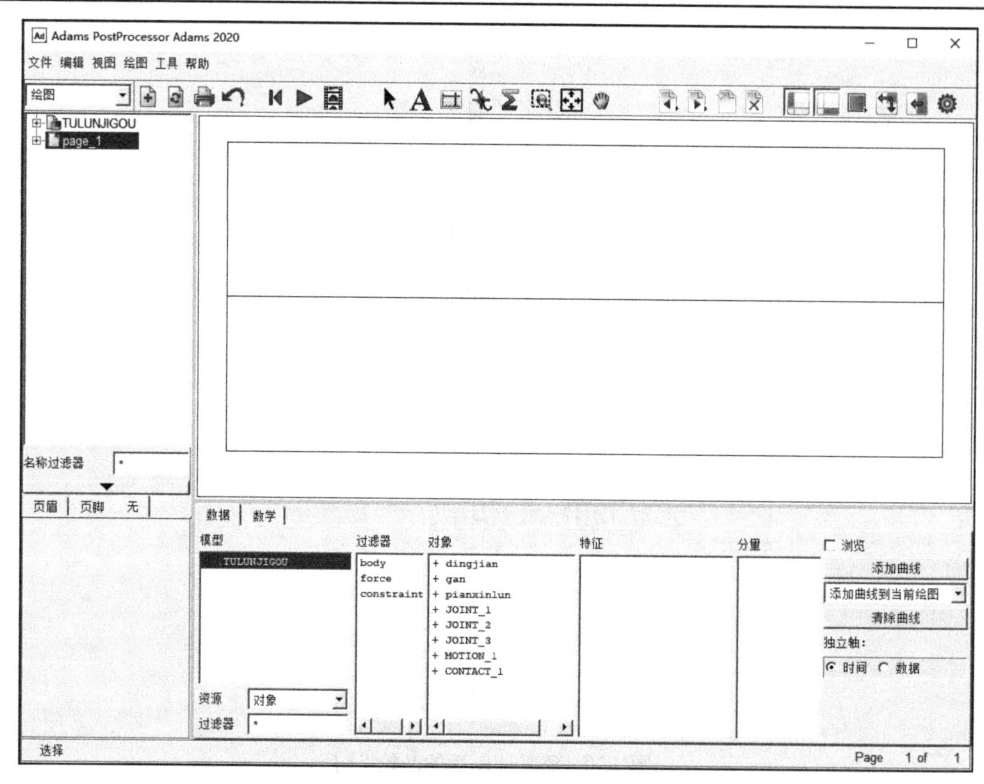


图 4.22　后处理界面

在后处理界面的下方，可通过“模型”“过滤器”“对象”“特征”“分量”这些选择对话框，查看需要的运动及力学参数变化趋势。图 4.23 为凸轮质心的位移曲线。

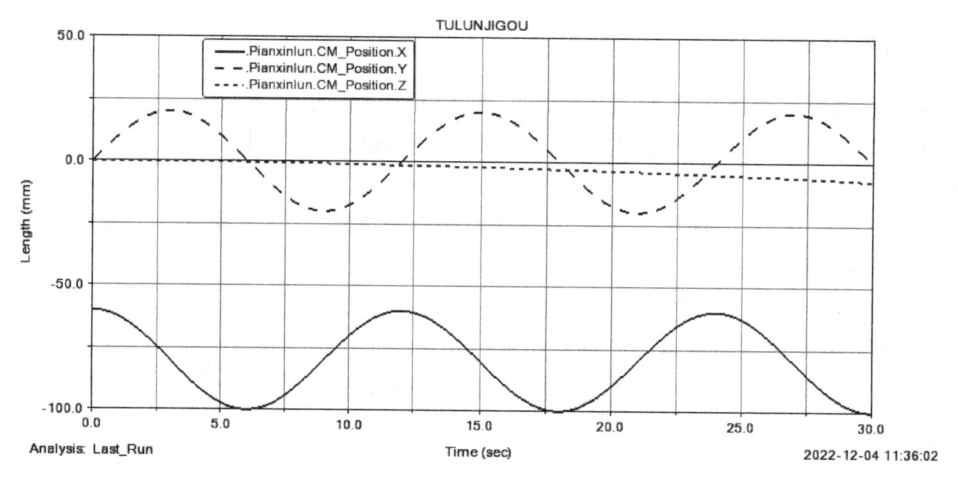


图 4.23　凸轮质心的位移曲线

## 4.3.3　建立测量对象

查看机构中某点的运动变化曲线，也可以通过测量方式来实现。如图 4.24 所示，单击模型树浏览区的“物体”→“dingjian”→“cm”，右击，在弹出的选项卡中选择“测量”，即可弹出如图 4.25 所示的“Point Measure”对话框。通过“特性”“分量”等选择对话框确定测量的运动形式和方向分量。

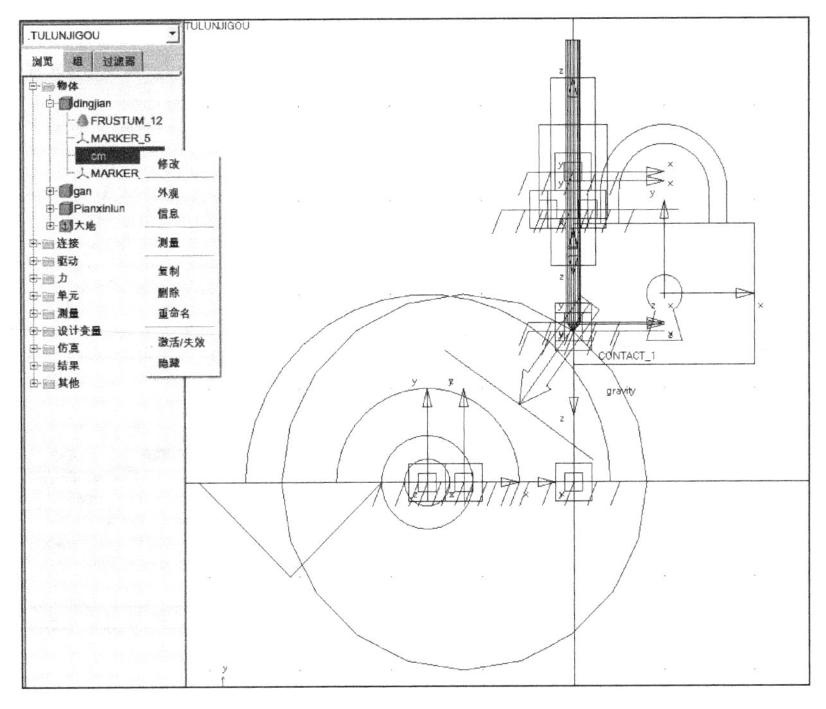


图 4.24 测量对象的选择

在图 4.25 所示的对话框中，特性选择“平移位移”，分量选择“Y”方向，单击“确定”按钮，即可弹出顶尖质心的 Y 方向的位移变化曲线。此时，查看模型树浏览区，会发现增加了一个测量条目，此条目的下一级即刚进行的测量名称，将此名称修改为“dingjianYweiyi”，如图 4.26 所示。然后，重新进行仿真，进入后处理界面，在界面下方资源选择框中选择“测量”，界面的“仿真”对话框中就会出现“Last_Run”，“测量”对话

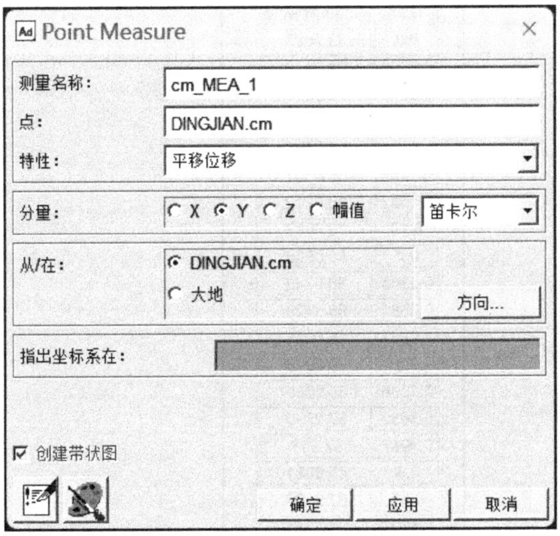

图 4.25 “Point Measure”对话框

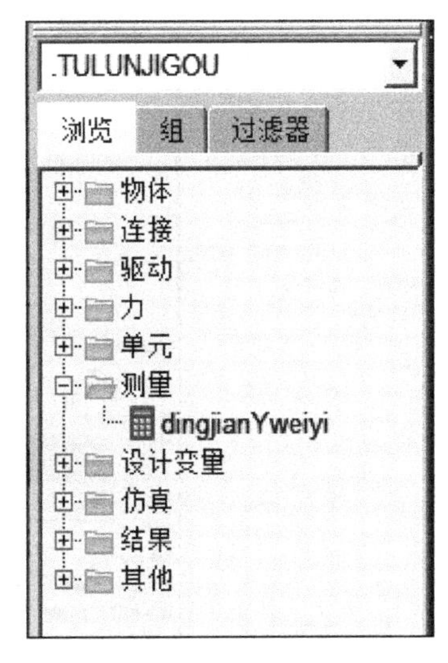


图 4.26 测量对象

框中出现“dingjianYweiyi”。选中“dingjianYweiyi”，单击“添加曲线”按钮，结果如图 4.27 所示，也可以查看测量结果。

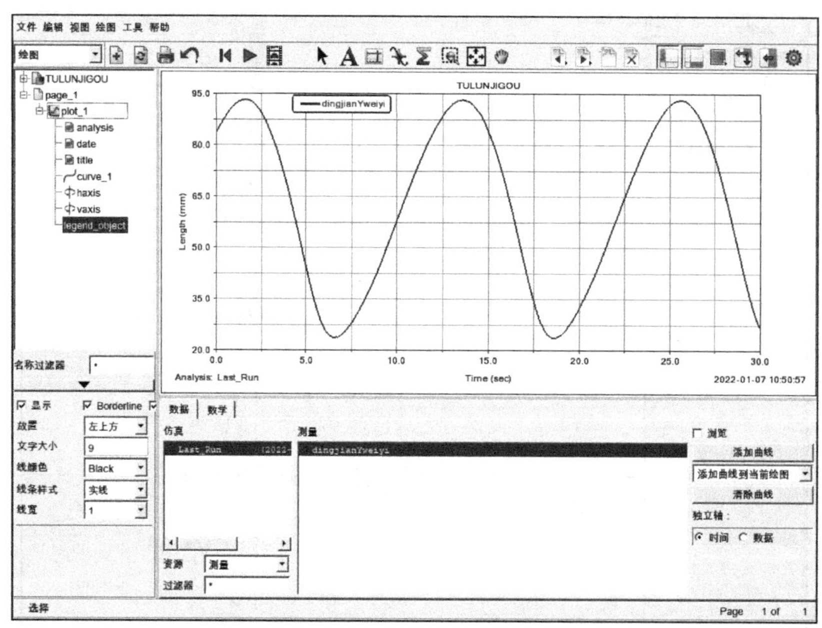

图 4.27　创建后处理测量图像

## 4.3.4　测量曲线转换成表格

通过曲线可以清楚地看到相应变量的变化趋势。当需要查看曲线某一点的具体数值时，可以单击后处理界面菜单栏下方图标，鼠标置于需要测量的点，曲线上方即可显示相应数值。我们也可以将曲线转化为表格形式。在后处理界面左侧浏览区选择“page_1”条目下的“plot_1”(图 4.28)，勾选浏览区左下方的“表格”，即可发现曲线变成了表格形式，如图 4.29 所示。

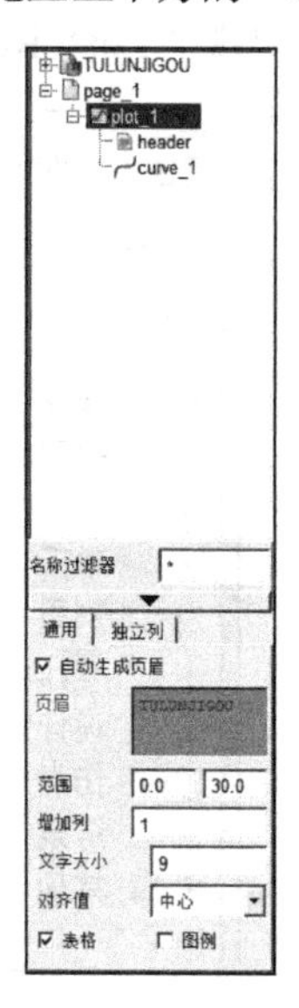

图 4.28　曲线转表格

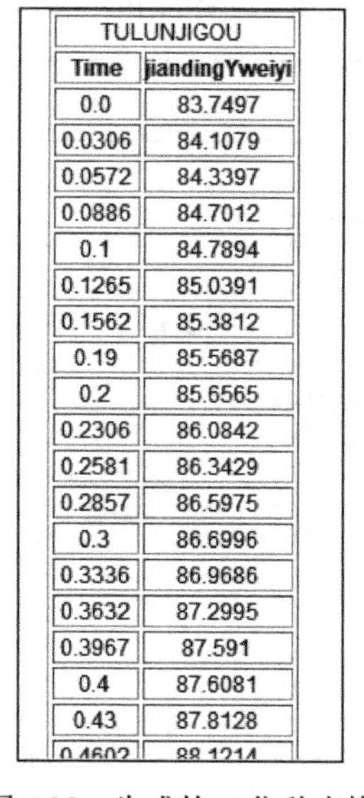

TULUNJIGOU

| Time | jiandingYweiyi |
|---|---|
| 0.0 | 83.7497 |
| 0.0306 | 84.1079 |
| 0.0572 | 84.3397 |
| 0.0886 | 84.7012 |
| 0.1 | 84.7894 |
| 0.1265 | 85.0391 |
| 0.1562 | 85.3812 |
| 0.19 | 85.5687 |
| 0.2 | 85.6565 |
| 0.2306 | 86.0842 |
| 0.2581 | 86.3429 |
| 0.2857 | 86.5975 |
| 0.3 | 86.6996 |
| 0.3336 | 86.9686 |
| 0.3632 | 87.2995 |
| 0.3967 | 87.591 |
| 0.4 | 87.6081 |
| 0.43 | 87.8128 |
| 0.4602 | 88.1214 |

图 4.29　生成的 Y 位移表格

# 4.4　优 化 设 计

下面通过调节凸轮和导杆的位置，来获得移动导杆的位移最大值。

(1) 选择模型树浏览区“大地”→“POINT_1”，双击，弹出点表格。选中点 POINT_1 的 X 坐标，在表格上方输入框中右击，在弹出的选项卡中依次选择“参数化”→“创建设计变量”→“实数”，创建设计变量 DV_1。

(2) 重复上述步骤(1)，依次将 POINT_1 的 Z 坐标，POINT_2 的 X 坐标和 Z 坐标，POINT_4 的 Y 坐标分别为变量 DV_2、DV_3、DV_4 和 DV_5(图 4.30)。设置的这些变量，都与凸轮的转动中心位置和导杆位置相关。

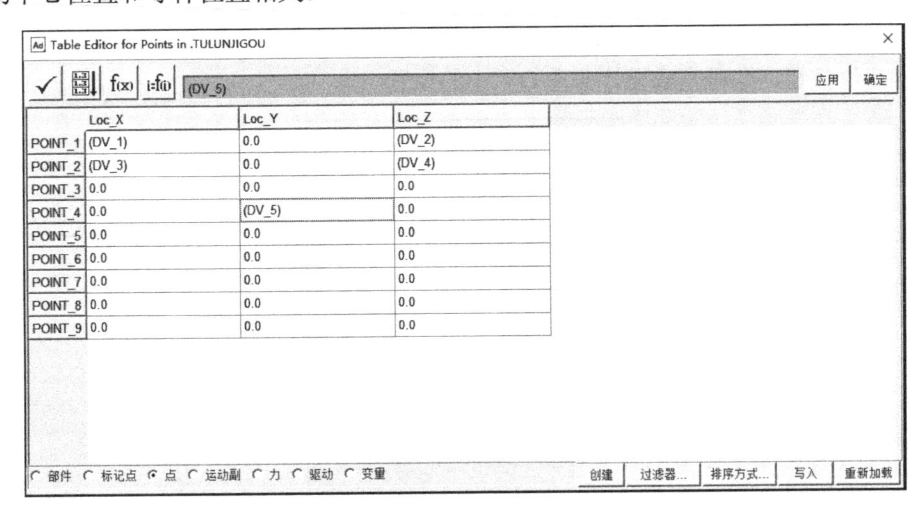

|  | Loc_X | Loc_Y | Loc_Z |
|---|---|---|---|
| POINT_1 | (DV_1) | 0.0 | (DV_2) |
| POINT_2 | (DV_3) | 0.0 | (DV_4) |
| POINT_3 | 0.0 | 0.0 | 0.0 |
| POINT_4 | 0.0 | (DV_5) | 0.0 |
| POINT_5 | 0.0 | 0.0 | 0.0 |
| POINT_6 | 0.0 | 0.0 | 0.0 |
| POINT_7 | 0.0 | 0.0 | 0.0 |
| POINT_8 | 0.0 | 0.0 | 0.0 |
| POINT_9 | 0.0 | 0.0 | 0.0 |

图 4.30　设置设计变量

(3) 选择模型树浏览区的“物体”→“dingjian”　→“cm”，右击，弹出选项卡，选择选项卡中的“测量”，即弹出图 4.31 所示的“Point Measure”对话框。按照图 4.31 所示进行设置，单击“确定”按钮，即可获得图 4.32 所示的测量结果。

图 4.31　“Point Measure”对话框

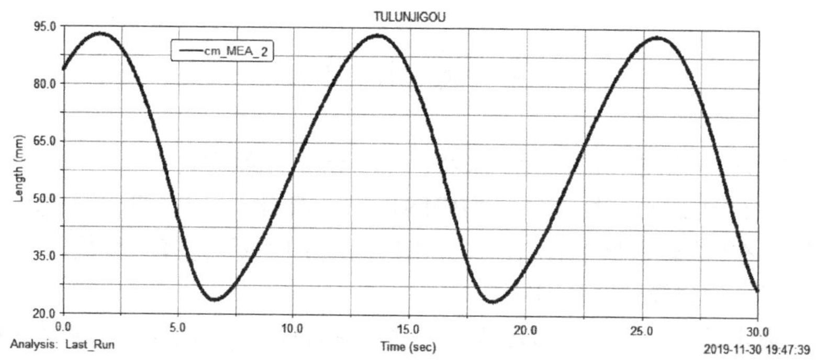


图 4.32　移动导杆质心的 Y 坐标变化曲线

(4) 选择模型浏览区“浏览”→“设计变量”→“DV_1”，在右击弹出的选项卡中选择“修改”，即可打开“Modify Design Variable”对话框(图 4.33)。按图 4.33 进行设置，完成后单击“确定”按钮，即可完成设计变量 DV_1 的设置。

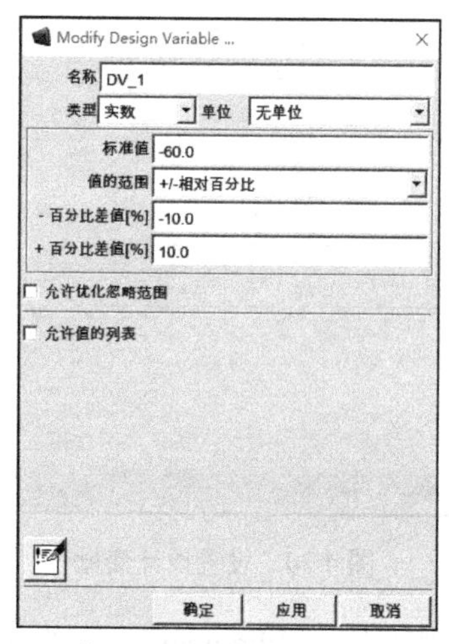


图 4.33　“Modify Design Variable”对话框

(5) 重复步骤(4)，DV_2、DV_3、DV_4、DV_5 的设置参照图 4.34。

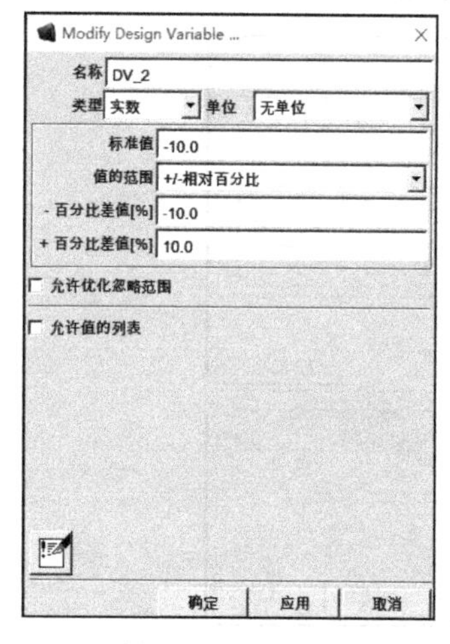


(a) DV_2 的设计变量

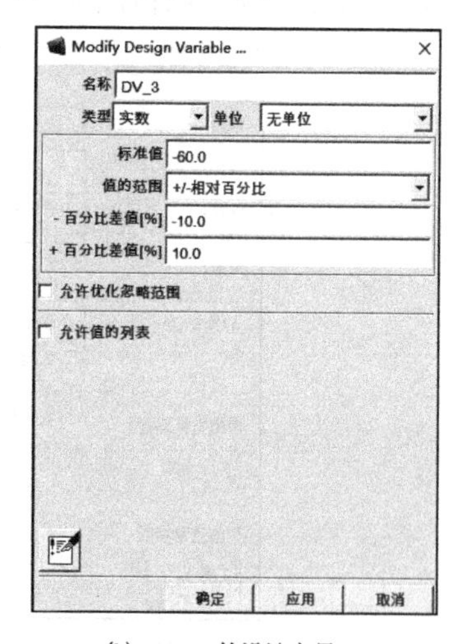


(b) DV_3 的设计变量

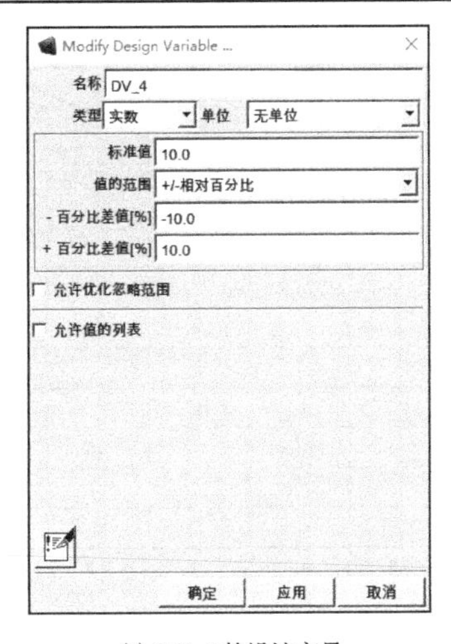


(c) DV_4 的设计变量

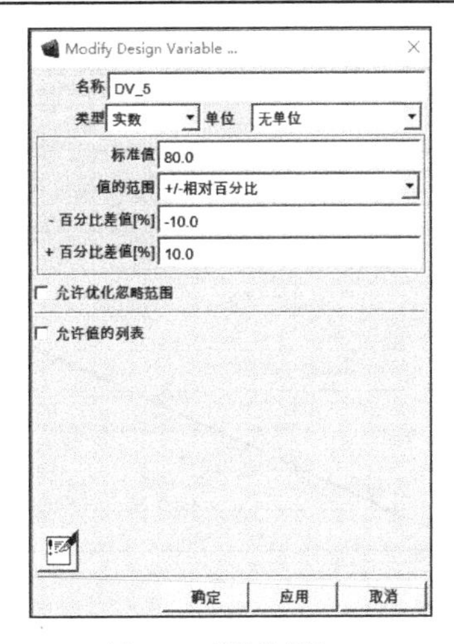


(d) DV_5 的设计变量

图 4.34　修改设计变量

(6) 选择建模工具条的“设计探索”→“设计评价”→“设计评价工具”，单击打开图 4.35(a) 所示的“Design Evaluation Tools”对话框。在经典界面中，此对话框可以通过“仿真”→“设计计算”找到。

(7) 设计变量的添加方式见图 4.35(a)，对话框的具体设置见图 4.35(b)(注意，研究是平均值，默认是最大值)。

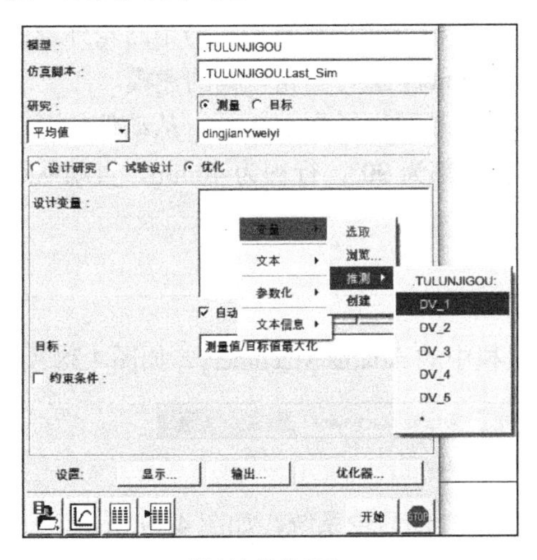


(a) 添加设计变量

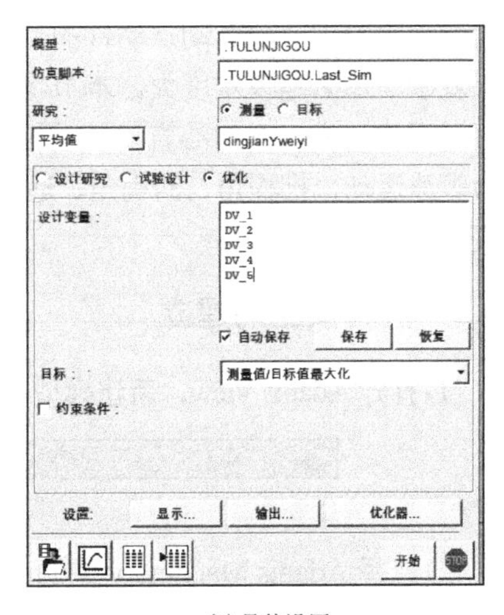


(b) 具体设置

图 4.35　“Design Evaluation Tools”对话框

(8) 单击图 4.35(a) 所示的“Design Evaluation Tools”对话框中的“开始”按钮，开始优化计算。此时凸轮机构开始运动，并同步显示测量结果(图 4.36)。后处理中的仿真结果如图 4.37 所示。

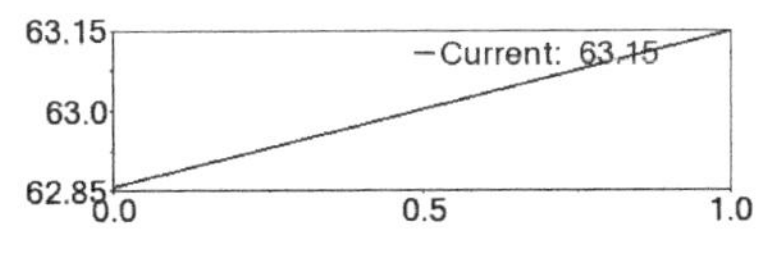


图 4.36　优化的测量结果

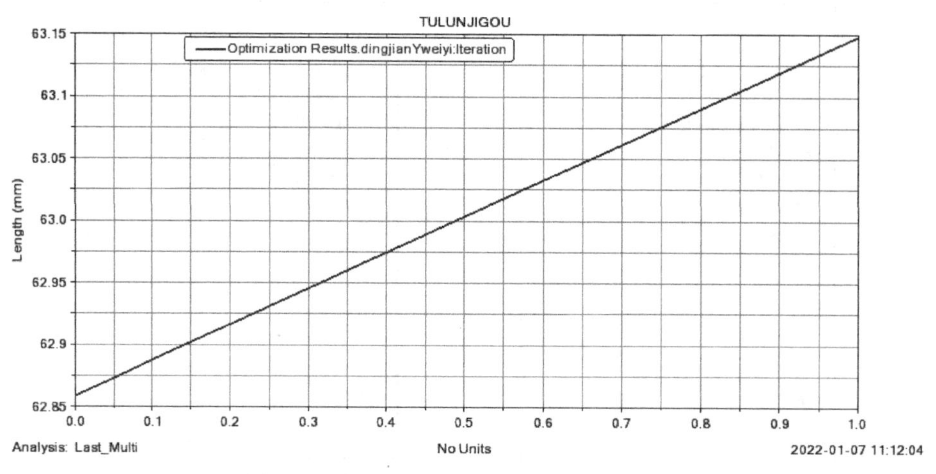


图 4.37　在后处理对话框中优化的测量结果

# 4.5　利用 Adams Machinery 建立凸轮机构

## 4.5.1　凸轮机构的设置

4.2 节中利用实体建模的方式分别建立了凸轮和从动件，然后通过凸轮和从动件之间接触的设置达到了凸轮驱动从动件的目的。这样的仿真建模方式虽然直接，但是凸轮外廓曲线如果复杂，那么建模难度大。本节将利用 Adams Machinery 进行凸轮机构的建模。

这里将建立一个对心直动从动件盘形凸轮机构，其基圆半径为 100mm，从动件的运动规律为等速运动，推程角、回程角、远休止角、近休止角都为 90°，行程为 40mm，直动从动件的直径为 30mm。

## 4.5.2　仿真模型的建立

(1) 打开 Adams View，新建模型，单击上方工具栏中的 Adams Machinery，如图 4.38 所示。

图 4.38　Adams Machinery

(2) 选择 Adams Machinery 中的凸轮工具，并选择构件凸轮系统，如图 4.39 所示。

图 4.39　凸轮工具

(3) 设置系统名称为“tulun”，从动件名称为“follower_1”，凸轮轮廓输入类型为“现有/创建”，如图 4.40 所示。

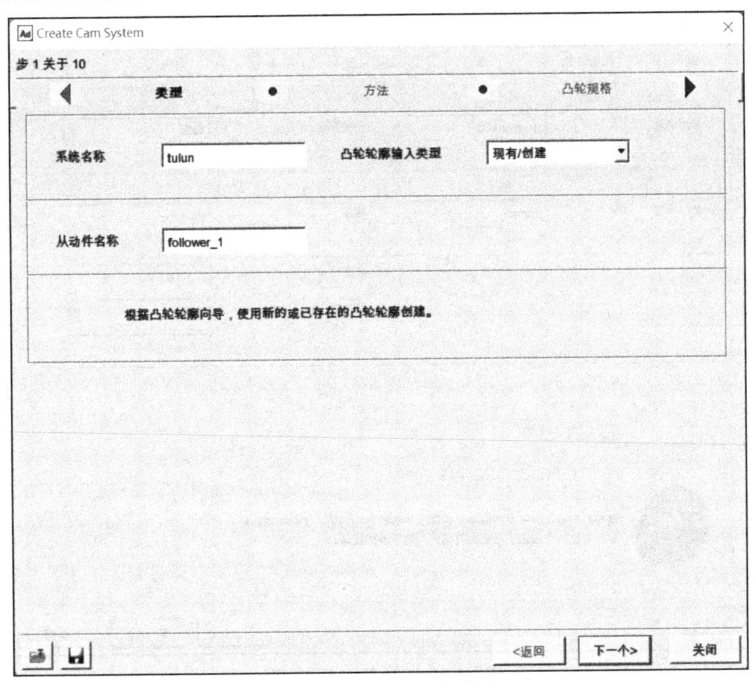


图 4.40　创建凸轮系统

(4) 单击“下一个”按钮，选择“从动件的数量”为 1，“凸轮-从动件连接类型”为接触，如图 4.41 所示。

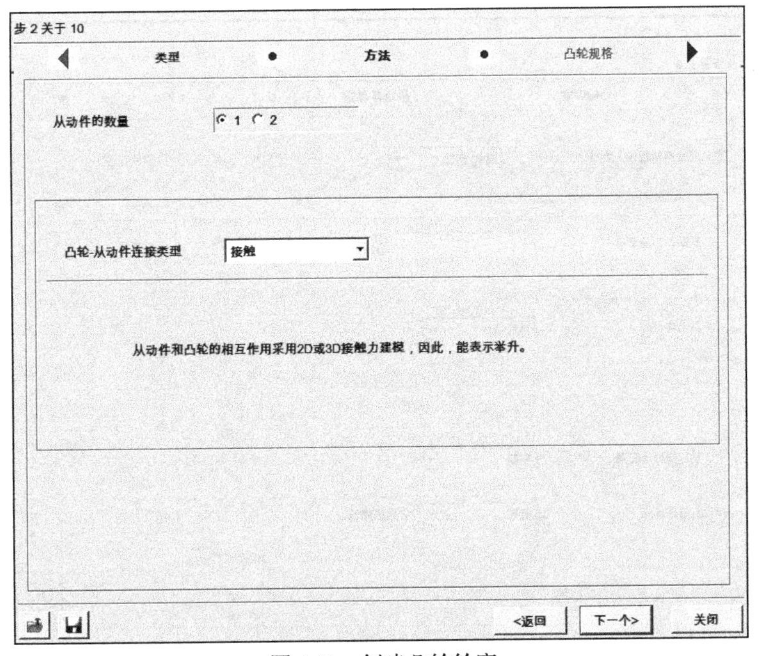


图 4.41　创建凸轮轮廓

(5) 单击“下一个”按钮，单击凸轮轮廓名称右端的 选项创建凸轮轮廓，设置凸轮轮廓名称为“tulunlunkuo”，凸轮形状为“磁盘”，凸轮最小半径为“50mm”，凸轮厚度为“50mm”，凸轮回转轴选择“全局 Z”，如图 4.42 所示。

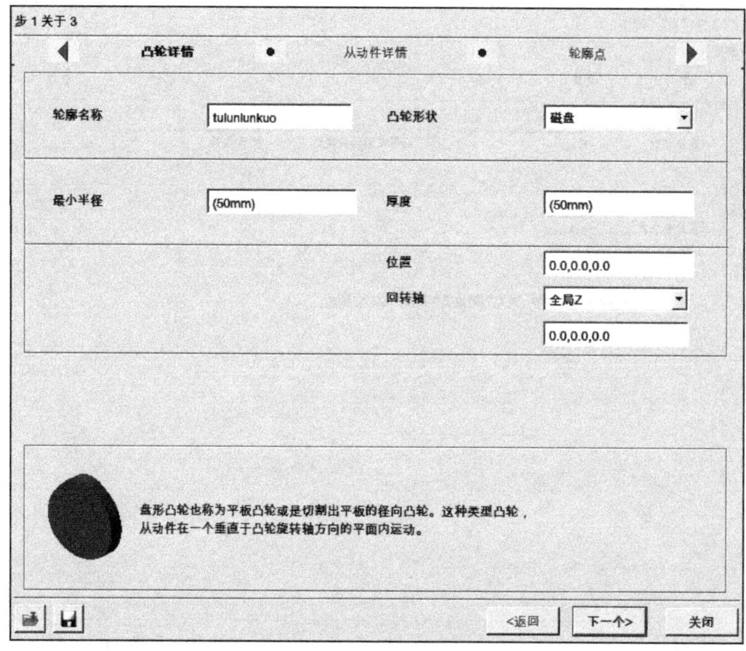


图 4.42　创建凸轮构件

(6) 单击“下一个”按钮，选择从动件驱动输入类型为“现有/创建”，从动件布置选择“共线约束”，从动件运动类型选择“平移”，从动件几何选择“圆形”，圆形半径设定为 25mm，如图 4.43 所示。

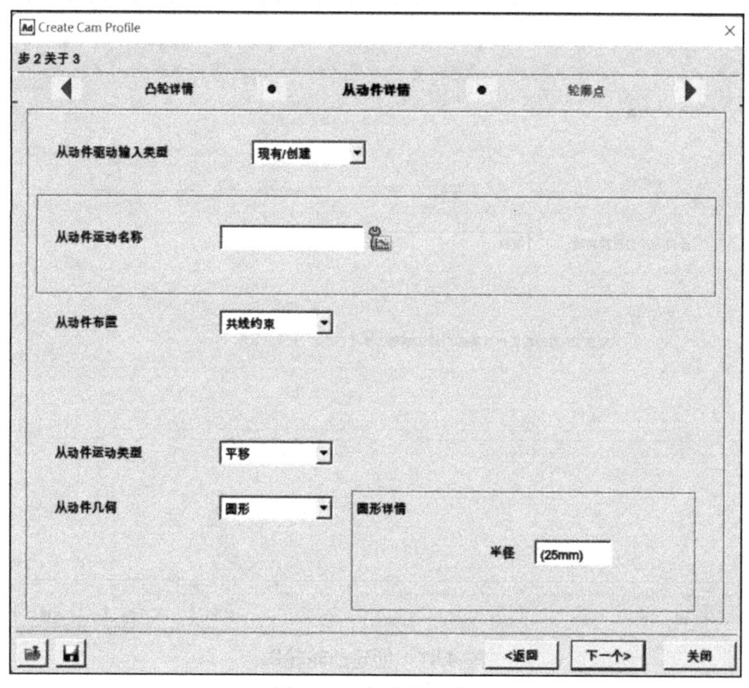


图 4.43　创建从动件

(7) 单击从动件运动名称右侧的图标，设置驱动名称为“tulunqudong”，设定驱动类型为“基于凸轮角度”，方法为“函数编辑器”，设定从动件位移为“平移”，如图 4.44 所示。

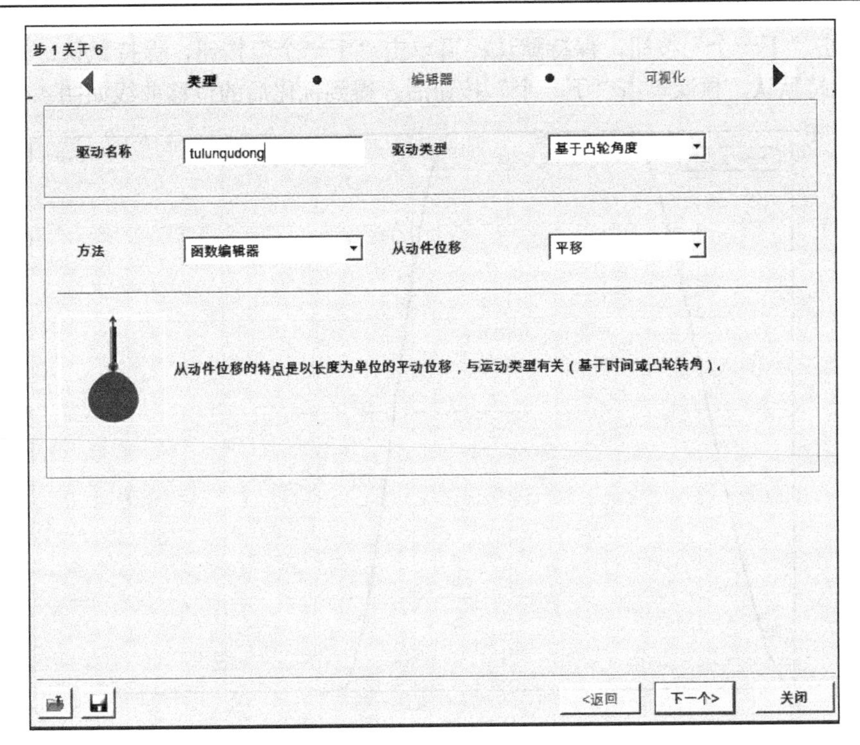


图 4.44 驱动设定

(8)单击“下一个”按钮，输入函数数量为4，按照图4.45所示定义STEP函数。

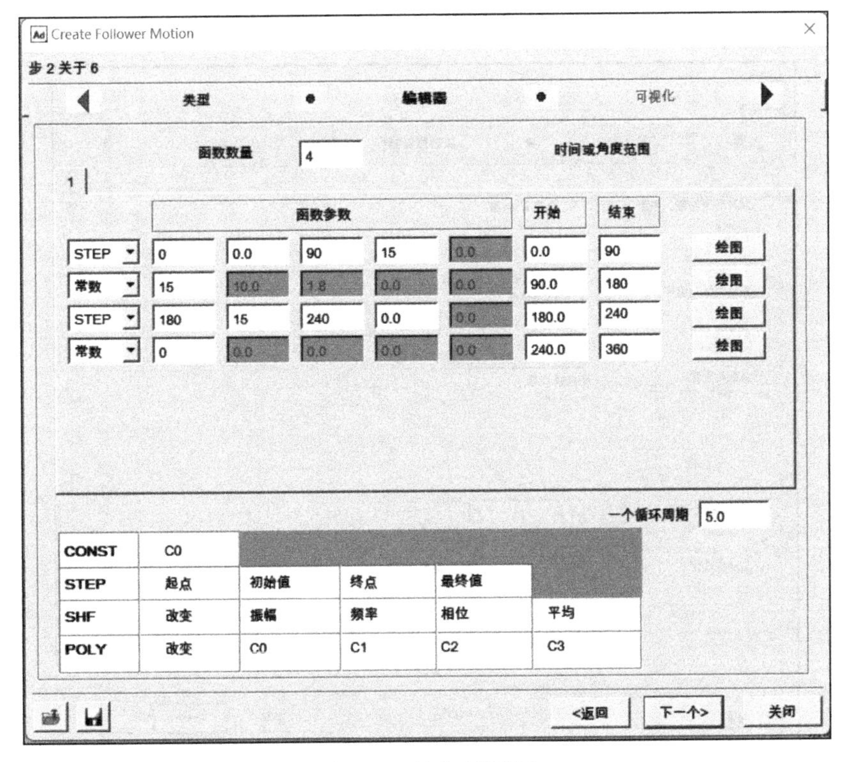


图 4.45 驱动函数设定

(9) 单击“下一个”按钮，保持默认；再单击“下一个”按钮，保持默认；进入函数优化界面，保持默认，再次单击“下一个”按钮后，得到优化后的位移曲线如图 4.46 所示。

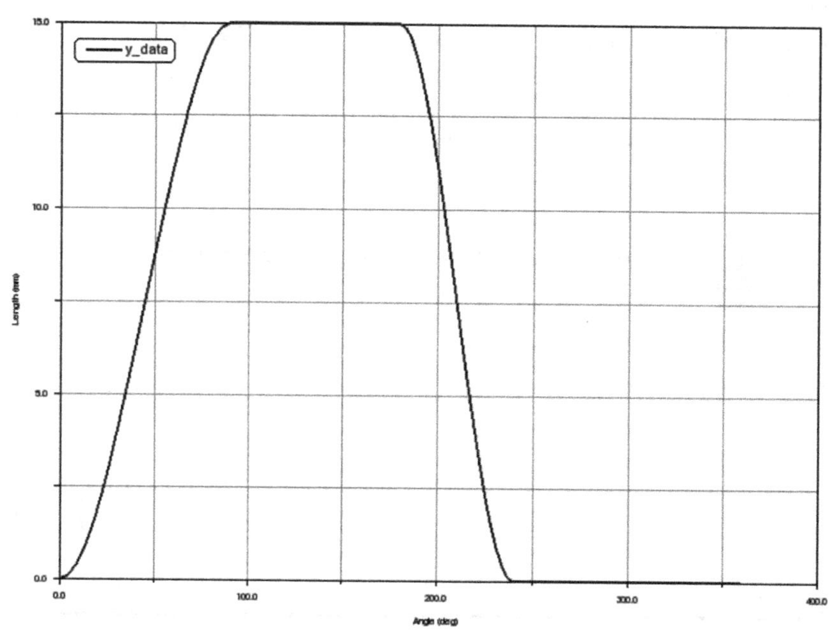


图 4.46　优化后的位移曲线

(10) 单击“完成”按钮，在从动件运动名称中输入“tulunqudong”，其他保持原设置，如图 4.47 所示。

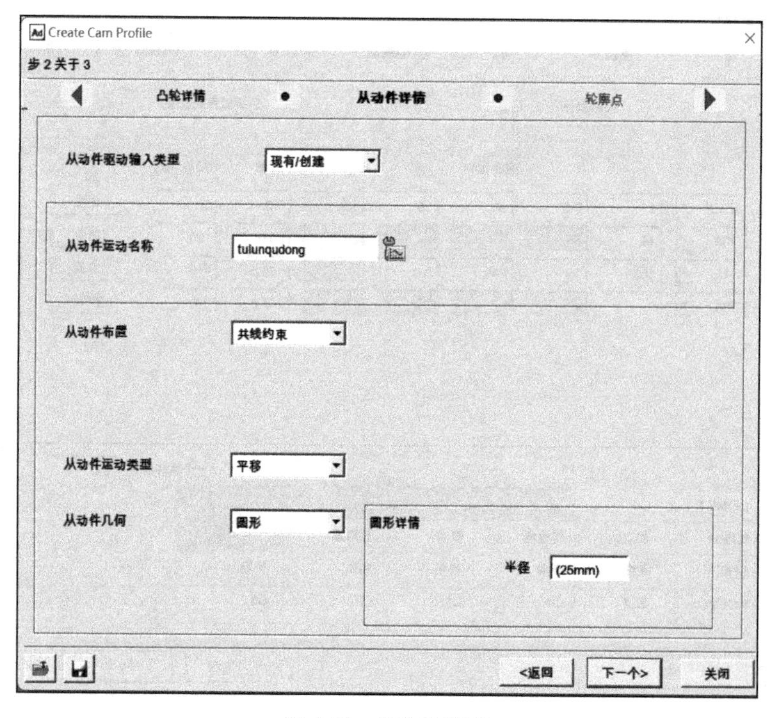


图 4.47　从动件设置

(11) 单击“下一个”按钮出现轮廓点表格，单击“完成”按钮，回到凸轮设置界面，在凸轮轮廓名称的文本框中输入“tulunlunkuo”读取定义的凸轮轮廓，如图4.48所示。

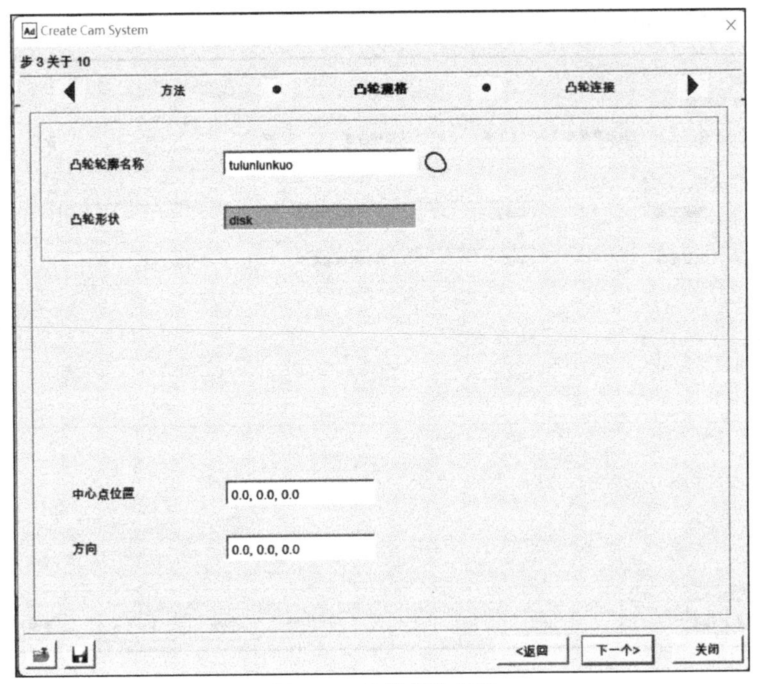


图4.48　凸轮规格设置

(12) 单击“下一个”按钮，安装方式选择“运动副”，运动副类型选择“旋转副”，安装部件选择“刚体”，刚体名称选择“ground”，如图4.49所示。

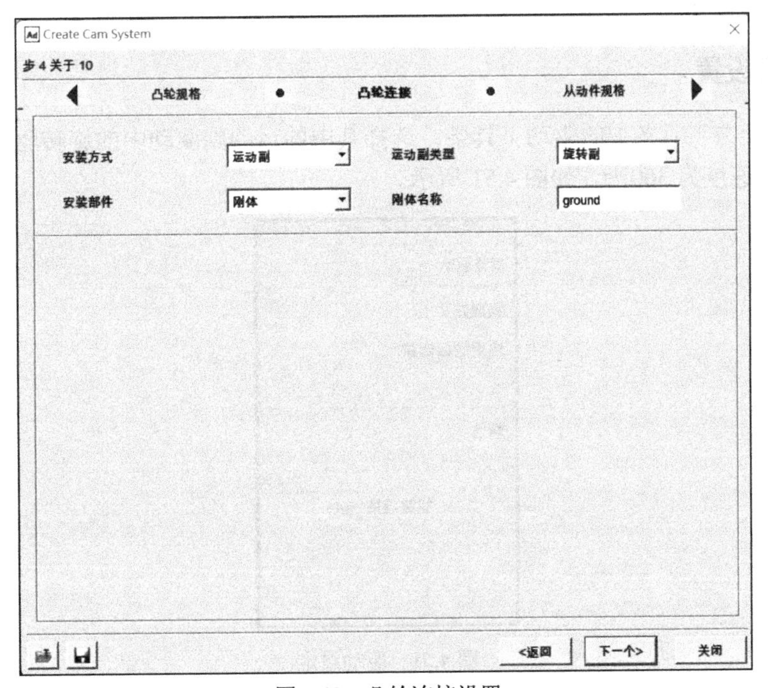


图4.49　凸轮连接设置

(13)单击“下一个”按钮，进入从动件规格设置，单击“下一个”按钮，进入从动件尺寸界面，保持默认设置，选择安装方式为“运动副”，运动副类型为“平移”，安装部件为“刚体”，刚体名称选择“ground”，如图 4.50 所示。

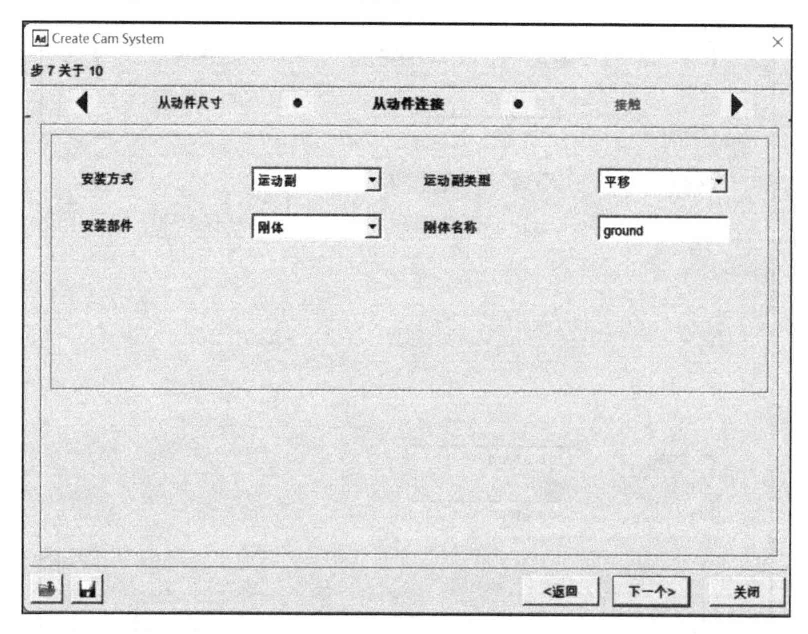


图 4.50　从动件连接设置

(14)单击“下一个”按钮进入接触设置界面，保持默认设置，单击“下一步”按钮，进入从动件载荷设置，单击“下一个”按钮，进入材料特性设置，保持默认设置，单击“完成”按钮，即完成凸轮机构的创建。

## 4.5.3　仿真设置

(1)单击上方工具条中的驱动工具条，选择其中的运动副驱动中的旋转驱动，在左侧选项中设置旋转速度为 360°/s，如图 4.51 所示。

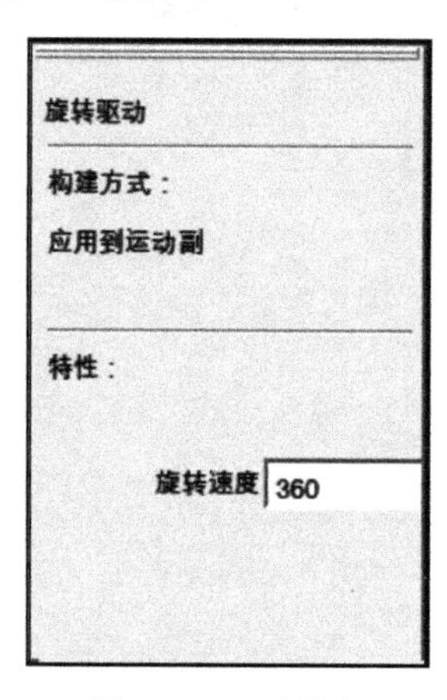


图 4.51　驱动设定

(2) 单击凸轮与 ground 连接处的旋转副，选择凸轮，创建驱动 motion 1，如图 4.52 所示。

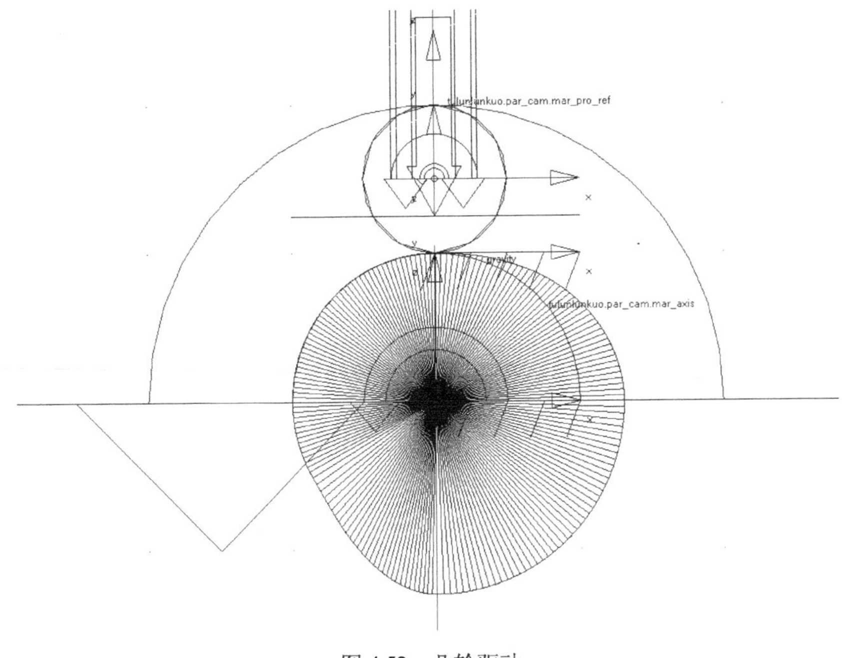

图 4.52 凸轮驱动

(3) 单击上方工具条中的仿真工具条，选择仿真分析中的“运行交互仿真”按钮，如图 4.53 所示。

(4) 设置终止时间为 1，步数为 360，其他保持默认设置，如图 4.54 所示。单击“开始仿真”按钮，即开始进行仿真。

仿真分析

图 4.53 仿真工具条

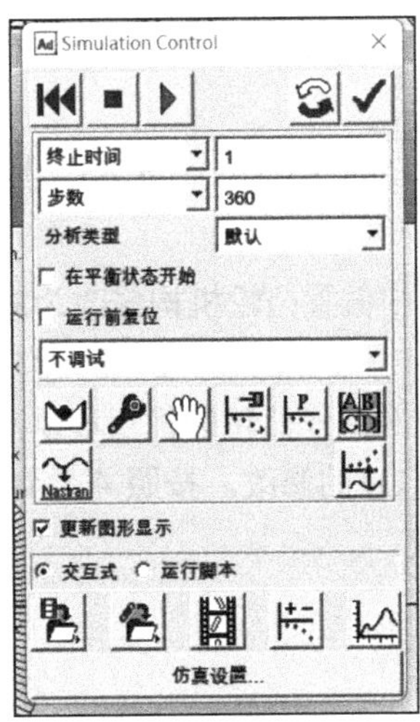


图 4.54 仿真设置

## 4.5.4 查看仿真结果

单击上方工具条中的结果工具条，选择后处理，在弹出的绘图界面中，在下方数据栏中的“过滤器”选项中选择 user defined，双击请求中的 follower_1_1，选择展开界面的 Follower_output，在分量中选择 Translational_Displacement，单击“添加曲线”按钮(图 4.55)，生成从动件位移曲线(图 4.56)。

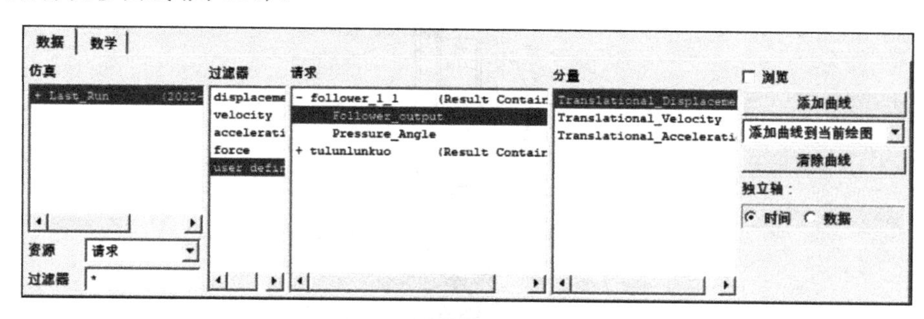


图 4.55 后处理

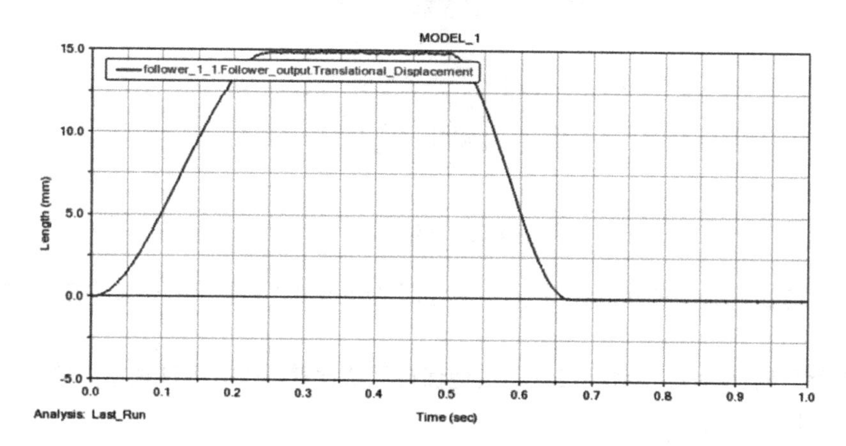


图 4.56 从动件位移图

## 4.6 思 考 题

(1) 试将 4.2 节中偏置凸轮机构修改为对心凸轮机构，并进行仿真，查看仿真结果与 4.3 节进行对比。

(2) 试分析偏心圆盘作凸轮的优点和缺点。

(3) 根据思考题(1)的修改，按照 4.4 节对所建立的对心凸轮机构进行优化分析，分析结果与 4.4 节进行比较。

# 第5章 齿 轮 机 构

齿轮机构具有瞬时传动比恒定、传递功率和圆周速度范围广、传递效率高、结构紧凑等特点，是现代设备中应用最广的一种机械传动方式。按照轴的布置齿轮传动可分为平行轴齿轮传动、相交轴齿轮传动和交错轴齿轮传动；按照轮齿走向可分为直齿轮传动、斜齿轮传动和人字齿轮传动；按照啮合情况可分为外啮合齿轮传动、内啮合齿轮传动和齿轮齿条传动。

本章主要介绍齿轮机构在 Adams 软件中的建模分析方法，包括齿轮机构的建模、运动仿真、模型测试等内容。

## 5.1 启动软件并设置工作环境

(1) 双击桌面图标 Adams View，启动 Adams 软件。

(2) 出现 Adams 开始界面，如图 1.1 所示。

(3) 选择“新建模型”选项，打开“创建新模型”对话框。单击“模型名称”文本框，将模型名称改为“gear”，确认“重力”文本框中是正常重力(-全局 Y 轴)，“单位”文本框中是“MMKS-mm，kg，N，s，deg”，最后一项为保存路径，根据自己的需要选择。确认后单击“确定”按钮。

(4) 选择菜单栏“设置”→“工作格栅”，即可打开“工作格栅设置”对话框。对话框中的“大小”的 X 和 Y 项都输入 200mm，“间隔”的 X 和 Y 项都输入 10mm，如图 5.1 所示。设置完成后单击“确定”按钮。

(5) 在工作区域空白处右击，将会弹出“快捷工作条”(图 5.2)。在工作条中选中“放

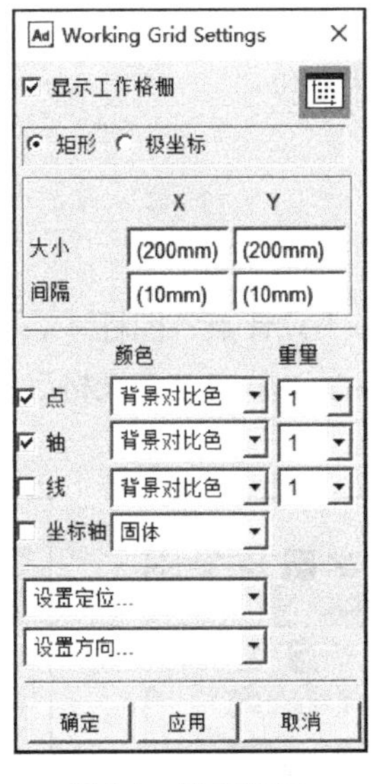


图 5.1 设置格栅

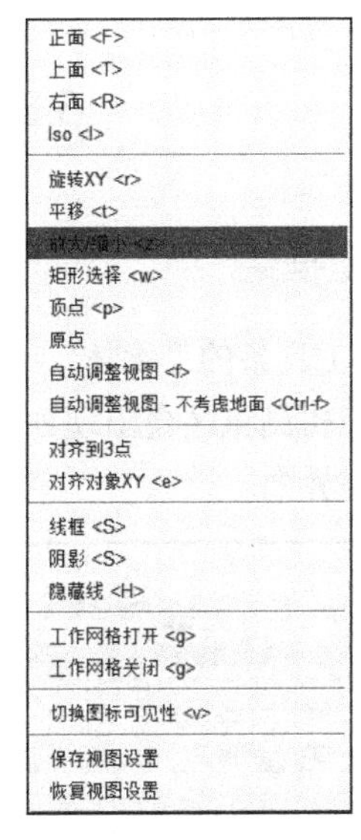


图 5.2 快捷工作条

大/缩小”(快捷键 z)，按住鼠标左键上下移动鼠标，使格栅占据整个屏幕(注：在图 5.2 所示的工作条中，每个操作命令后面尖括号中的字母是每个操作的快捷命令，当同时按住快捷键 z 和鼠标左键上下移动鼠标也可完成此操作，下面同样按此说明)。

(6)为了便于观察所见模型，选择图 5.2 所示工作条中“旋转 XY”(快捷键 r)，按住左键移动鼠标将会使格栅旋转，格栅的最终状态如图 5.3 所示。

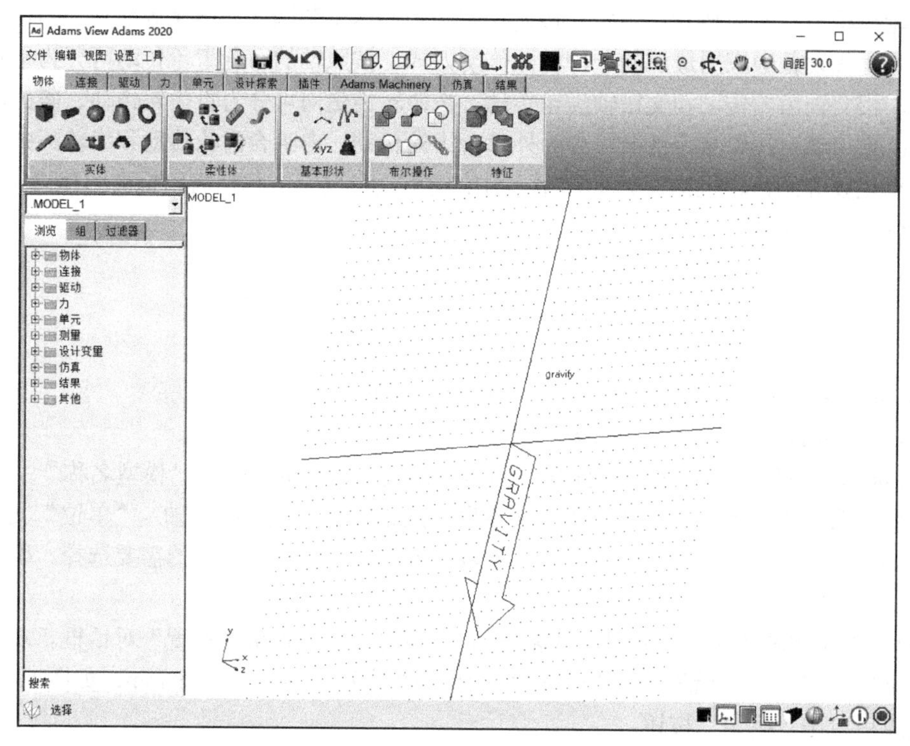


图 5.3　旋转后的工作格栅

# 5.2　创建仿真模型

## 5.2.1　搭建模型框架

(1)选择建模工具条的“物体”→“基本形状”→“设计点”图标 •，如图 5.4 所示，单击此图标，在模型树浏览区会出现如图 5.5 所示的界面，单击“点表格”按钮，弹出图 5.6 所示的点表格创建界面。

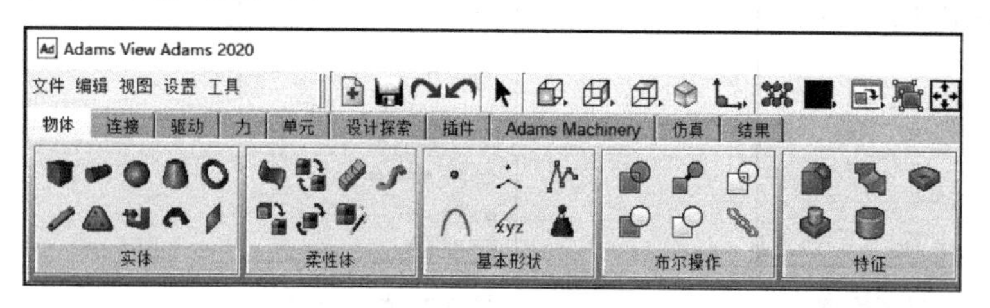

图 5.4　创建点

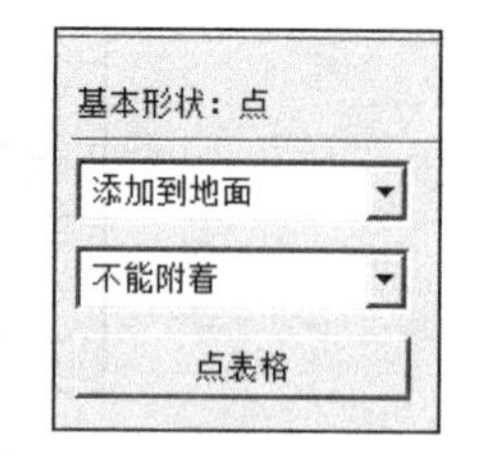


图 5.5　创建点的预操作

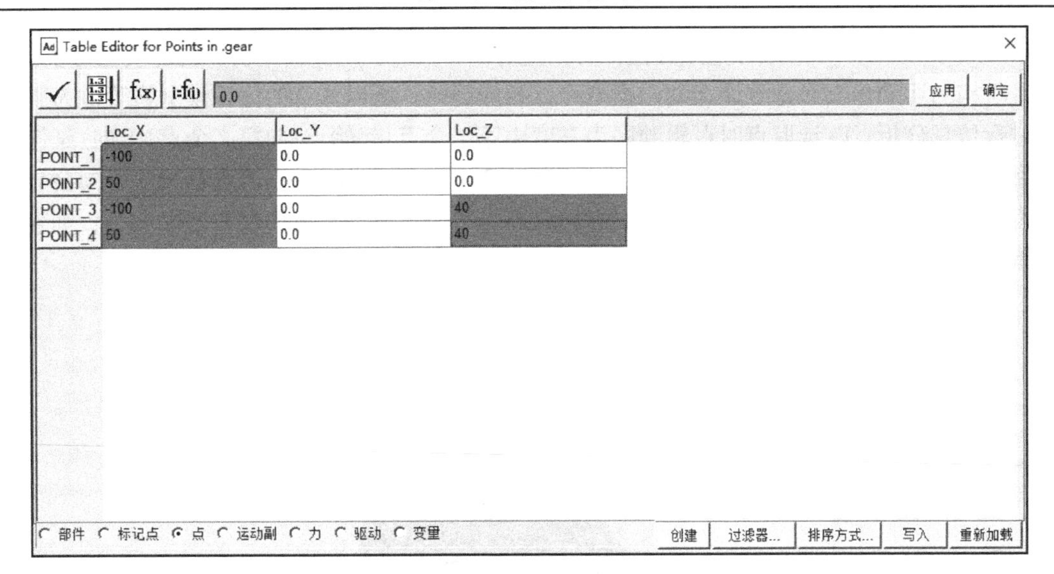


图 5.6　点表格创建界面

单击图 5.6 所示的“创建”按钮，创建 4 个点，点坐标分别为(−100,0.0,0.0)、(50,0.0,0.0)、(−100,0.0,40)、(50,0.0,40)，最后单击“确定”按钮即可在工作区域生成如图 5.7 所示的 4 个点。这四个点中，“POINT_1”和“POINT_2”是两个齿轮的中心点；“POINT_3”和“POINT_4”是两个方向的参考点，创建齿轮时需要。

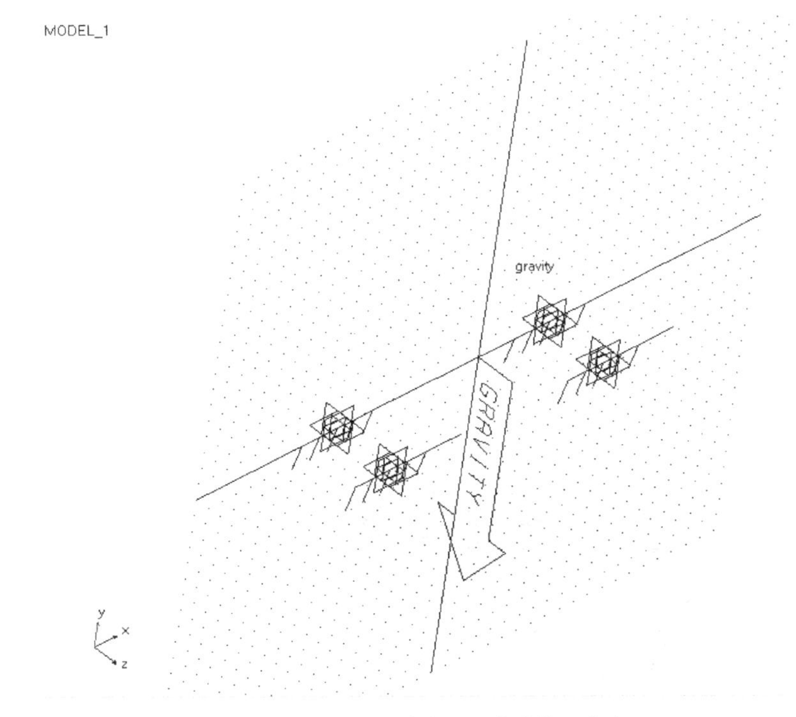


图 5.7　生成的 4 个点

(2) 创建齿轮分度圆所在的圆柱体。单击建模工具条“物体”→“实体”→“圆柱体”图标，在模型树浏览区出现“圆柱体设置”对话框(图 5.8)。按图 5.8 进行设置后，单击

POINT_1 和 POINT_3，即可完成圆柱体的创建(图 5.9)。由于 Adams 软件的建模能力较弱，而且机构的运动仿真只是强调运动，模型可以相应简化，所以本章的齿轮模型将等效为圆柱体进行仿真分析(注：选取点时逻辑顺序为高度由第一个点(起始点)向第二个点(方向)延伸的距离，在此处为高度由 POINT_1 出发向 POINT_2 方向延伸 20mm，若选取顺序不同会导致两齿轮不在同一平面上，且在构建大小齿轮选点时可将界面倾斜更加容易选取点，否则容易选错点，使齿轮与连杆无法贴合)。

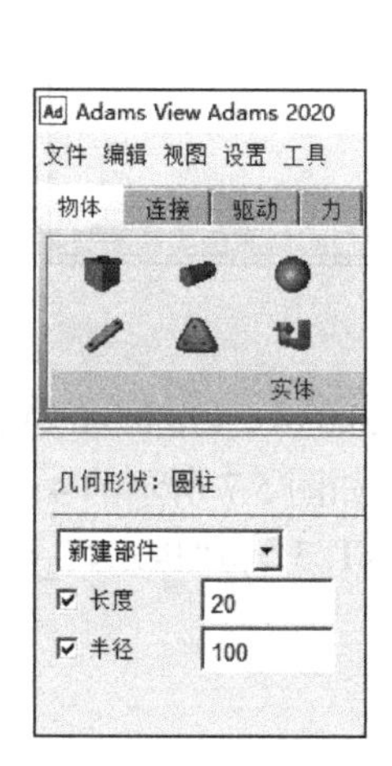


图 5.8 圆柱体设置参数

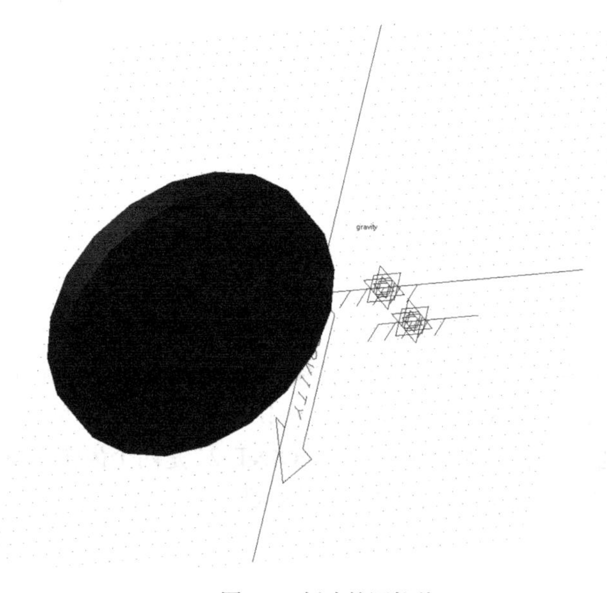

图 5.9 创建的圆柱体

(3) 重复步骤(2)，以同样的方式创建另外一个齿轮分度圆所在的圆柱体，此圆柱体的半径为 50mm，长度为 20mm，圆柱中心点为 POINT_2，轴线为 POINT_2 和 POINT_4 的连线，生成的圆柱体如图 5.10 所示，右击模型树浏览区“PART_1”，单击“重命名”，修改圆柱体名称为“dachilun”，如图 5.11 所示，同理修改 PART_2 名称为“xiaochilun”。

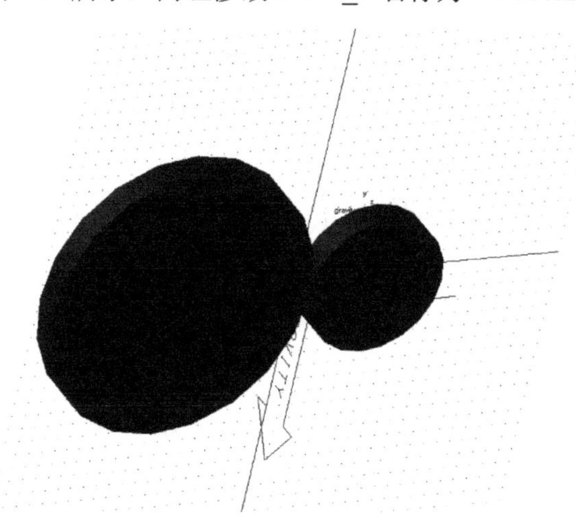

图 5.10 两个圆柱体

(4) 下面我们将在大齿轮上开四个大孔、一个小孔，大孔在齿轮上均布(工程实际中在保证齿轮强度的情况下，应尽量减少齿轮重量，重量轻惯性小，同时还可以减少成本)，小孔开在齿轮中心，作为其和机架形成旋转副的配合处。选择建模工具条中“物体”→“特征”→“钻孔”图标，在模型树浏览区弹出“钻孔设置”对话框(图 5.12)。对话框中“半径”后输入 30，将“深度”勾选并在其后文本框中输入 20。在工作区域单击代表大齿轮的大圆柱体，工作区域将出现代表孔轴线方向的箭头，在开孔的位置单击，即完成了开孔(图 5.13)。此时孔的轴线位置不用准确，后面会对孔的位置进行修改。在大齿轮上再创建三个同样的孔，同样先不用考虑位置精度。

图 5.11 修改模型名称

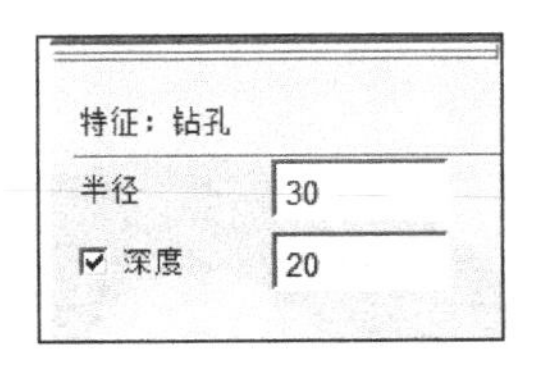


图 5.12 孔的半径和深度设置

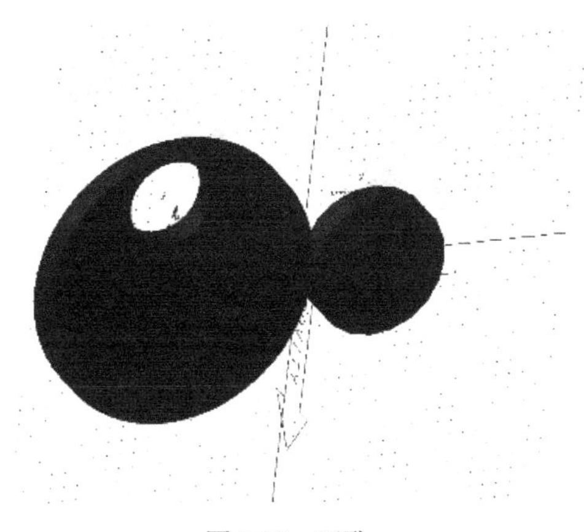

图 5.13 开孔

(5) 按照步骤(4)，在大齿轮的中心创建一个孔，孔深度设为 20mm、半径设为 10mm (图 5.14)。这一个孔为大齿轮与其旋转副销轴的配合处。

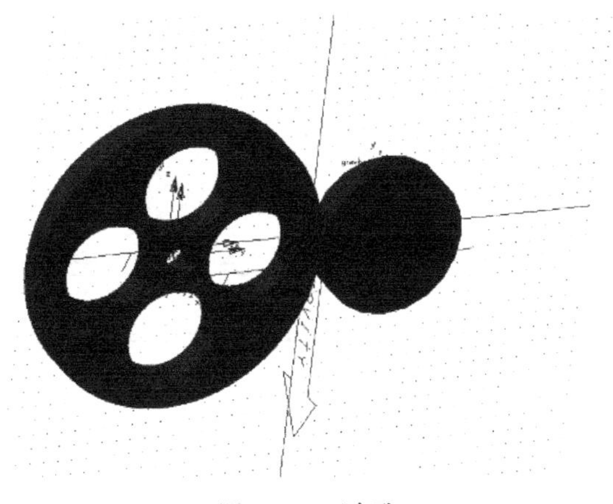

图 5.14 五个孔

(6) 修改孔的位置。四个大孔应均布在大齿轮上，这里将四个大孔的中心位置设为(−100,50,0)、(−150,0,0)、(−100,−50,0)、(−50,0,0)。小孔在圆柱体中心，故其位置是(−100,0,0)。

(7) 修改孔位置的具体步骤为：如图 5.15 所示，选中一个孔，右击弹出选项卡，选择“修改”，弹出如图 5.16 所示的“Geometry Modify Feature Hole”对话框。在“中心”对话框中输入(−100,50,0)，单击“确定”按钮，即完成这一孔的位置修改。在图 5.16 所示的对话框中，还包含半径和深度，也可以进行修改。以同样的方法修改其他孔的中心位置。

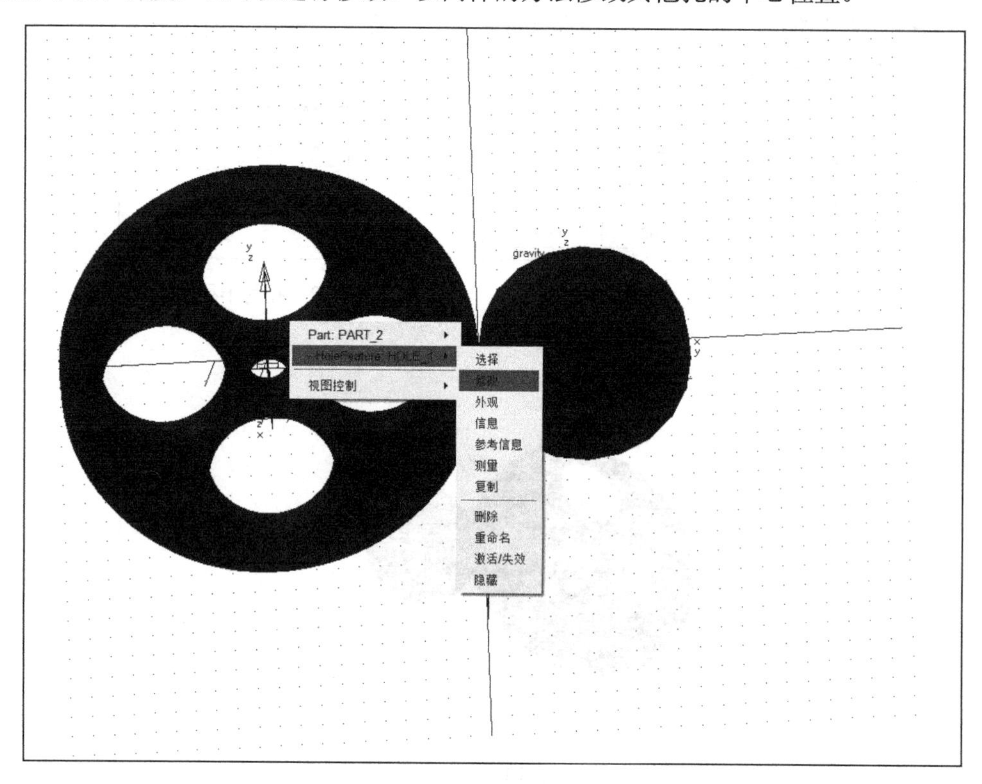


图 5.15　打开孔的特征修改器

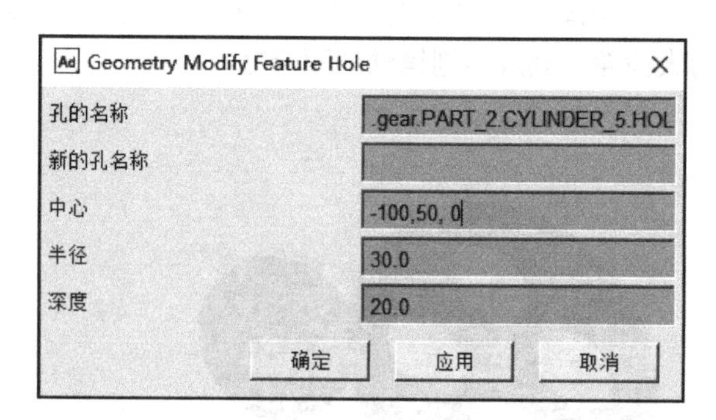


图 5.16　“Geometry Modify Feature Hole”对话框

(8) 按照步骤(4)～步骤(6)的方法，同样在小齿轮上开 4 个均布的大孔和中心处的一个小孔。大孔的半径为 15mm，小孔的半径为 5mm，4 个大孔的位置分别为(50,25,0)、(25,0,0)、(50,−25,0)、(75,0,0)，小孔的位置为(50,0,0)。完成后的模型如图 5.17 所示。

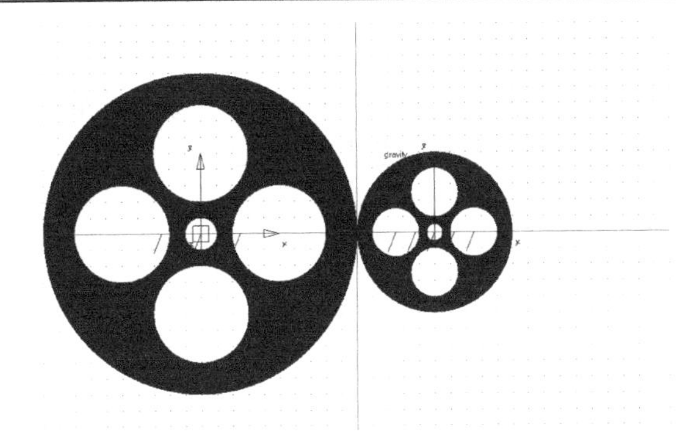

图 5.17 打好孔的两个圆柱体

(9)齿轮创建完成后，将进行机架的创建。首先按照步骤(1)，建立两个点，位置分别为(50.0,0.0,−10.0)和(−100.0,0.0,−10.0)，如图 5.18 所示。

Table Editor for Points in .MODEL_1

|  | Loc_X | Loc_Y | Loc_Z |
|---|---|---|---|
| POINT_1 | −100.0 | 0.0 | 0.0 |
| POINT_2 | 50.0 | 0.0 | 0.0 |
| POINT_3 | −100.0 | 0.0 | 40.0 |
| POINT_4 | 50.0 | 0.0 | 40.0 |
| POINT_5 | 50.0 | 0.0 | −10.0 |
| POINT_6 | −100.0 | 0.0 | −10.0 |

部件 标记点 点 运动副 力 驱动 变量 创建 过滤器... 排序方式... 写入 重新加载

图 5.18 新加的两个点的坐标

(10)选择建模工具条的“物体”→“实体”→“连杆”图标，模型树浏览区出现如图 5.19 所示的“连杆设置”对话框，勾选“宽度”，输入 30，勾选“深度”，输入 20。在工作区域选择“POINT_5”和“POINT_6”，即可完成机架连杆的构建(图 5.20)，之后修改 PART_3 名称为“liangan1”。

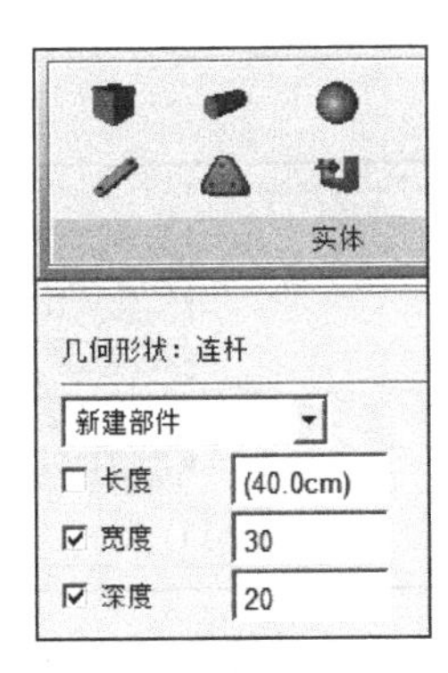


图 5.19 连杆参数设置

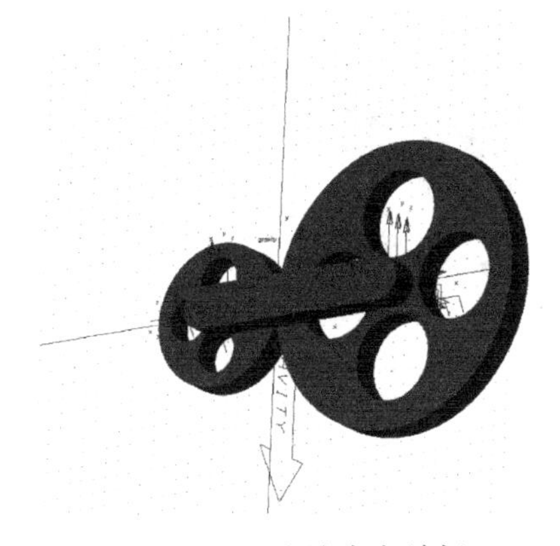

图 5.20 添加机架连杆

(11)隐藏两个圆柱齿轮，具体步骤为：选择模型树浏览区“物体”→“dachilun”→“CYLINDER_5”，右击在弹出选项卡中选择“隐藏”，完成大齿轮的隐藏(图 5.21)。以同样的方式隐藏小齿轮，完成后界面中只剩下连杆(图 5.22)。

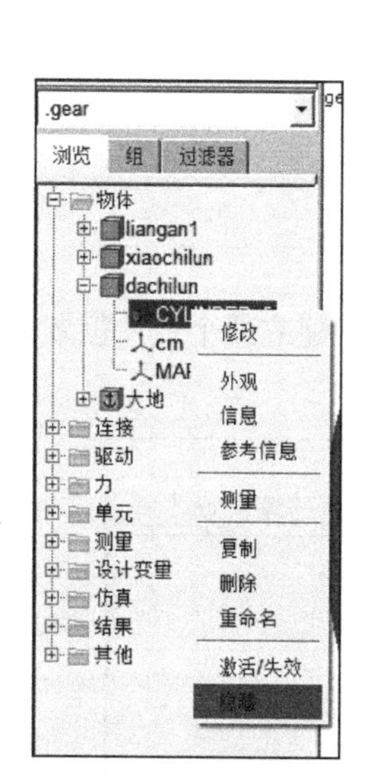


图 5.21　部件隐藏操作过程

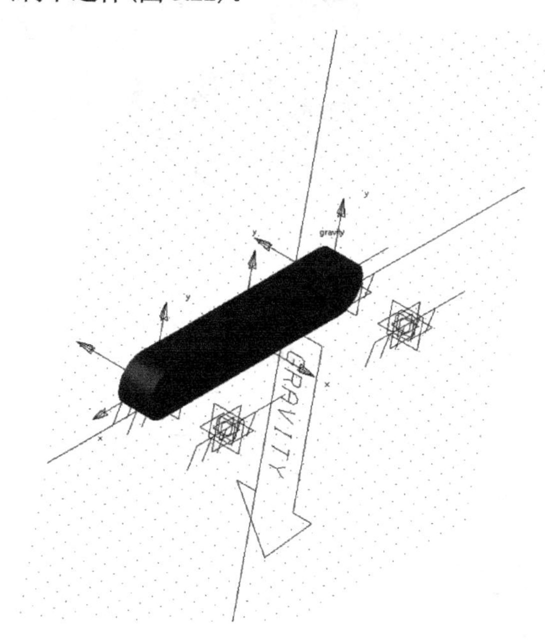


图 5.22　隐藏大、小齿轮

(12)创建支撑大齿轮的销轴。选择建模工具条的“物体”→“特征”→“增加圆凸”图标，在模型树浏览区出现“增加圆凸设置”对话框，“半径”输入 10、“高度”输入 20。工作区域选择连杆，在连杆需要安放销轴的位置单击(此位置不用精确，后面还要具体设置)，即可建立此销轴(图 5.22)。

在工作区域选中销轴，右击，在弹出的选项卡中选择“-HoleFeature:HOLE_*”(*代表数字，这个可能会有所差异)→选择“修改”(图 5.23)，弹出如图 5.24 所示的对话框，“中心”对话框中输入坐标(−100,0,0.0)，单击“确定”按钮，即可完成位置调整。

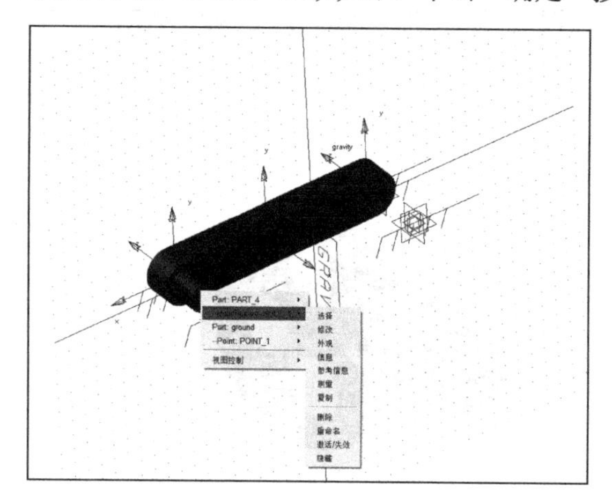

图 5.23　生成的销轴

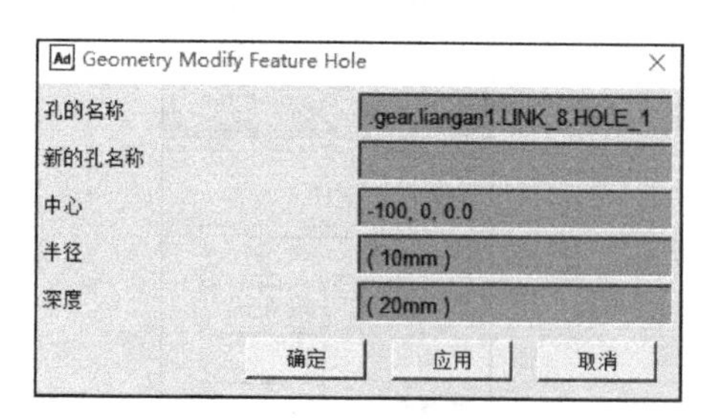


图 5.24　设置短轴的位置

(13) 按照步骤(12)，在连杆上创建支撑小齿轮的销轴，此销轴的半径为 5mm、高度为 20mm、位置为(50,0,0)。两根销轴建立完成后的模型如图 5.25 所示。

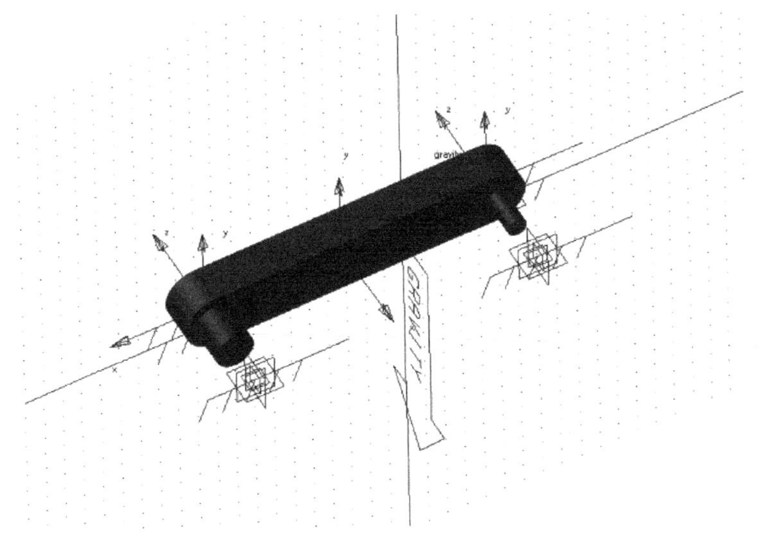

图 5.25 生成短轴

(14) 将隐藏的大、小齿轮显示。操作过程如下：选择模型树浏览区的"物体" →"PART_2" → "CYLINDER_5"，右击，在弹出的选项卡中选择 "显示" (图 5.26)，大齿轮在工作区域显示，以同样的方式显示小齿轮。至此，大、小齿轮和机架创建完毕。

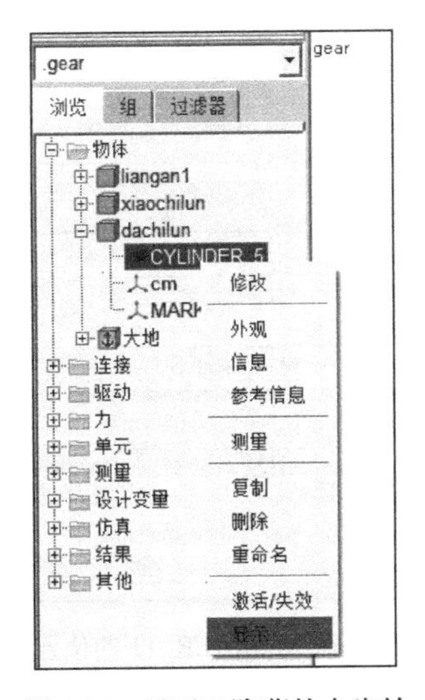


图 5.26 显示已隐藏的大齿轮

## 5.2.2 添加运动副和约束

(1) 给机架创建固定约束。选择模型工具条的 "连接" → "运动副" → "创建固定副"，单击 "创建固定副" 图标。在工作区域选择机架和地面，在机架上任一点单击，即可生成机架与地面间的固定约束。

(2) 给大齿轮创建旋转副。选择模型工具条的“连接”→“运动副”→“创建旋转副”图标，在工作区域选择大齿轮和机架(注意：一定要先选齿轮，再选机架，即第一个物体一定为齿轮，第二个物体是机架)，再选择点“POINT_1”(如果无法判断是否选中 POINT_1，可将鼠标悬停在“POINT_1”附近，当显示出“POINT_1”时再确定，或者在点附近右击，从弹出的选项卡中进行选择)，即可完成旋转副的构建。注意，在操作过程中，一定要注意软件界面最下方的提示条的显示内容，每步需要的操作在这一地方都有明确提示。

(3) 根据步骤(2)，创建小齿轮和机架之间的旋转副，旋转副中心置于“POINT_2”。

(4) 创建齿轮副啮合点。首先创建定位点，选择建模工具条的“物体”→“基本形状”→“设计点”图标，在模型树浏览区出现的“点设置”对话框中单击“点表格”按钮输入点坐标(0.0,0.0,0.0)，建立此定位点。然后建立标记点，选择建模工具条的“物体”→“基本形状”→“标记点”图标，在模型树浏览区的第一个选项栏中选择“添加到现有部件”，在工作区选择标记点附着的构件，即机架，再选择刚建立的定位点，即可生成标记点“MARKER_*”，此时在模型树浏览区“物体”→“大地”下可以看到此标记点。在工作区域选择此标记点，右击，在弹出的选项卡中选择“修改”，即可弹出“标记点修改”对话框。在“方向”对话框中输入(0.0,−90.0,0.0)(这样设置是保证此点的 Z 方向向上，此方向为齿轮啮合点速度的正方向)，单击“确定”按钮即可。这一步也可以不用创建定位点，直接建立标记点，在选择标记点位置时随意选择即可，然后通过图 5.27 所示的对话框进行标记点的位置和方向修改，也可以达到这一目的。

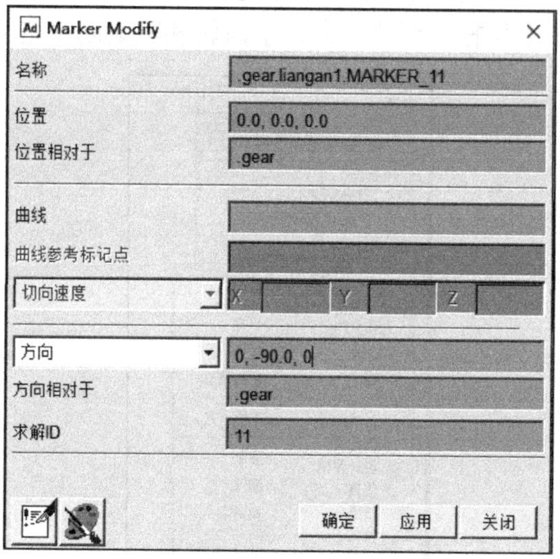

图 5.27　修改 MARKER_11 的位置和方向

(5) 创建齿轮副约束。选择建模工具条的“连接”→“耦合副”→“齿轮副”图标，弹出如图 5.28 所示的“齿轮副创建”对话框。在对话框的“运动副名称”输入栏中右击，在弹出的选项卡中依次选择“运动副”→“选取”，在工作区域单击两个齿轮和机架形成的旋转副，或者选择“浏览”，在弹出的列表中选择相应的运动副。在对话框中的“共同速度标记点”中右击，在弹出的选项卡中依次选择“标记点”→“选取”，在工作区域选择步骤(4)建立的标记点，也可以通过“浏览”来添加。设置完成(图 5.29)后，单击“确定”按钮，齿轮副即创建完成(图 5.30)。

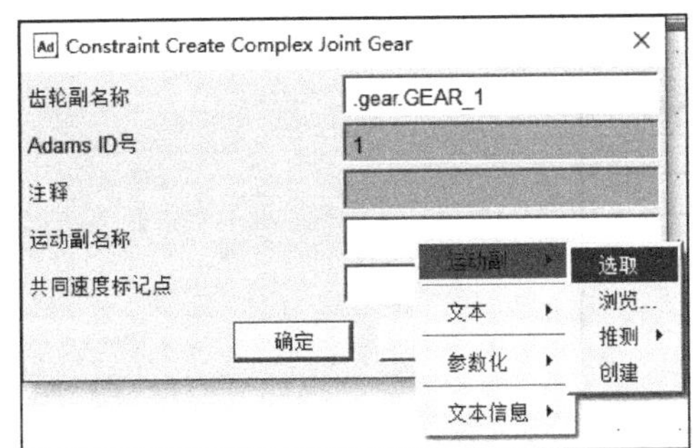

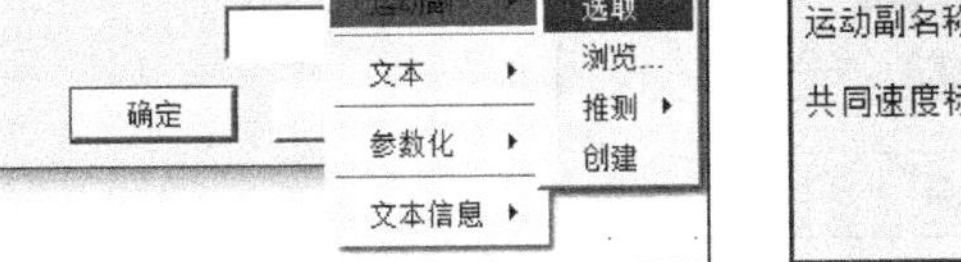


图 5.28 运动副的选择

Constraint Create Complex Joint Gear

| 齿轮副名称 | .gear.GEAR_1 |
| --- | --- |
| Adams ID号 | 1 |
| 注释 | |
| 运动副名称 | JOINT_2, JOINT_3 |
| 共同速度标记点 | MARKER_11 |

确定 应用 取消

图 5.29 速度标记点选择完成

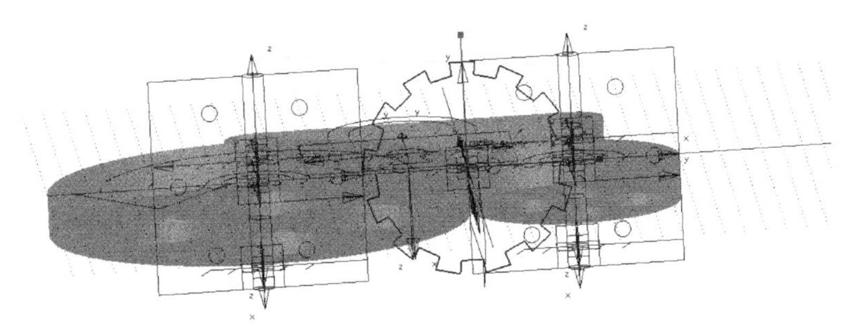

图 5.30 齿轮副

## 5.2.3 添加驱动

选择建模工具条中“力”→“作用力”→“创建作用力矩”(单向)图标，在工作区域依次选择“大齿轮”和“POINT_1”，即可生成施加于大齿轮上的驱动力矩，如图 5.31 所示。

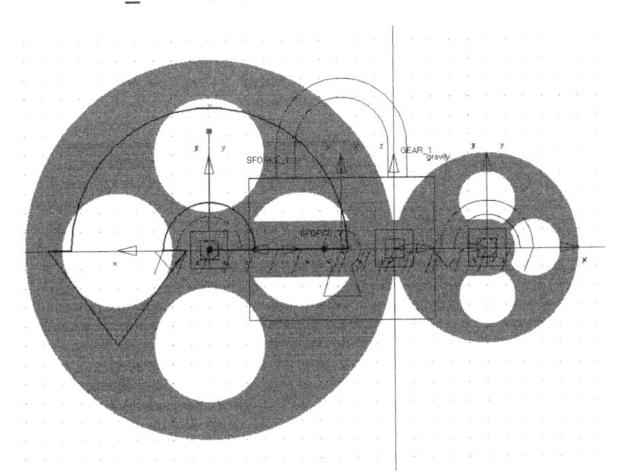

图 5.31 扭矩添加完成

# 5.3 仿　　真

选择建模工具条中“仿真”→“仿真分析”→“运行交互仿真”按钮，弹出“Simulation Control”对话框(图 5.32)，修改“终止时间”为 10，修改“步数”为 100，单击“运行”按钮开始仿真。

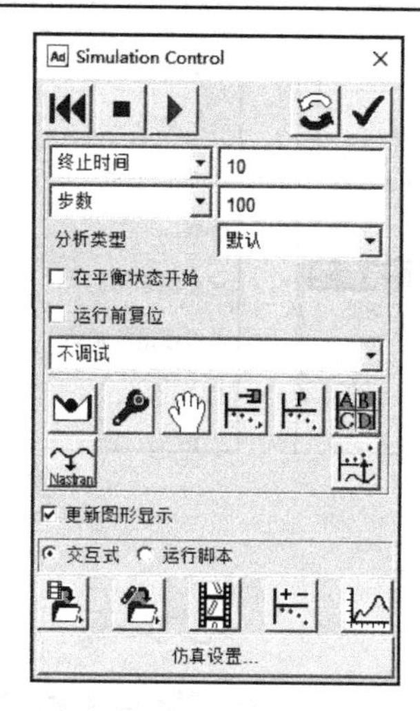


图 5.32　“Simulation Control”对话框

仿真完成后，单击图 5.32 所示的对话框右下角“绘图”图标，即可弹出后处理界面(图 5.33)。图 5.33 显示了两个齿轮转动的角加速度变化曲线。

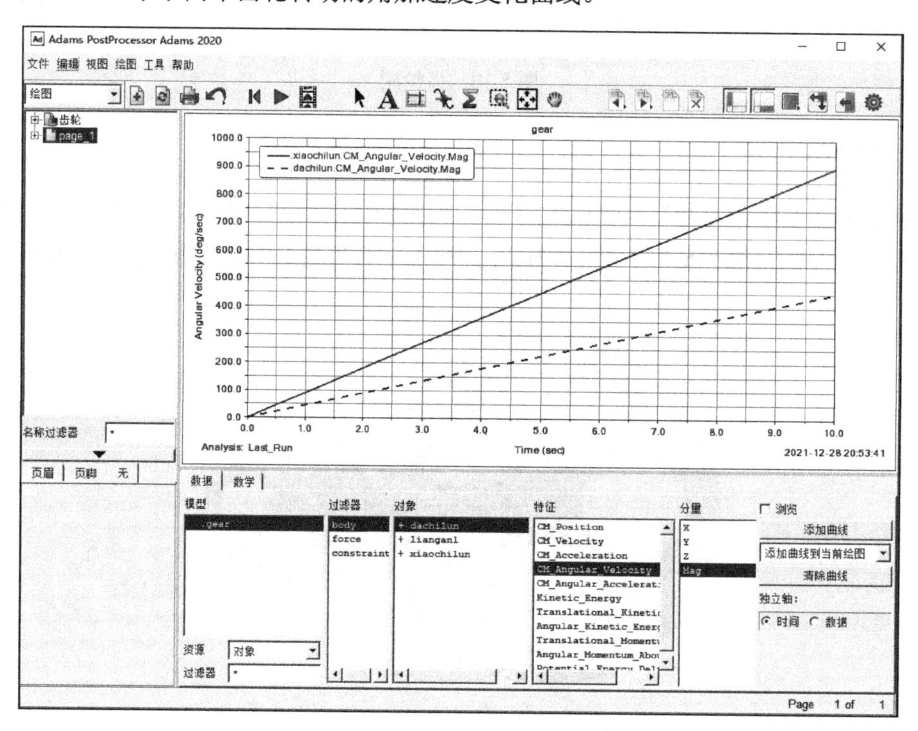


图 5.33　后处理界面

## 5.4　利用 Adams Machinery 构建齿轮机构

本节将利用另一种方法构建齿轮机构，即利用 Adams Machinery 的齿轮模块建立齿轮机构。

## 5.4.1 构建齿轮传动模型

(1)重复5.1节的操作并将新模型命名为“gear2”。

(2)在工具栏上单击“Adams Machinery”模块并单击创建齿轮副图标，具体操作如图5.34所示。

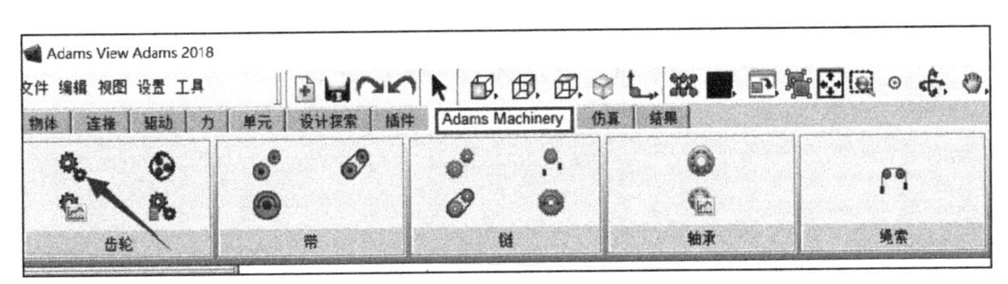


图5.34 创建齿轮副

(3)打开“创建齿轮副”模块后进入图5.35所示的齿轮类型创建界面，选定直齿轮并单击“下一个”按钮。

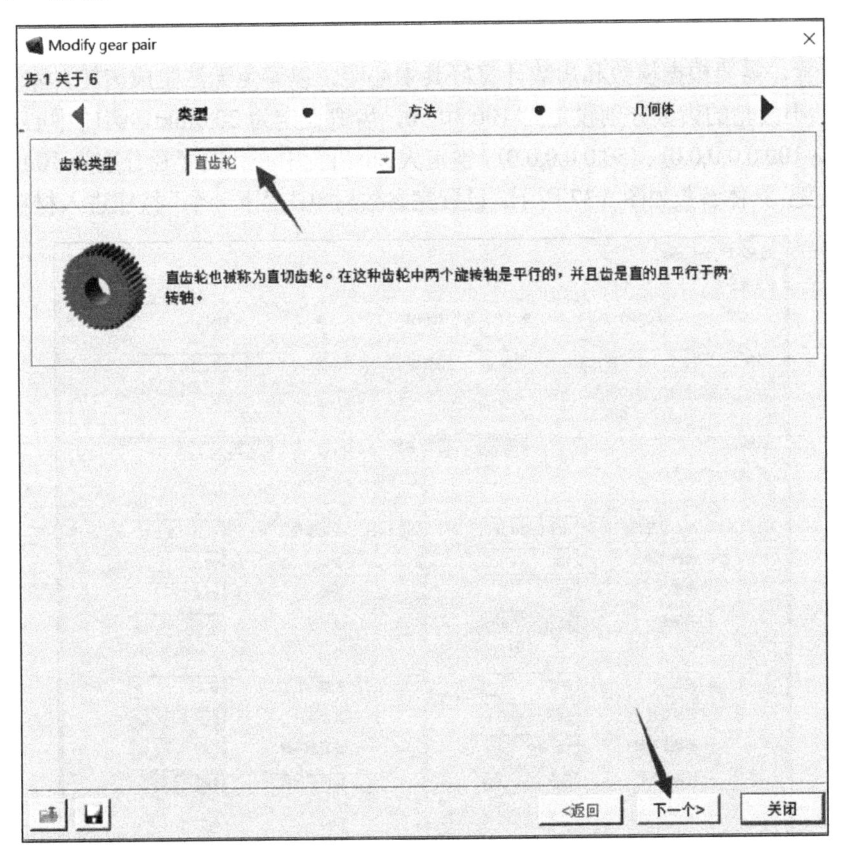


图5.35 齿轮类型设置

(4)选定齿轮类型后的界面主要是选择齿轮的构建方法，一般采用“详细”来显示齿轮，如图5.36所示，构建完成后单击“下一个”按钮进入几何模型界面。

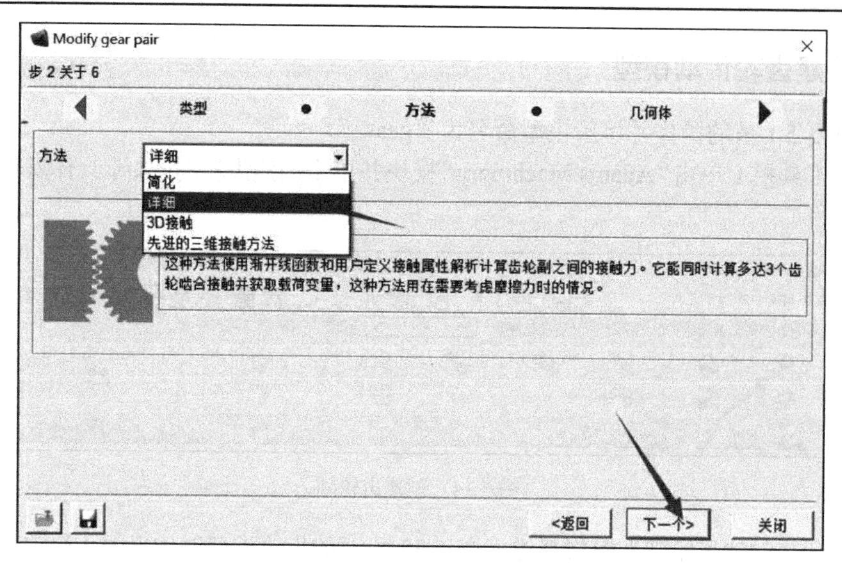


图 5.36　齿轮方法的选择

(5)创建几何模型，根据要求设置齿轮的参数，如模数、齿数、压力角等，并且给定齿轮中心的位置，需要根据模数和齿数计算好其中心距，以避免无法生成齿轮。本次选定模数为 2.0，大、小齿轮的齿数分别设定为 100 和 50，齿宽设定为 20.0mm，齿轮中心点的坐标同上，分别为(−100.0,0.0,0.0)、(50.0,0.0,0.0)，设定大、小齿轮中心孔的半径分别为 10mm 和 5mm，其他参数不变，具体参数如图 5.37 所示。设置完参数后单击“下一个”按钮进入材料选择界面。

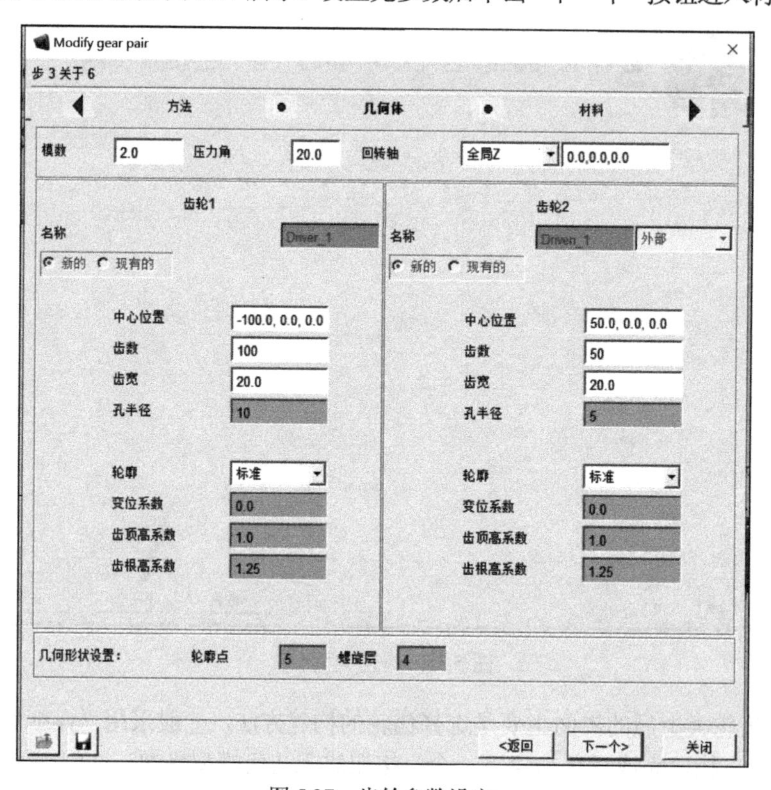


图 5.37　齿轮参数设定

(6) 本次设计的大、小齿轮材料均选定结构钢，各参数无须变动，直接单击“下一个”按钮，如图 5.38 所示。

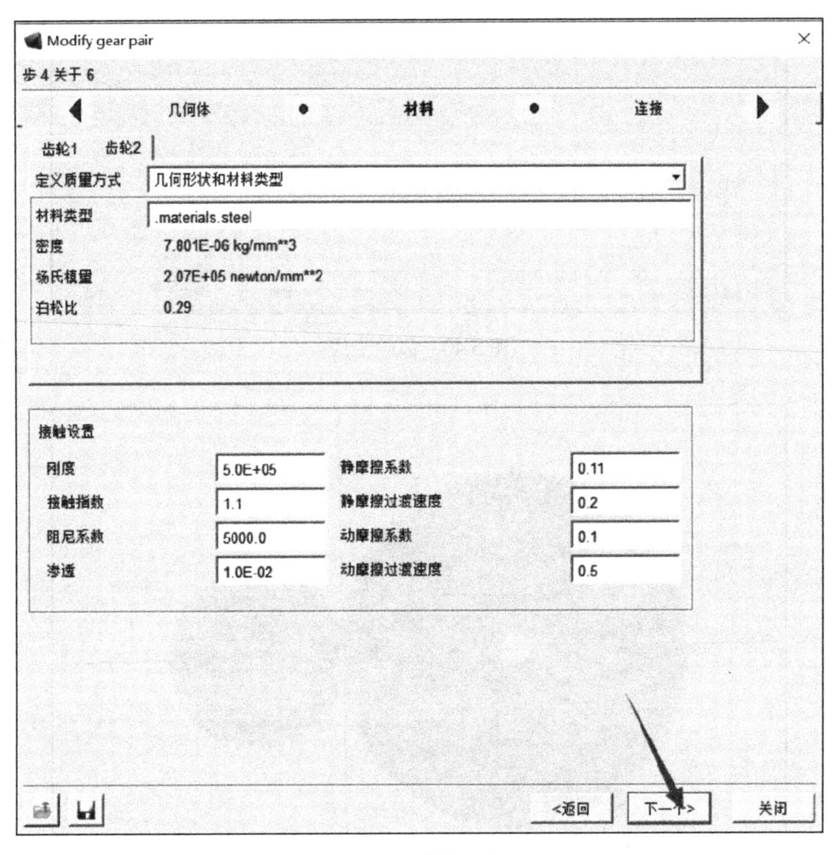


图 5.38　材料选择

(7) 构建连接关系，两个齿轮均直接与地面建立旋转副，可以根据实际所需情况进行相对应运动副的建立，然后单击“下一个”按钮，如图 5.39 所示。

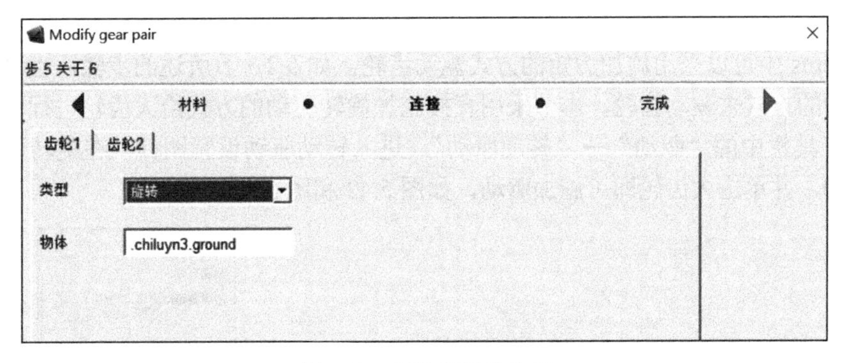


图 5.39　连接关系的选择

(8) 齿轮副各部分设定好后，单击“完成”按钮等待少许时间就可看到生成的齿轮副，如图 5.40 和图 5.41 所示。

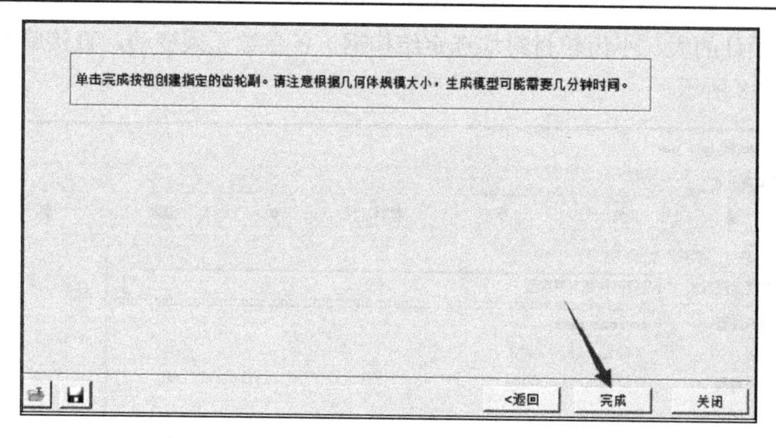


图 5.40　齿轮生成

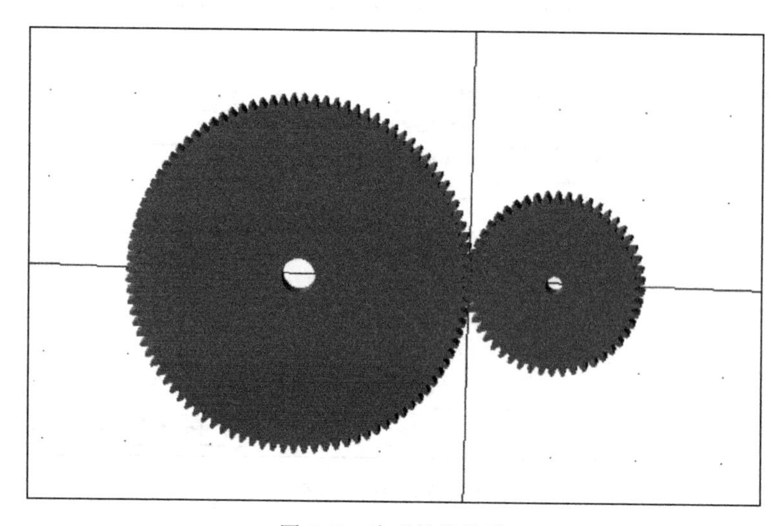

图 5.41　生成的齿轮副

## 5.4.2　施加驱动

在 Adams 中可以采用施加力矩的方式驱动齿轮，如 5.2.3 节所述的步骤，也可以采用直接施加驱动的方式来驱动齿轮，本节采用直接施加旋转驱动的方式给大齿轮进行驱动。

选择工具栏中的“驱动”→“转动驱动”，进入转动驱动设置图标，在旋转速度文本框中填写 30.0，并单击大齿轮即可施加驱动，如图 5.42 和图 5.43 所示。

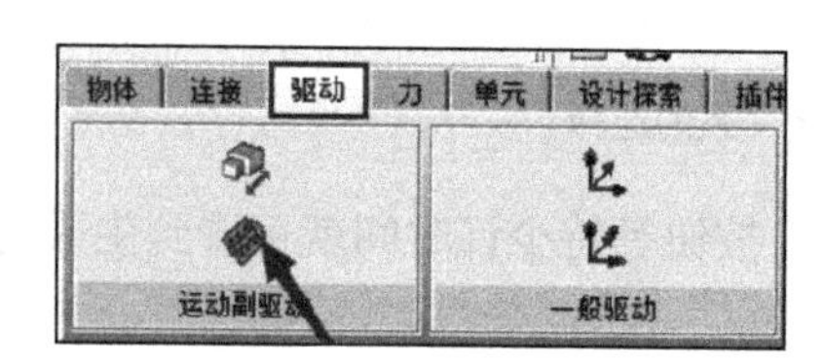


图 5.42　施加驱动

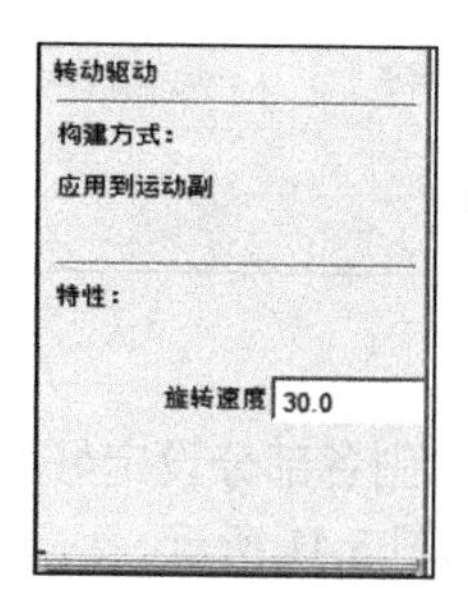


图 5.43　转动驱动

### 5.4.3 仿真设置及结果查看

与上述5.3节的设定大体相同，选择工具栏中“仿真”→“仿真分析”→“运行交互仿真”按钮，弹出“Simulation Control”对话框(图5.44)，修改“终止时间”为10，修改“步数”为100，单击“开始仿真”按钮开始仿真。

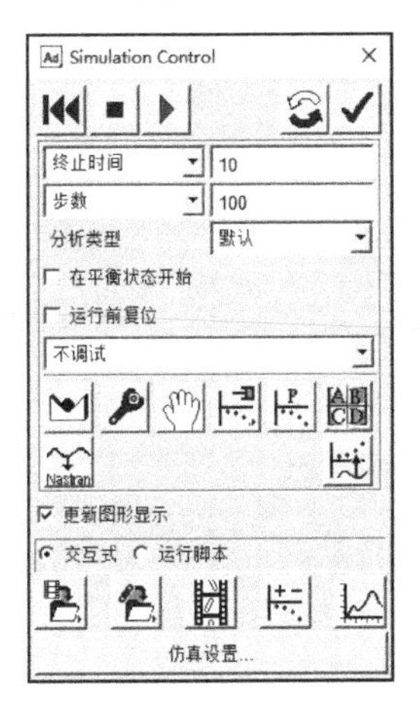


图5.44 “Simulation Control”对话框

仿真完成后，单击图5.44所示的对话框右下角“绘图”图标，即可弹出后处理界面，如图5.45所示。按照图5.45所示选择，添加曲线即可获得所需的各参数变化(图中所示为大、小齿轮的角速度曲线)。

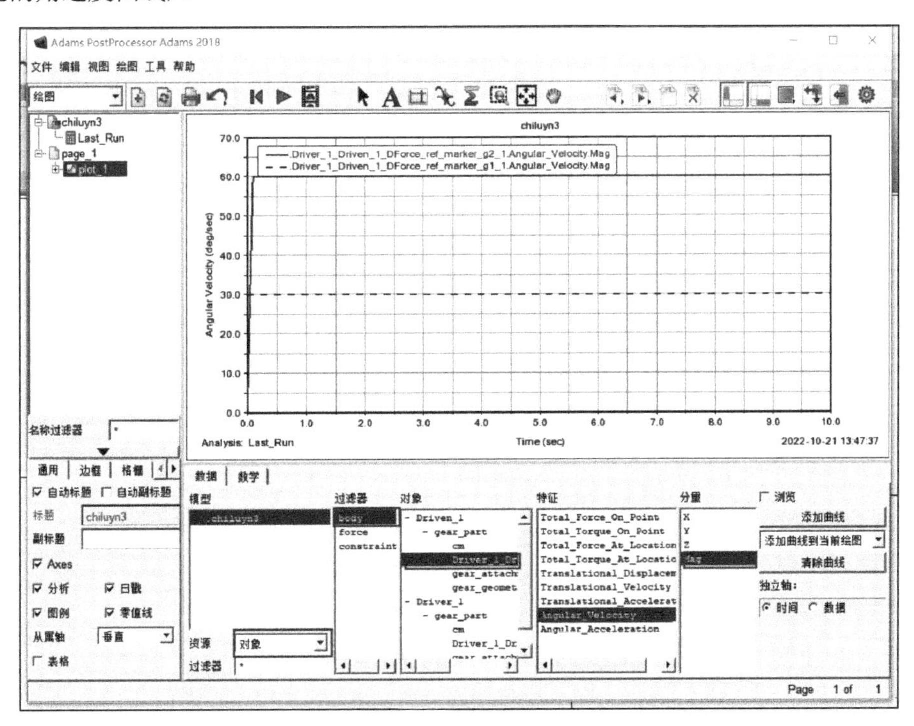


图5.45 后处理界面

## 5.5　思　考　题

(1) 5.2 节中建立的齿轮机构的传动比是多少？若将此传动比增大一倍，思考 5.2 节中哪些参数需要修改。

(2) 试将 5.4 节中建立的齿轮机构中的大齿轮固连一个曲柄摇杆机构的曲柄，从而实现齿轮机构串联驱动曲柄摇杆机构。

# 第 6 章　四杆张拉整体移动机构

张拉整体机构是由相互连接的柔性索构件组成的索网，由置于内部互不接触的刚性杆构件支撑形成预期的空间形状。其刚性杆构件端点都通过多条柔性索构件固定，整体结构没有刚性连接，具有一定的柔性。构件间的运动高度耦合，可以通过驱动少数构件实现结构的整体运动，也可以通过改变单个索构件的长度来调节结构整体的刚度。结构具有自修复性，出现绳索松弛时，整个结构可以通过重新分配内力来达到新的平衡状态，即使个别构件发生断裂，整体也不会发生坍塌。张拉整体机构具有传统机械结构不具备的优势，为机械设计提供了新的思路。

四杆张拉整体移动机构是将四杆张拉整体单元的端面添加对角索，协同驱动对角索使结构整体变形，以实现四杆张拉整体单元侧面着地放置时通过重心偏移，使结构整体发生翻滚和移动。为了适应结构变形所需的构件长度变化，将斜索用弹簧来替代。

本章主要介绍四杆张拉整体移动机构在 Adams 软件中的建模分析方法，包括四杆张拉整体移动机构的建模、运动仿真、SolidWorks 模型与 Adams 模型的转换、测量仿真数据等。

## 6.1　启动软件并设置工作环境

(1) 启动 Adams 软件，出现 Adams 软件的欢迎窗口，如图 1.1 所示。

(2) 单击“新建模型”，弹出“创建新模型”对话框，设定模型名称为“FOUR_BAR”，确认“重力”文本框中是“正常重力(-全局 Y 轴)”，“单位”文本框中设置为“MMKS-mm, kg, N, s, deg”。设置修改完成后，单击“确定”按钮，出现软件界面。

## 6.2　创建仿真模型

### 6.2.1　创建节点

四杆张拉整体移动机构建模时，由于构件的位姿复杂，应首先建立节点，再通过节点来确定构件，因此首先创建节点。初始状态的四杆张拉整体移动机构有 8 个节点，节点坐标如表 6.1 所示。

表 6.1　节点坐标

| 节点 | Loc_X | Loc_Y | Loc_Z |
| --- | --- | --- | --- |
| 节点_1 | 0.0 | 0.0 | 0.0 |
| 节点_2 | −300.0 | 0.0 | 0.0 |
| 节点_3 | −300.0 | −60.8 | 293.8 |
| 节点_4 | 0.0 | −60.8 | 293.8 |

续表

| 节点 | Loc_X | Loc_Y | Loc_Z |
|---|---|---|---|
| 节点_5 | −362.1 | 263.3 | 207.7 |
| 节点_6 | −150.0 | 220.3 | 415.4 |
| 节点_7 | 62.1 | 263.3 | 207.7 |
| 节点_8 | −150.0 | 306.4 | 0.0 |

选择建模工具条的“物体”→“基本形状”→“设计点”图标，单击在模型树浏览区弹出的“设计点”对话框的下部“点表格”按钮，弹出“点表格编辑”对话框，单击“创建”按钮，建立8个节点，按照图6.1所示输入坐标，单击“应用”按钮即完成8个节点的建立。

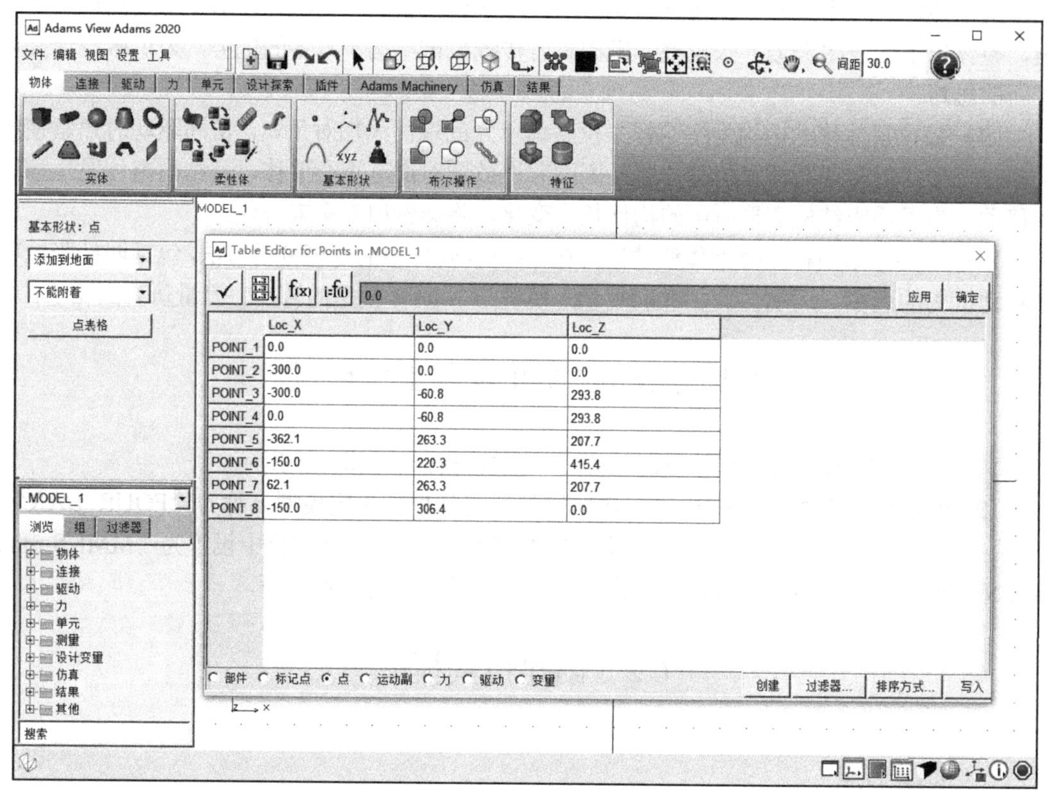


图 6.1　“点表格编辑”对话框

## 6.2.2　创建杆构件

(1)选择建模工具条的“物体”→“实体”→“刚体：创建圆柱体”图标，在模型树浏览区出现的“圆柱体设置”对话框中，勾选“半径”，并在后面的输入框中输入5mm，在工作区域依次选择POINT_1和POINT_5，即可完成杆1的构建。将所建立的杆重命名为“gan1”。

(2)重复上述步骤(1)的操作，连接POINT_2与POINT_6建立“gan2”，连接POINT_3与POINT_7建立“gan3”，连接POINT_4与POINT_8建立“gan4”。建完后的模型如图6.2所示。

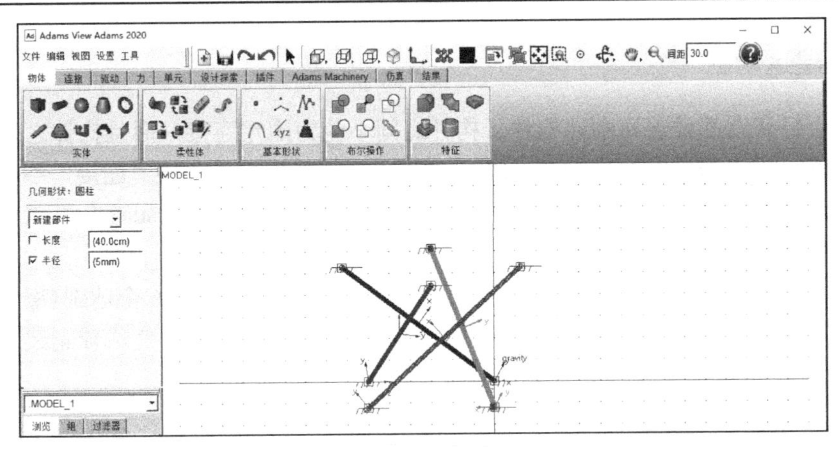


图 6.2　创建杆

## 6.2.3　创建水平索构件

(1) 四杆张拉整体移动机构有 12 根索，分别是 4 根上端面索、4 根下端面索、4 根斜索，其中上、下端面索的长度变化小，这里忽略不计，因此建模时选用刚性圆柱体。

单击建模工具条的“物体”→“实体”→“刚体：创建圆柱体”图标，在模型树浏览区出现的“圆柱体设置”对话框中，勾选“半径”，并在后面的输入框中输入 2mm，在工作区域依次选择 POINT_1 和 POINT_2，即可完成索 1 的构建。将所建立的杆重命名为“suo1”。

(2) 重复上述步骤 (1) 的操作，连接 POINT_2 与 POINT_3 建立“suo2”，连接 POINT_3 与 POINT_4 建立“suo3”，连接 POINT_4 与 POINT_1 建立“suo4”，连接 POINT_5 与 POINT_6 建立“suo5”，连接 POINT_6 与 POINT_7 建立“suo6”，连接 POINT_7 与 POINT_8 建立“suo7”，连接 POINT_8 与 POINT_1 建立“suo8”。建完后的模型如图 6.3 所示。

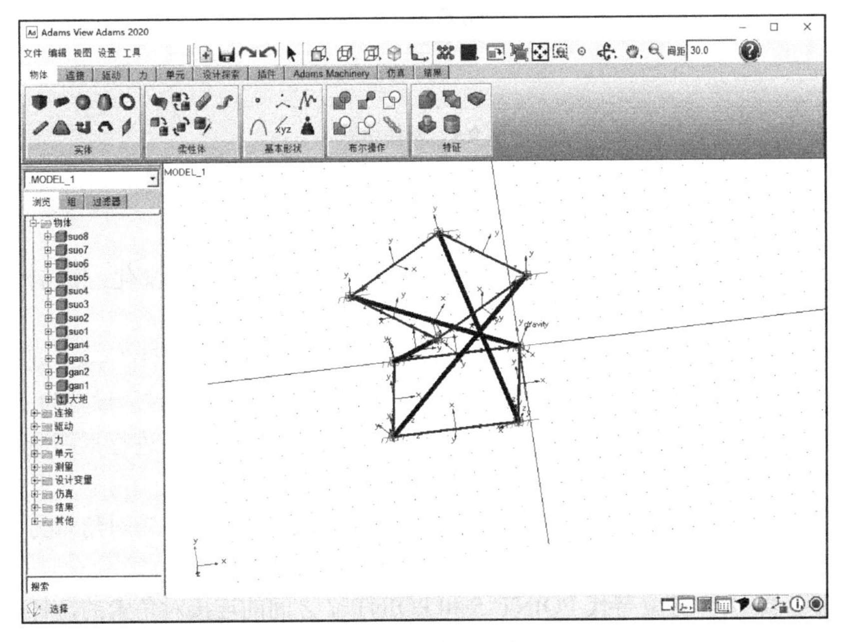


图 6.3　创建水平索

### 6.2.4　创建运动副

(1) 由于杆和索都设置为刚性构件，构件之间不能为固定连接，而且构件之间的相对运动是空间运动，所以构件之间的连接都采用球副。选择建模工具条的“连接”→“运动副”→“创建球副”图标，单击图标，在工作区域依次选择“gan1”、“suo1”和 POINT_1，完成球副的建立。

(2) 依据步骤(1)，在相接触构件之间都建立球副，共需要建立 16 个球副(每个节点有两个球副，在每一个节点上，杆与其连接的两根索之间分别建立球副)。完成球副建立后的模型如图 6.4 所示。

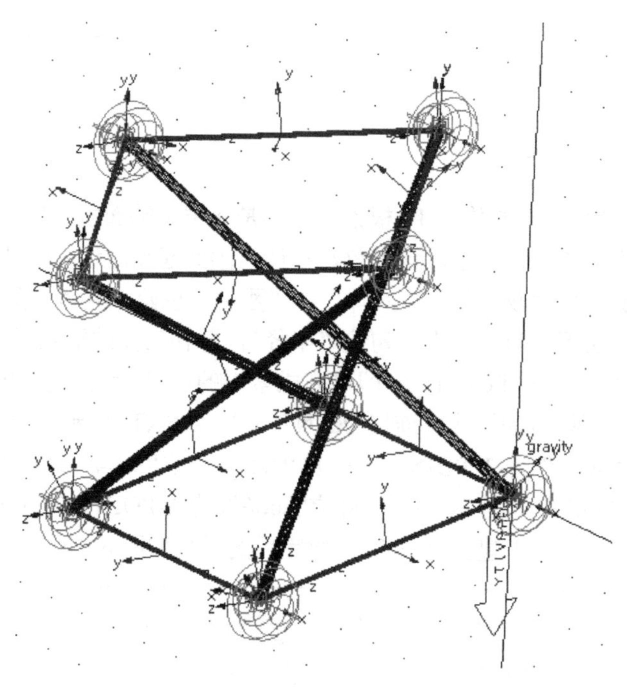


图 6.4　创建球副

### 6.2.5　创建驱动

四杆张拉整体移动机构通过在端面添加对角索，协调对角索长度变化，使结构整体变形，从而实现侧面置于地面时整体的翻滚和移动。

(1) 创建替代对角索的短杆。选择建模工具条的“物体”→“实体”→“创建圆柱体”图标，在模型树浏览区勾选“长度”，设置为 20mm，勾选“半径”，设置为 5mm，依次单击 POINT_1 和 POINT_3，即可完成第一根短杆的设置。对此短杆进行重新命名，由于此短杆与 POINT_1 接触，故将其重命名为“duangan1”。

(2) 按照上述步骤(1)，依次单击 POINT_3 和 POINT_1，建立作为对角索另一端的圆柱体，将此构件重命名为“duangan3”。

(3) 重复步骤(1)，建立替代 POINT_5 和 POINT_7 之间的连接对角索的短杆。将这两根短杆分别命名为“duangan5”和“duangan7”，如图 6.5 所示。

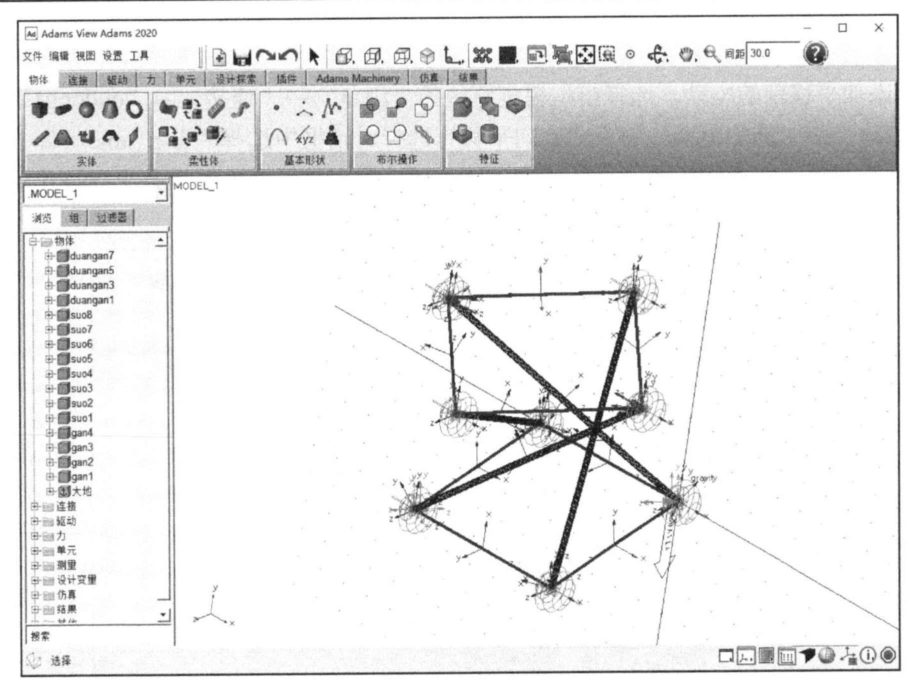


图 6.5　短杆命名

(4) 建立短杆和长杆的球副。选择建模工具条的“连接”→“运动副”→“创建球副”图标，单击图标，在工作区域依次选择“gan1”、“duangan1”和 POINT_1，完成球副的建立。重复步骤，完成“gan3”和“duangan3”、“gan1”和“duangan5”、“gan3”和“duangan7”的球副连接。

(5) 创建驱动对角索绳索的平移副。选择建模工具条的“连接”→“运动副”→“创建平移副”图标，在工作区域依次选择“duangan1”和“duangan3”(如果物体太小不容易单击选择，可以在物体附近右击，在弹出的选项卡中选择此构件)，再分别单击“duangan1”和“duangan3”上一点，即可完成此平移副的构建。将此平移副重命名为“qudong1”，重复此步骤，建立“duangan5”和“duangan7”之间的平移副，此平移副的名称为“qudong2”。完成后的模型如图 6.6 所示。

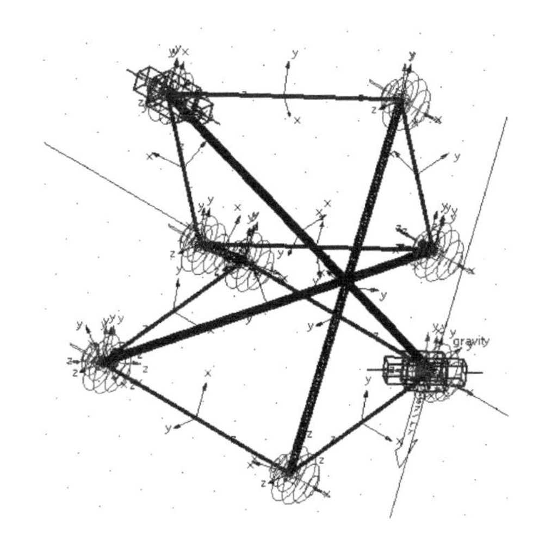

图 6.6　添加平移副

(6)添加平移副的驱动。选择模型树浏览区的“浏览”→“连接”→“qudong1”，右击，单击“修改”→“施加驱动”→在“Z 向平移”选择对话框中选择“disp(time)=”，如图 6.7 所示，其余对话框在后续步骤中进行设置，单击“确定”按钮完成。重复上述操作对另一个平移副施加驱动。

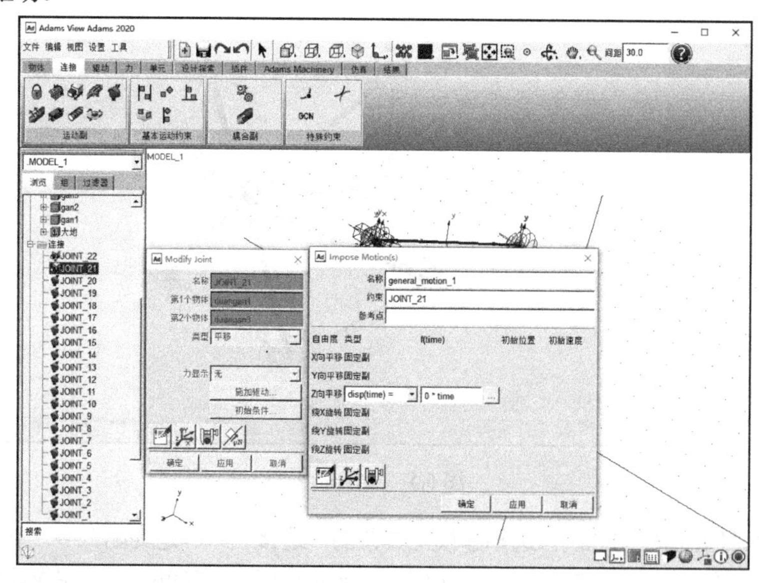


图 6.7　添加驱动

## 6.2.6　创建地面

四杆张拉整体移动机构需要侧面置于地面，通过变形以实现翻滚和移动。所以需要在 Adams 模型窗口创建 XOY 平面作为地面，实现机构在地面上的运动。下面将进行放置地面的构建。

(1)创建地面定位点。选择建模工具条的“物体”→“基本形状”→“设计点”图标 ▪，在模型树浏览区出现的“点设置”对话框中单击“点表格”，出现如图 6.8 所示的点表格。单击“创建”按钮，在新建的点中输入坐标(−1000,−1000,−10)，单击“应用”按钮创建此点。

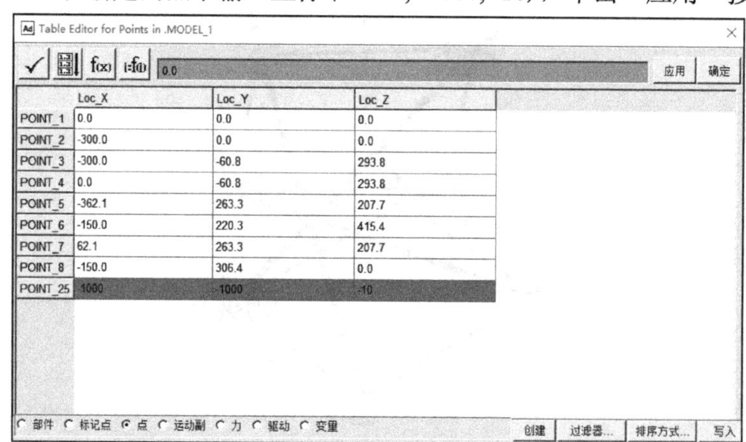


| | Loc_X | Loc_Y | Loc_Z |
|---|---|---|---|
| POINT_1 | 0.0 | 0.0 | 0.0 |
| POINT_2 | -300.0 | 0.0 | 0.0 |
| POINT_3 | -300.0 | -60.8 | 293.8 |
| POINT_4 | 0.0 | -60.8 | 293.8 |
| POINT_5 | -362.1 | 263.3 | 207.7 |
| POINT_6 | -150.0 | 220.3 | 415.4 |
| POINT_7 | 62.1 | 263.3 | 207.7 |
| POINT_8 | -150.0 | 306.4 | 0.0 |
| POINT_25 | -1000 | -1000 | -10 |

图 6.8　创建基点

(2) 选择建模工具条的“物体”→“实体”→“创建立方体”图标，单击后在模型树浏览区出现“立方体设置”对话框，勾选“长度”，在后面对话框中输入 200，勾选“高度”，在后面对话框中输入 200，勾选“深度”，在后面对话框中输入 1，单击刚创建的点，完成地面的构建。将此构件重命名为“dimian”，如图 6.9 所示。

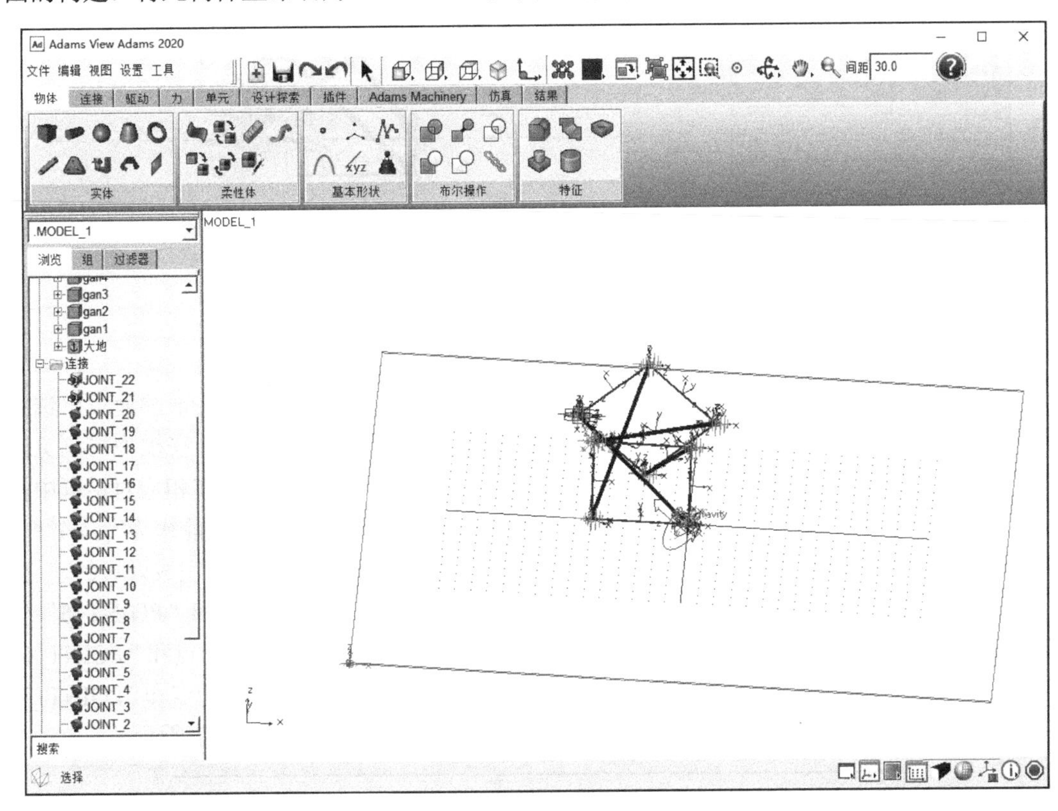


图 6.9　创建地面

(3) 选择建模工具条的“连接”→“运动副”→“创建固定副”图标，在工作区域依次选择刚建立的“dimian”和工作区域空白处，在“dimian”任意处单击，完成“dimian”的固定。

### 6.2.7　设置重力和接触力

(1) 选择菜单栏的“设置”→“重力”，弹出图 6.10 所示的“重力设置”文本框，单击“-Z*”按钮，再单击“确定”按钮。

(2) 选择建模工具条的“力”→“特殊力”→“创建接触”，弹出图 6.11 所示的“接触设置”对话框。在“I 实体”对话框中右击→“接触实体”→“推测”→“BOX_25”，在“J 实体”对话框中右击→“接触实体”→“选取”→在模型界面选择“CYLINDER_9”，其余默认，单击“应用”按钮完成“gan1”和“dimian”的接触设定，重复上述步骤完成其余构件和地面的全部接触设定，如图 6.12 所示。

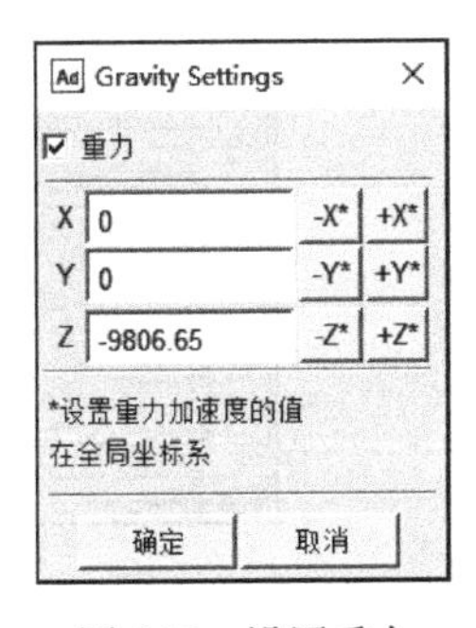


图 6.10　设置重力

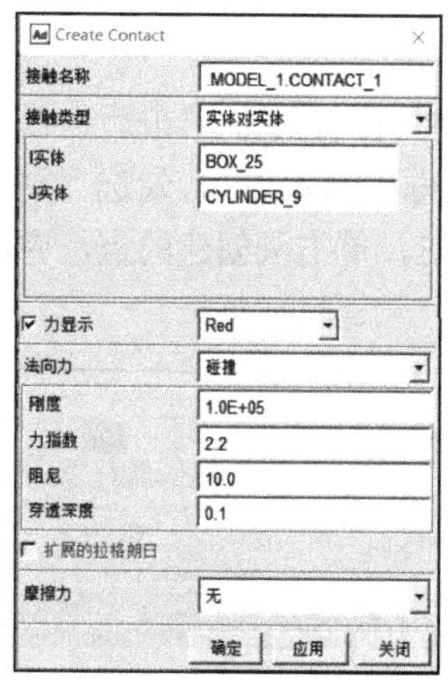


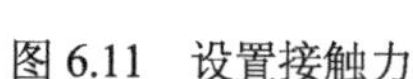

图 6.11　设置接触力

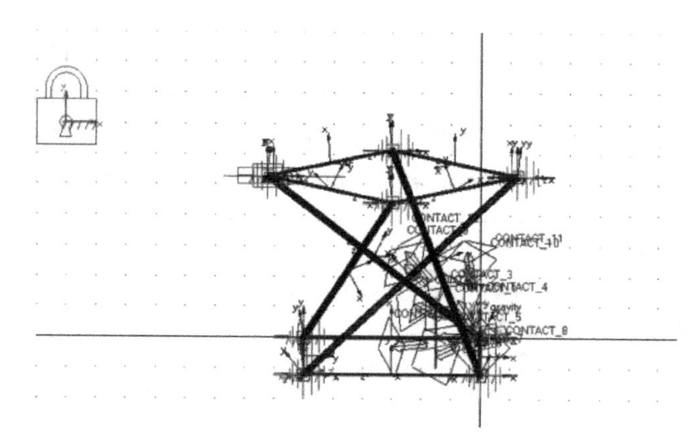


图 6.12　构件与地面接触的设定

## 6.2.8　创建弹簧

(1) 四杆张拉整体移动机构的四根斜索都用弹簧来替代，以满足机构变形的要求。选择建模工具条的“力”→“柔性连接”→“创建拉压弹簧阻尼器”图标，在模型树浏览区出现的“拉压弹簧”对话框里，勾选弹簧系数“K”和阻尼系数“C”，并在相应对话框中都输入 1，单击“POINT_1”位置上前缀为“gan1***”的点和“POINT_8”位置上前缀为“gan4***”的点(注意：一定是 gan*的端点，不能选 ground 或“dimian”上的点)，即可完成弹簧的建立。

(2) 根据步骤(1)，在“POINT_2”位置上选取以“gan2”为前缀的点和“POINT_5”位置上以“gan1”为前缀的点；在“POINT_3”位置上选取以“gan3”为前缀的点和“POINT_6”位置上以“gan2”为前缀的点；在“POINT_4”位置上选取以“gan4”为前缀的点和“POINT_7”位置上以“gan2”为前缀的点，创建 3 根弹簧。弹簧建立后的模型如图 6.13 所示。

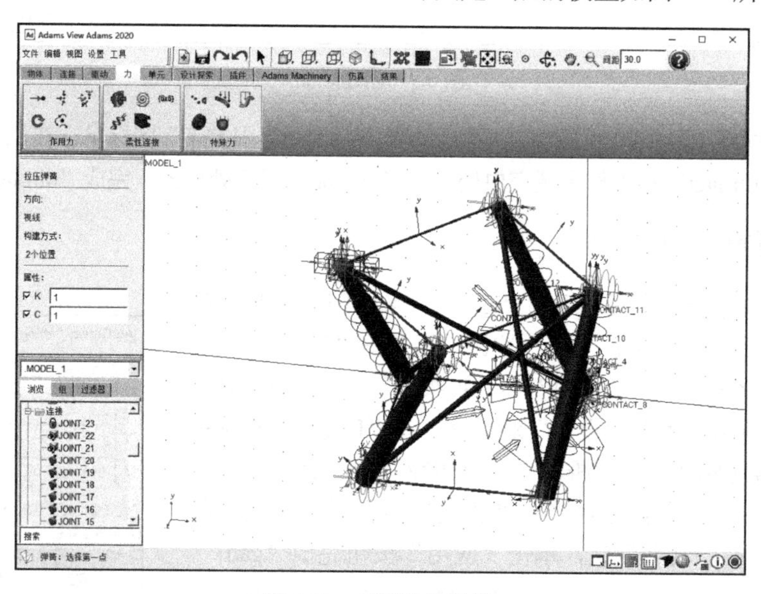


图 6.13　创建连接弹簧

### 6.2.9　添加驱动

(1) 选择模型树浏览区的“驱动”→“motion_1”，右击弹出选项卡选择“修改”，在弹出的对话框中单击“Z 向平移”对话框后面的按钮 ...，弹出如图 6.14 所示的“函数构建”对话框，在对话框上部“定义运行时间函数”输入框中填写如下程序：

```
    step(time,0,0,5,-160)+step(time,5,0,10,160)+step(time,10,0,15,0)+step(
time,15,0,20,0)
```

依次单击各对话框的“确定”按钮完成驱动设置。

(2) 按照步骤(1)，在第二个平移副上添加驱动，其驱动程序为

```
    step(time,0,0,5,0)+step(time,5,0,10,0)+step(time,10,0,15,260)+step(time,
15,0,20,-260)
```

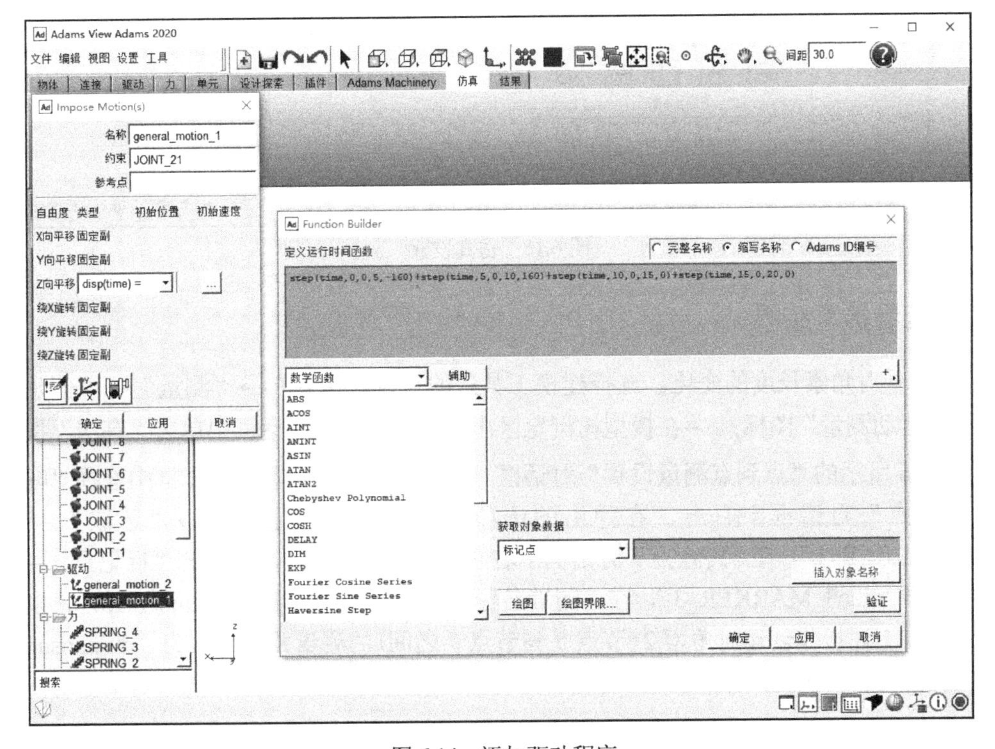

图 6.14　添加驱动程序

## 6.3　仿 真 分 析

### 6.3.1　仿真设置

(1) 选择建模工具条的“仿真”→“仿真分析”→“运行交互仿真”图标，在弹出的“仿真设置”对话框中，将“终止时间”设置为 20.0s，“步数”设置为 200，如图 6.15 所示。

(2) 单击“开始仿真”按钮，进行模型仿真。

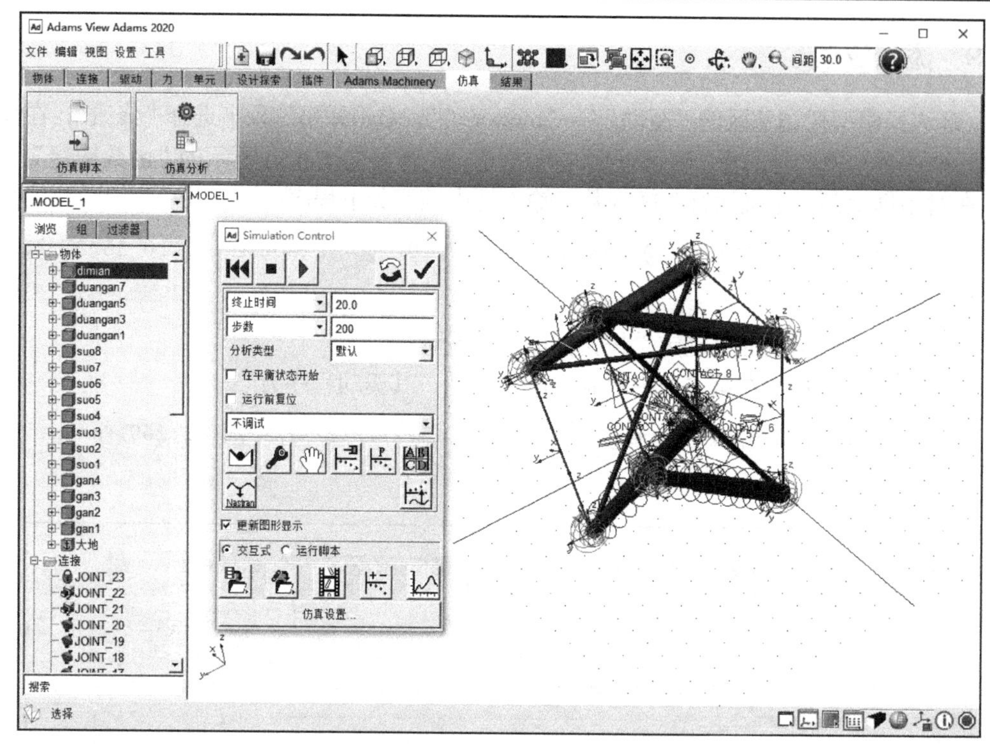


图 6.15　仿真设置

## 6.3.2　查看仿真结果

(1) 查看对角索长度的变化。选择建模工具条的“设计探索”→“测量”→“创建新的两点相对运动测量”图标→在模型树浏览区出现的“设置”对话框中单击“高级”按钮→弹出图 6.16 所示的“点到点测量设置”对话框。在对话框的“分量”选择框中选择“幅值”，在“起始点”对话框中右击，在弹出的选项卡中选择“标记点”→“选取”→选择“gan1_MARKER_1”，在“终止点”对话框中右击，在弹出的选项卡中选择“标记点”→“选取”→选择“gan3_MARKER_3”，在“测量名称”对话框内重命名为“duijiaosuo1”，以方便查找。重复上述操作创建对角索 2(节点 5 与节点 7 之间) 的测量并重命名为“duijiaosuo2”，创建的测量可在“测量”菜单栏里面找到。

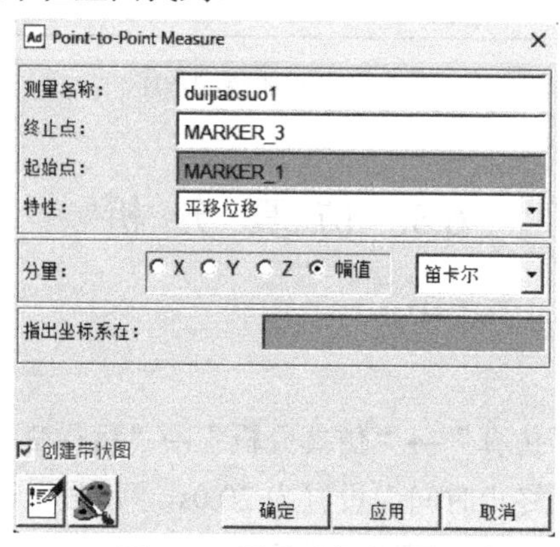


图 6.16　测量对角索长度

(2) 单击图 6.15 所示的“仿真设置”对话框中“绘图”图标，或选择建模工具条的“结果”→“后处理”→“后处理”图标，打开后处理界面。选择后处理界面的资源选择栏“测量”→测量选择框“duijiaosuo1”，单击“添加曲线”按钮，即可出现图 6.17 所示的结果。也可以选择后处理界面左侧模型树浏览区位置的“page_1”→“plot_1”→勾选“表格”，将曲线转化成表格，方便查看数据。

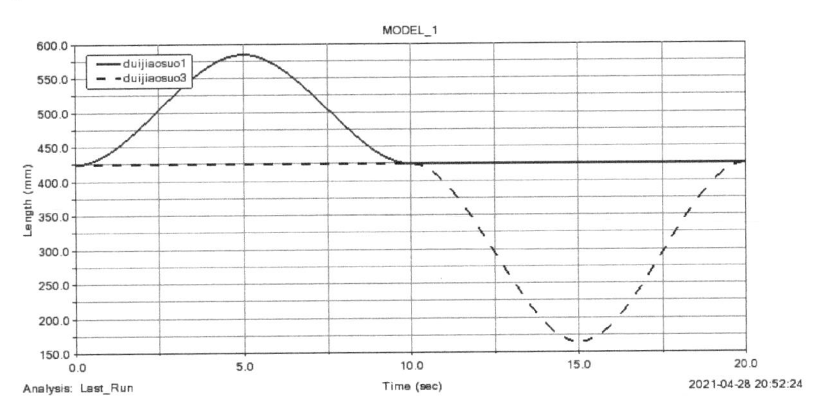


图 6.17　后处理

(3) 测量弹簧的内力变化。打开后处理界面，选择资源选择栏的“对象”→过滤器选择栏的“force”→对象选择栏的“SPRING_1”→特征选择栏的“force”，单击“添加曲线”按钮，即可出现图 6.18 所示的曲线。或者选择模型树浏览区的“力”→“SPRING_1”，选择建模工具条的“设计探索”→“测量”→“创建新测量”图标，即可弹出图 6.19 所示的对话框，“特性”选择栏中选择“力”，单击“确定”按钮，也可以弹出弹簧内力变化曲线。

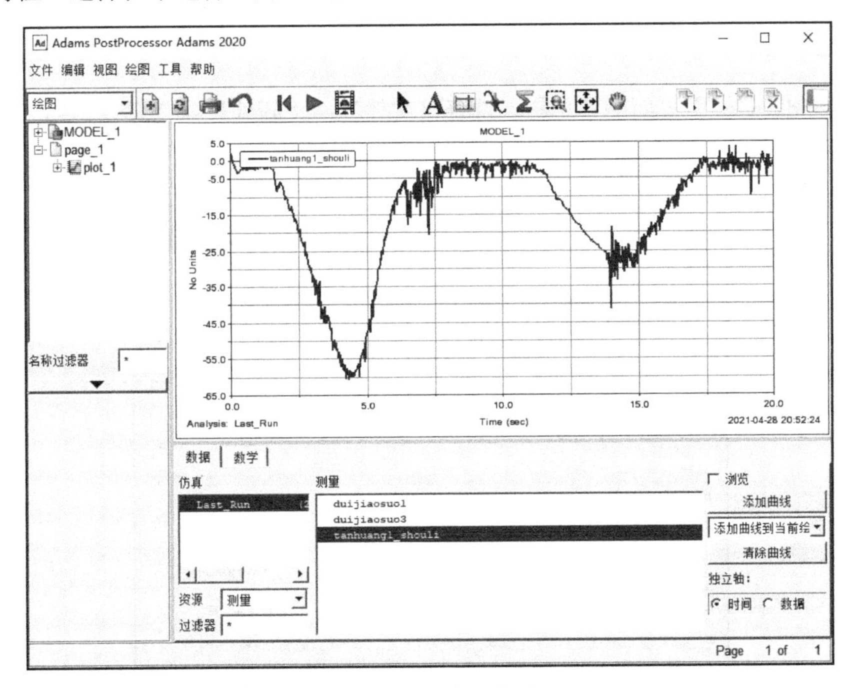


图 6.18　弹簧受力图

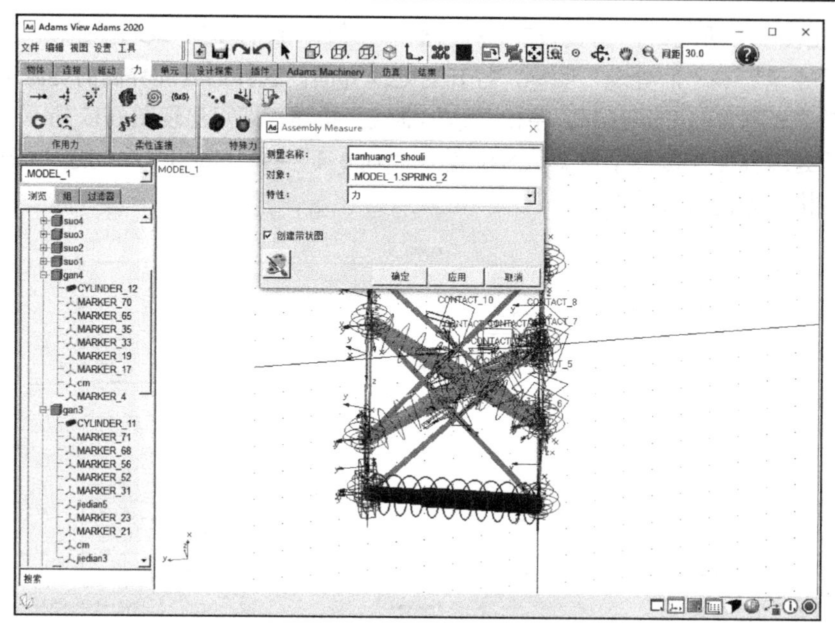

图 6.19　测量弹簧受力

# 6.4　弯 杆 建 模

## 6.4.1　四杆张拉整体机器人 SolidWorks 建模

### 1. 创建杆部件

单击 SolidWorks 主界面的菜单栏，选择“文件”→“新建”→“零件”→“确定”，如图 6.20 所示。

图 6.20　创建新文件

选择“草图”→“草图绘制”→选择“右视基准面”(图 6.21)→绘制草图(把曲线的顶点坐标做点标记)。Adams 默认为毫米单位，在 SolidWorks 中需保持一致，单击左下角“自定义”即可修改单位，如图 6.22 所示。

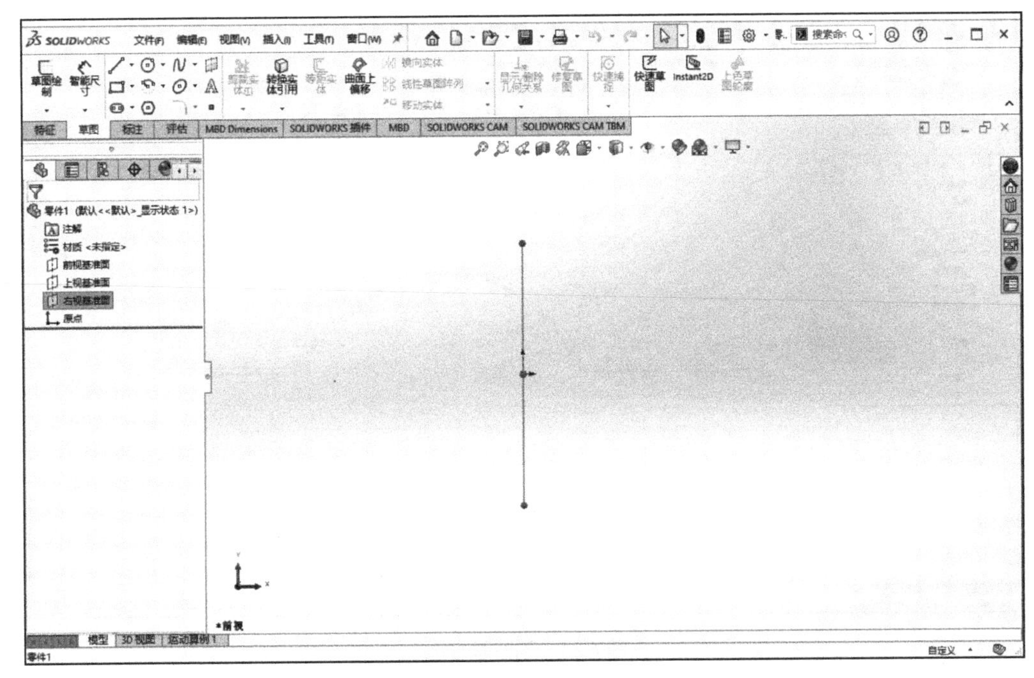


图 6.21　创建基准面

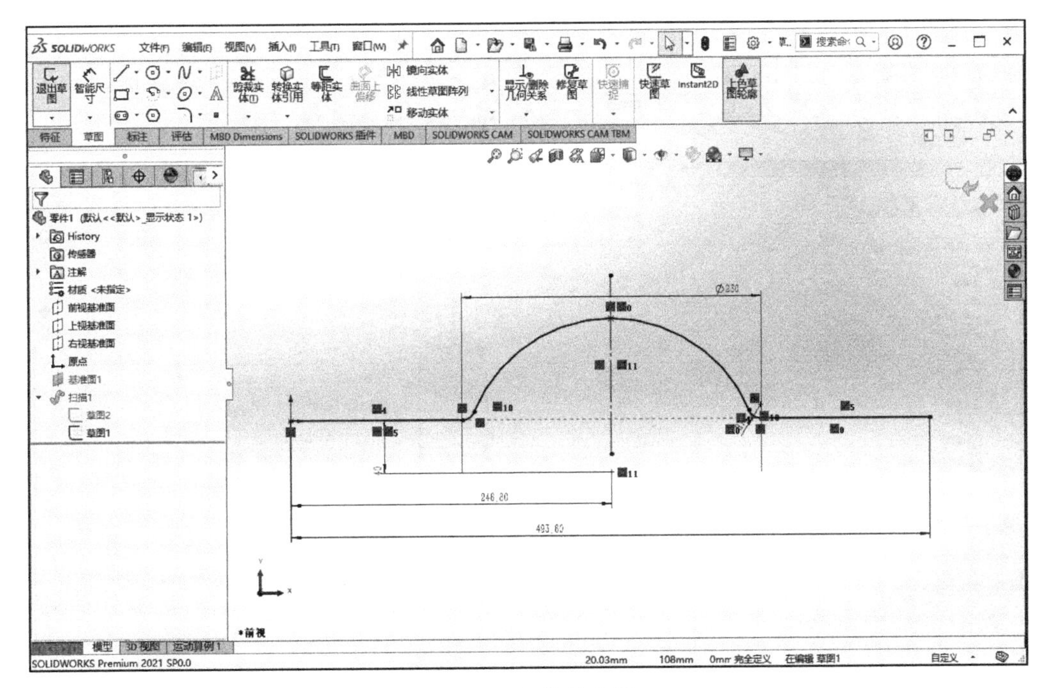


图 6.22　杆构件草图

选择“参考几何体”→“基准面”→“第一参考”选择直线端点→“第二端点”选择直线部分→勾选“√”，如图 6.23 所示。

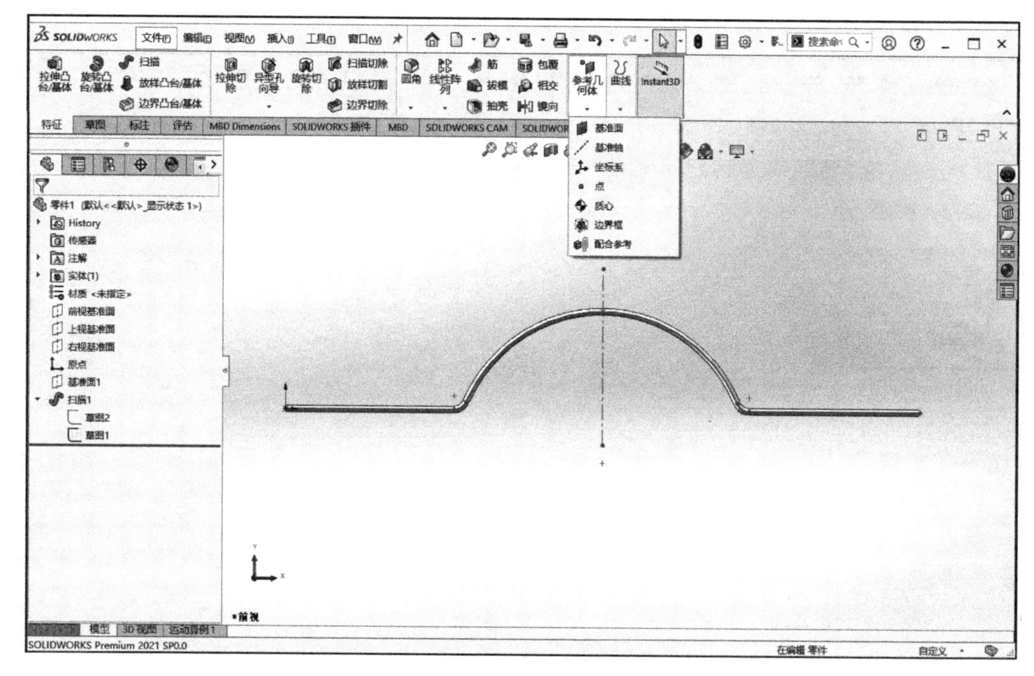


图 6.23　创建基准面

选择“草图”→“草图绘制”→选择“基准面 1”→在端点处画一个直径为 5mm 的圆，如图 6.24 所示，然后选择“退出草图”。

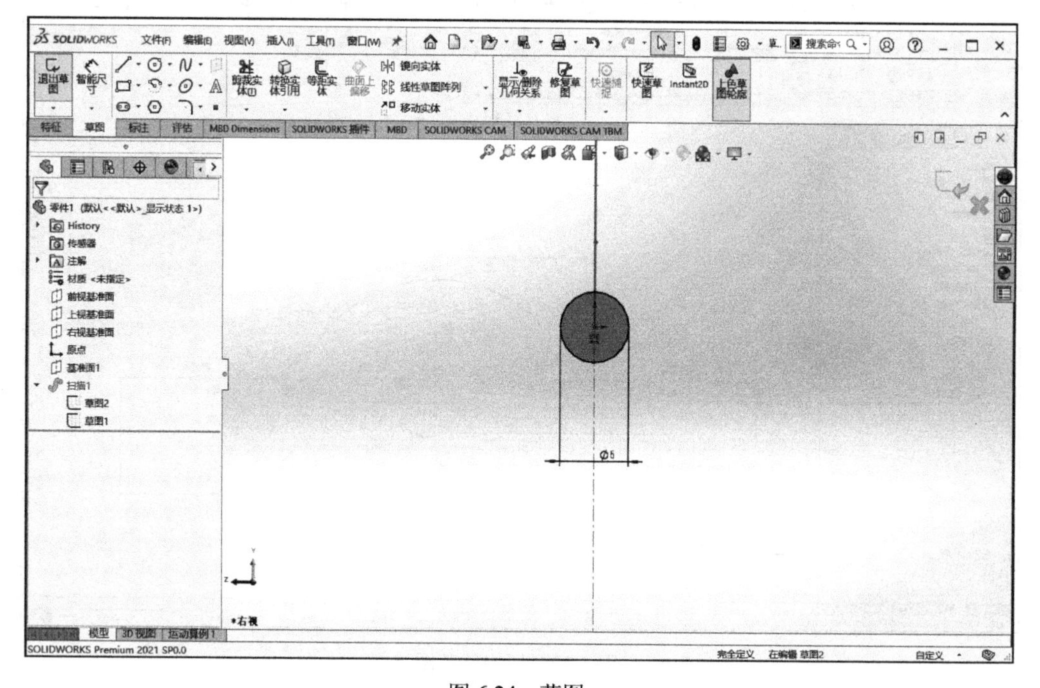


图 6.24　草图

同时选择创建的两个草图→“扫描”→勾选“ √”，如图 6.25 所示。

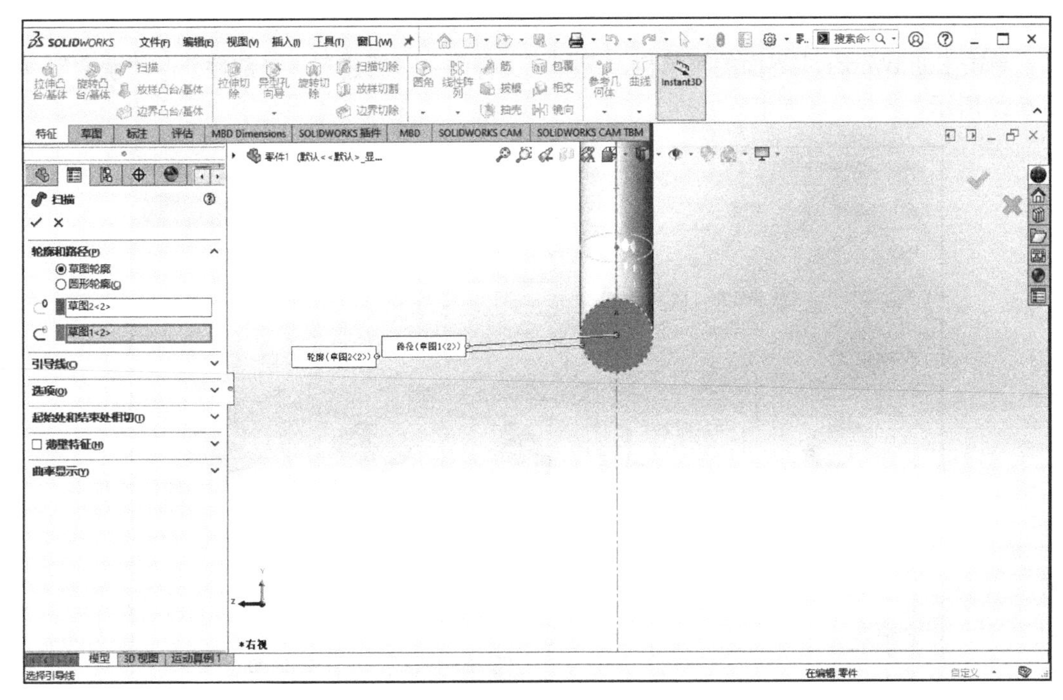


图 6.25　扫描

选择草图 1(扫描轨迹线)等效实体引用，方便后面步骤上在装配图上标记弧顶点坐标。保存文件，将其重命名为“杆构件”，如图 6.26 所示。

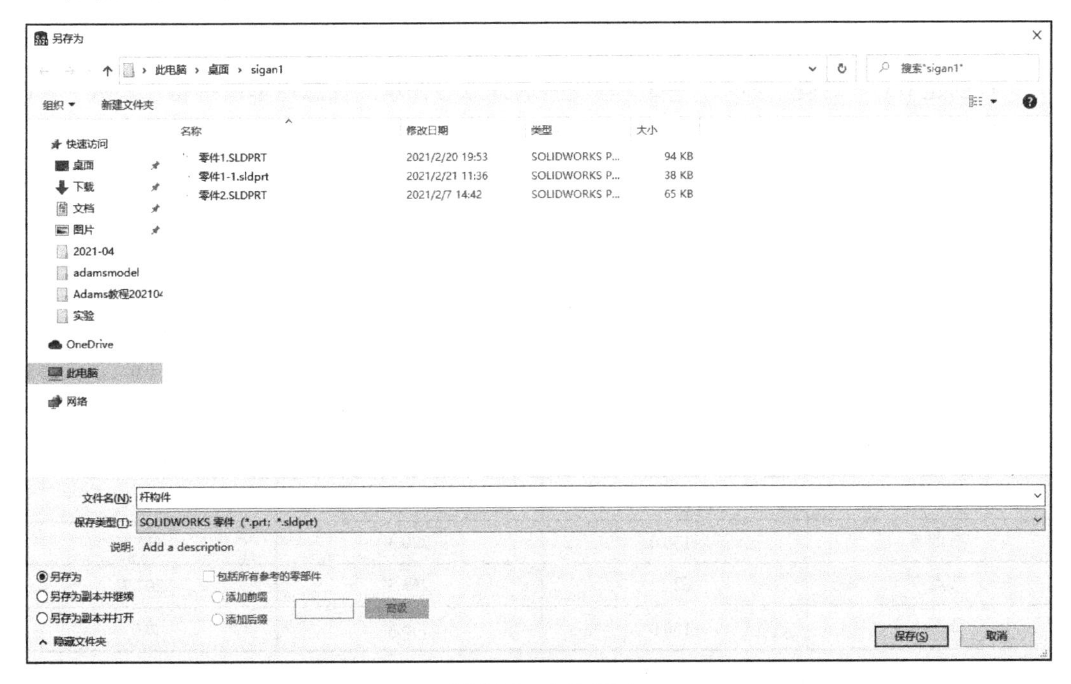


图 6.26　文件保存

2. 新建装配线

单击 SolidWorks 主界面的菜单栏，选择“文件”→“新建”→“部件”→“确定”，如图 6.27 所示。

图 6.27　创建新文件

(1)创建节点。选择“插入”→3D 草图→选择点→在草图任意点单击→将“参数”修改成节点 1 的坐标(0.0,0.0,0.0)→选择“√”→重复上述操作创建其余节点，具体数据如表 6.2 所示，结果如图 6.28 所示。

**表 6.2　四杆张拉整体结构各节点的坐标**

| 节点 | Loc_X | Loc_Y | Loc_Z |
| --- | --- | --- | --- |
| 节点_1 | 0.0 | 0.0 | 0.0 |
| 节点_2 | −300.0 | 0.0 | 0.0 |
| 节点_3 | −300.0 | −60.8 | 293.8 |
| 节点_4 | 0.0 | −60.8 | 293.7 |
| 节点_5 | −362.1 | 263.3 | 207.8 |
| 节点_6 | −150.0 | 220.3 | 415.4 |
| 节点_7 | 62.1 | 263.3 | 207.7 |
| 节点_8 | −150.0 | 306.4 | 0.0 |

(2)创建水平索、斜索。选择“直线”→选择水平索和斜索对应节点→重复上述操作完成其他水平索、斜索的创建，如图 6.29 所示。

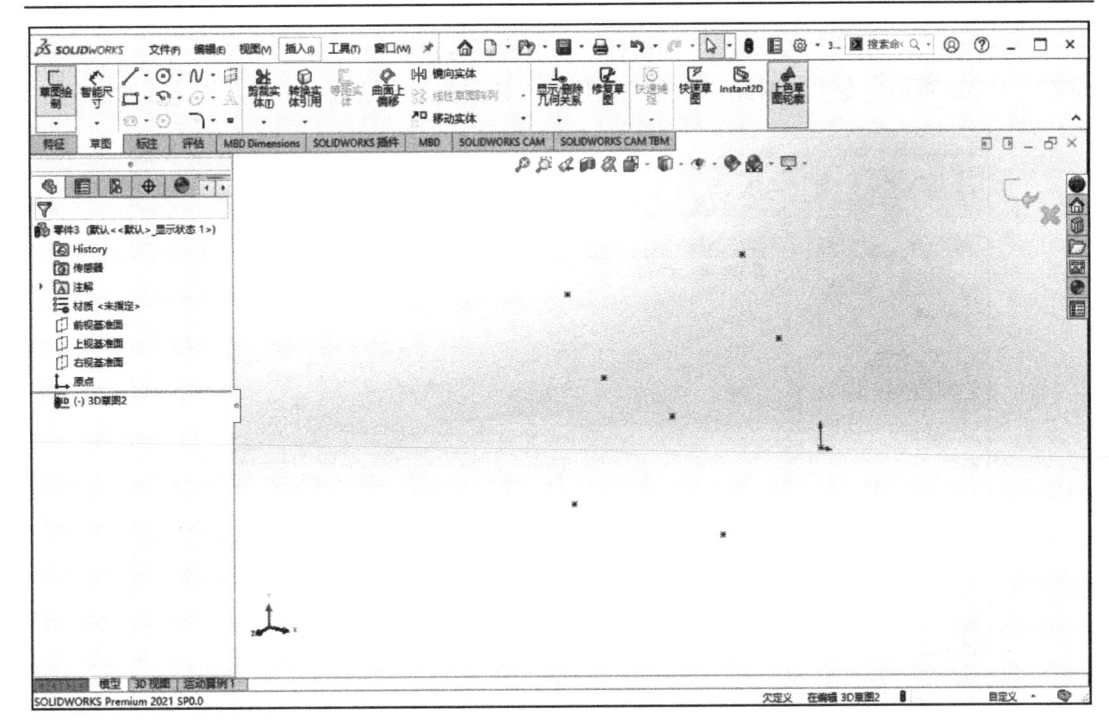


图 6.28　创建节点坐标

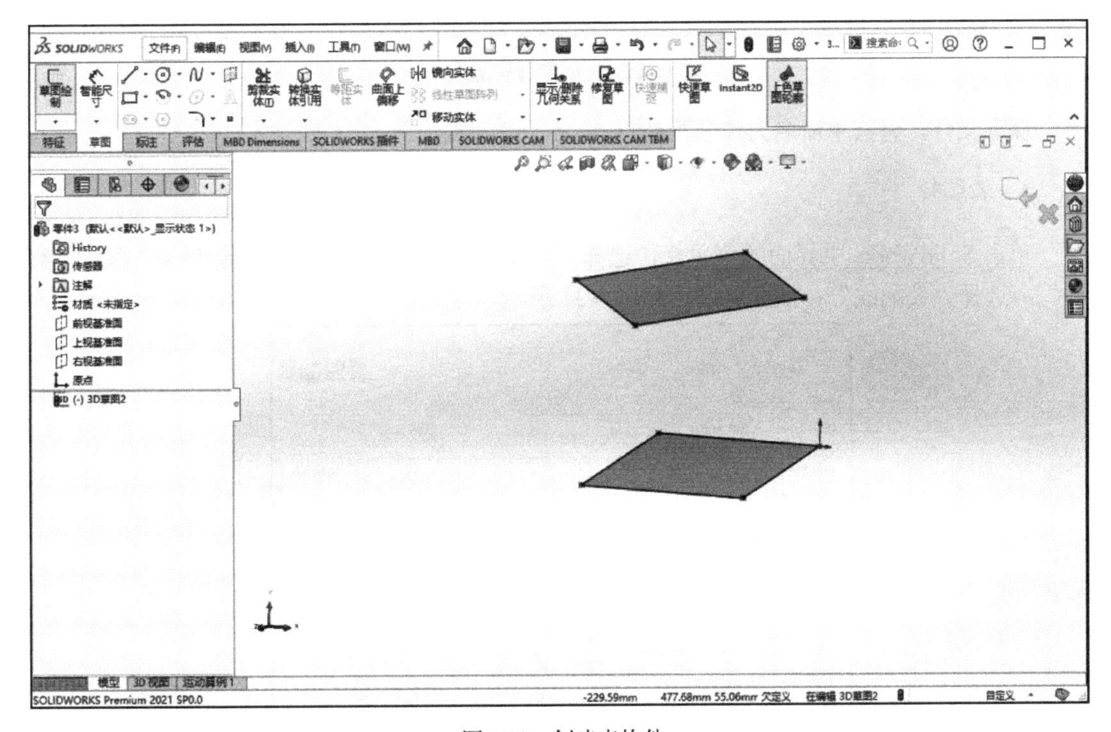


图 6.29　创建索构件

(3)创建杆构造线。选择“插入”→3D 草图→“直线”→选择节点 1、节点 5 的位置连线→选择创建的直线→勾选“作为构造线(c)”→“退出草图”，如图 6.30 所示。重复上述操作创建其他三根杆的构造线(注意：四根杆的构造线是各自在一次 3D 草图命令中绘制的，而非在一个 3D 草图命令中同时绘制，避免出现导入装配图后无法选中节点及构造线的情况)。

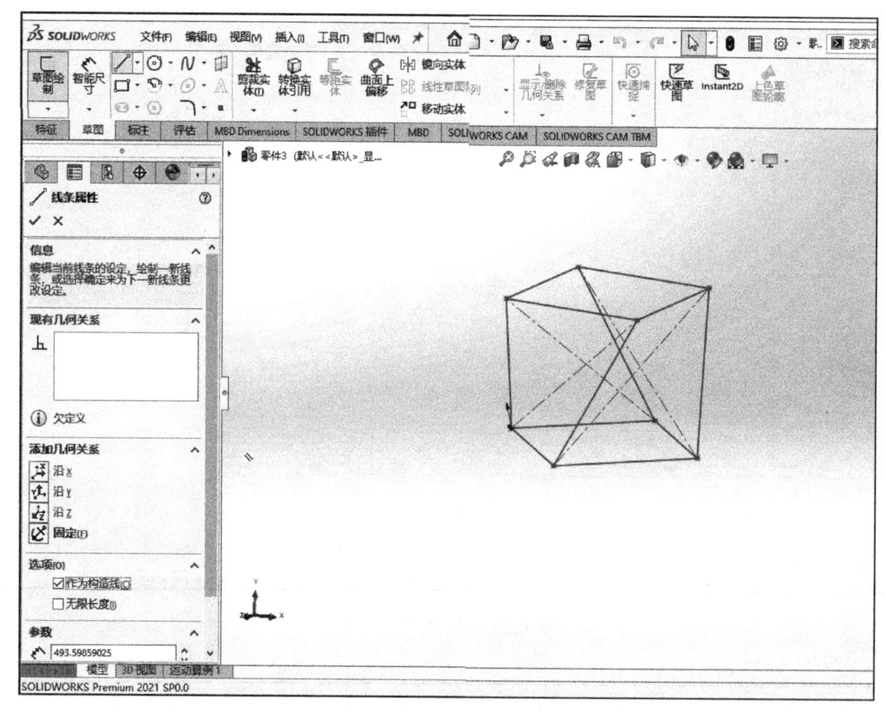


图 6.30　创建杆构造线

保存文件，将其重命名为“装配线”。

3. 装配杆

单击 SolidWorks 主界面的菜单栏，选择“文件”→“装配体”→“确定”→“插入零部件”→选择“装配线”→插入界面，如图 6.31 所示。

图 6.31　创建装配图

选择“配合”→选择装配线中构造线和杆构件圆柱段轴线→点“重合”→勾选“√”→选择杆构件端点→选择装配线节点 1 和节点 5 的位置→“重合”→单击“√”，重复上述操作装配其余杆构件，如图 6.32 所示。

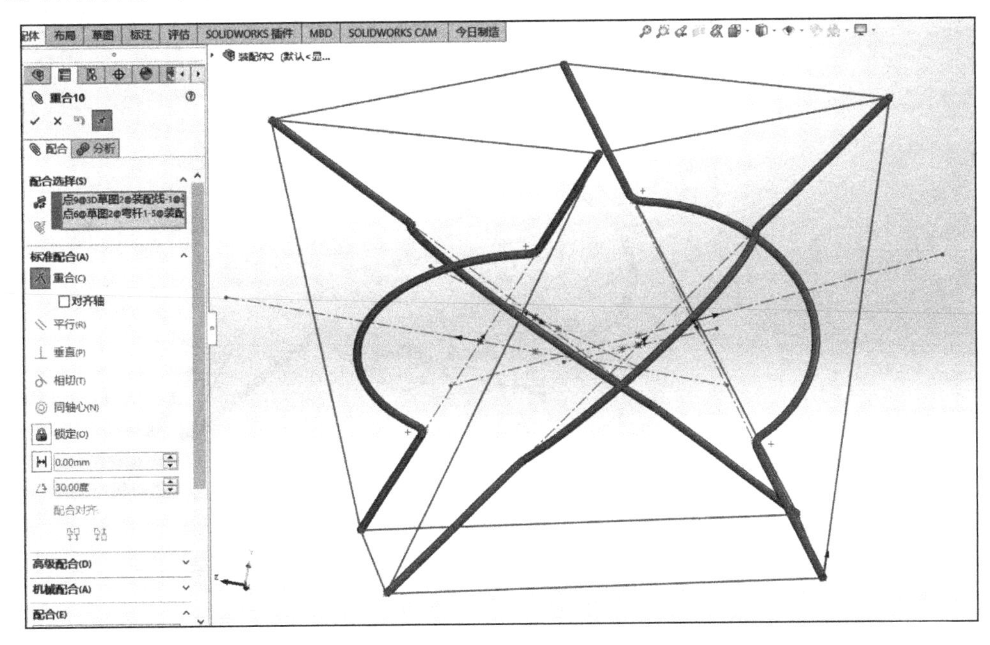


图 6.32　杆构件装配

创建新的构造线(如图 6.33 中粗实线所示)→取新构造线的中点和杆构件的两端点为参考作一个基准面→选择“配合”→选择创建的基准面和杆构件中弯杆的实体弧线部分(前面进行过等效实体引用)→“重合”→单击“√”，重复上述操作装配其余杆构件，如图 6.34～图 6.36 所示。

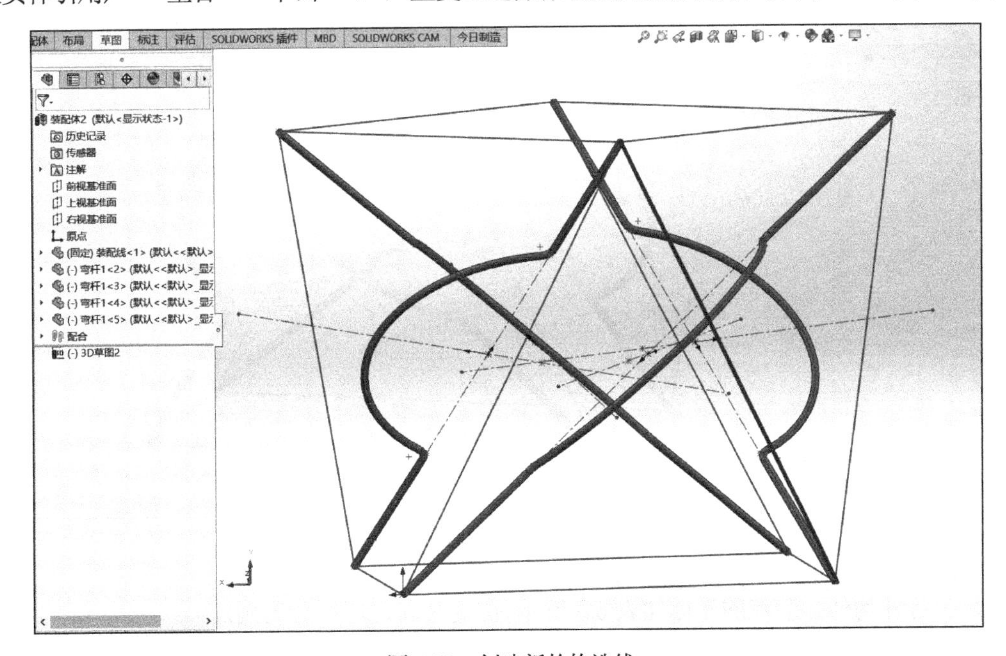


图 6.33　创建新的构造线

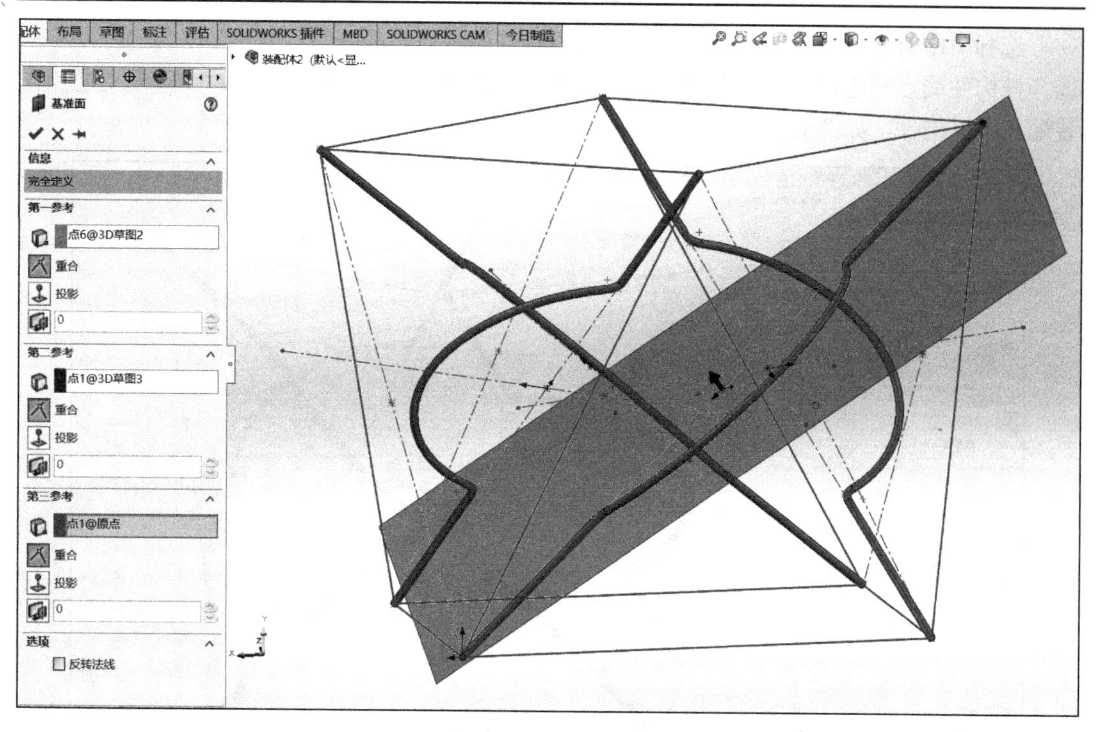


图 6.34　创建基准面

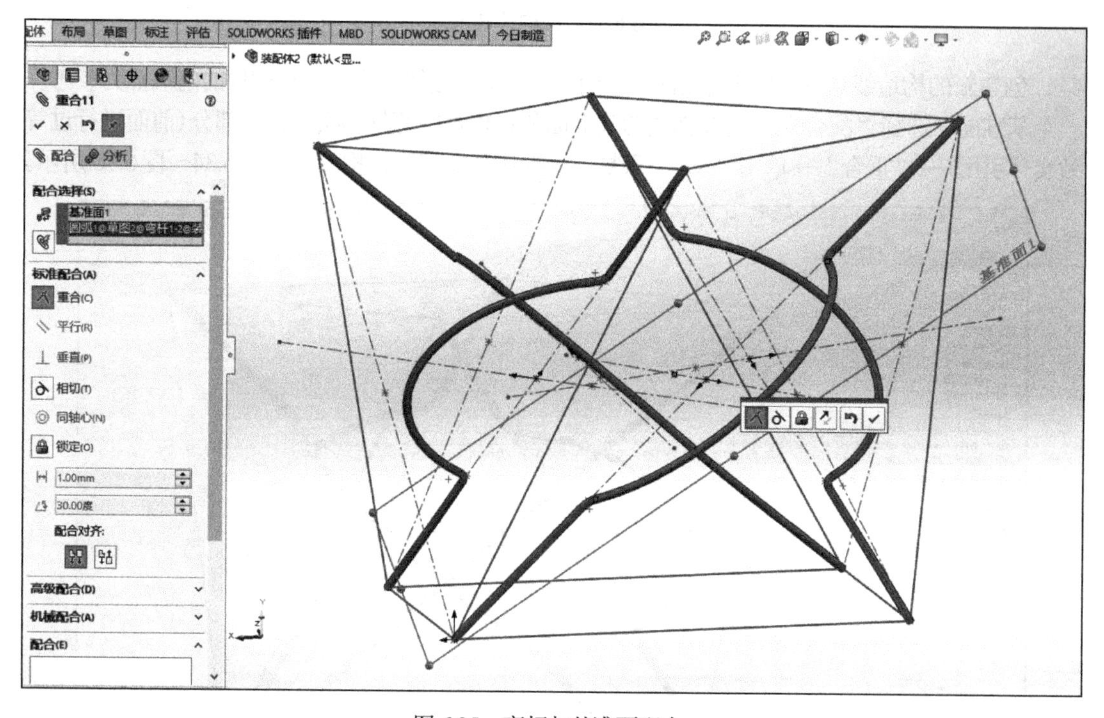


图 6.35　弯杆与基准面配合

测得各杆构件弧节点的坐标如表 6.3 所示(仿真时固定弯杆会用到)。

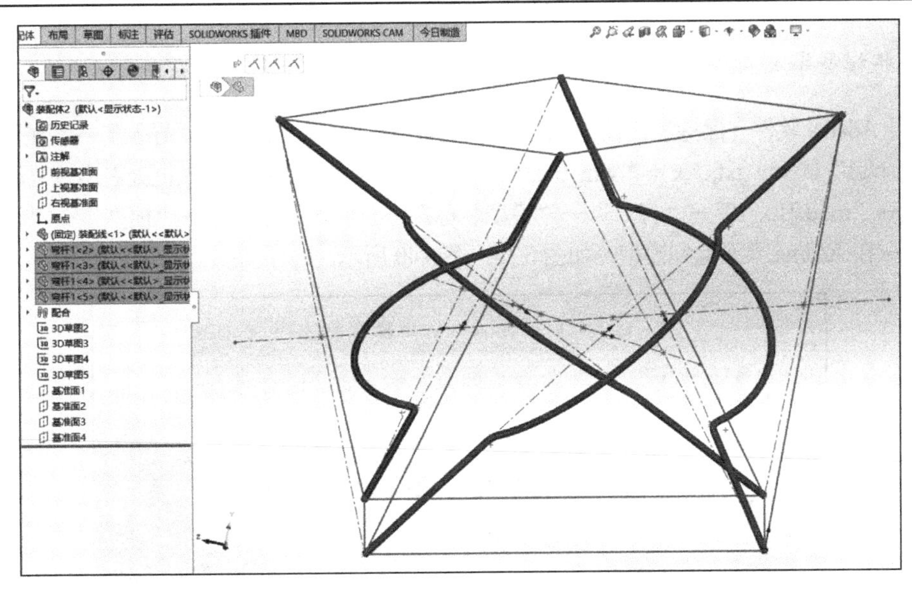

图 6.36　装配完成的杆构件

表 6.3　弧节点坐标

| 节点 | Loc_X | Loc_Y | Loc_Z |
|---|---|---|---|
| 杆 1 弧节点 | −202.84590499 | 142.33622137 | 52.37170339 |
| 杆 2 弧节点 | −277.58280366 | 105.74474605 | 229.05101632 |
| 杆 3 弧节点 | −97.15399826 | 90.5877494 | 302.23475288 |
| 杆 4 弧节点 | −22.41719422 | 127.17935825 | 125.55551375 |

## 6.4.2　SolidWorks 模型导入 Adams

1. 从 SolidWorks 导出模型

打开 SolidWorks 模型文件→另存为→桌面→文件名用英文字母→保存类型为“.x_t”，如图 6.37 所示。

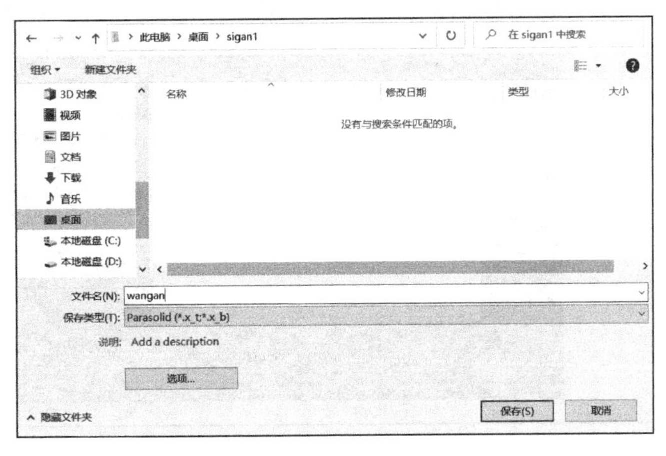


图 6.37　导出文件格式

2. 将模型导入 Adams

打开 Adams 软件→保持默认设置(单位、重力等)→选择“文件”→“导入”→“文件类型”→“Parasolid”(*.xmt_txt, *.x_t, *.xmt_bin, *.x_b)→“读取文件”→在输入框处右击→“浏览”→“桌面”→“model1.x_t”→“打开”→“模型名称”→在输入框处右击→“模型”→“创建”→“确定”→在 Adams 界面得到模型，如图 6.38～图 6.40 所示。

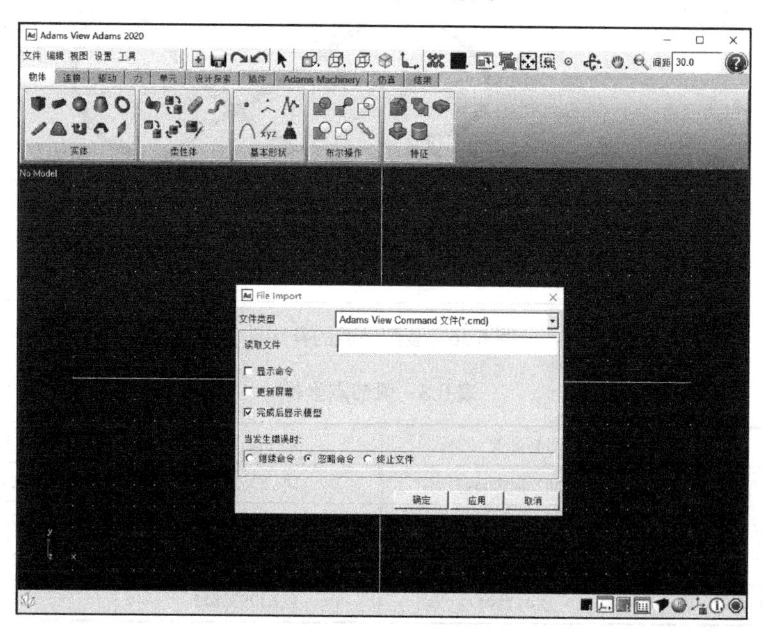


图 6.38　导入 Adams 界面

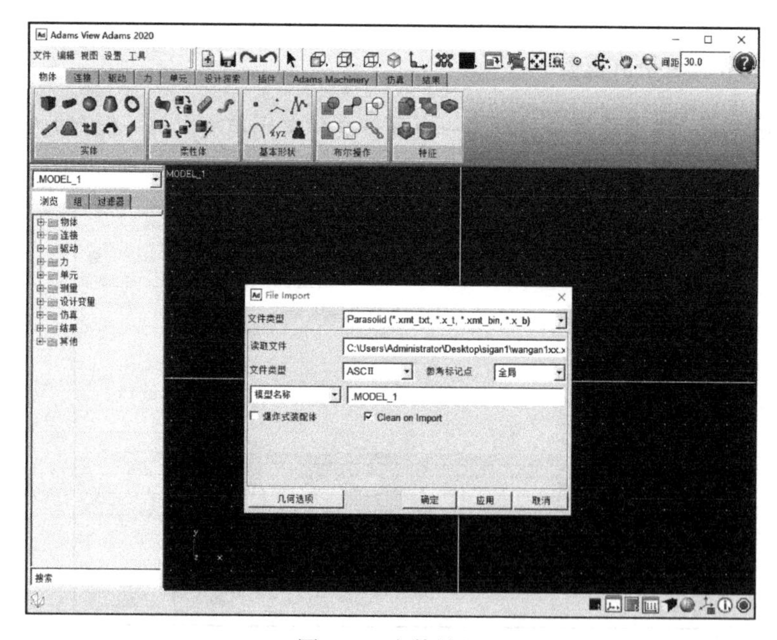


图 6.39　文件导入

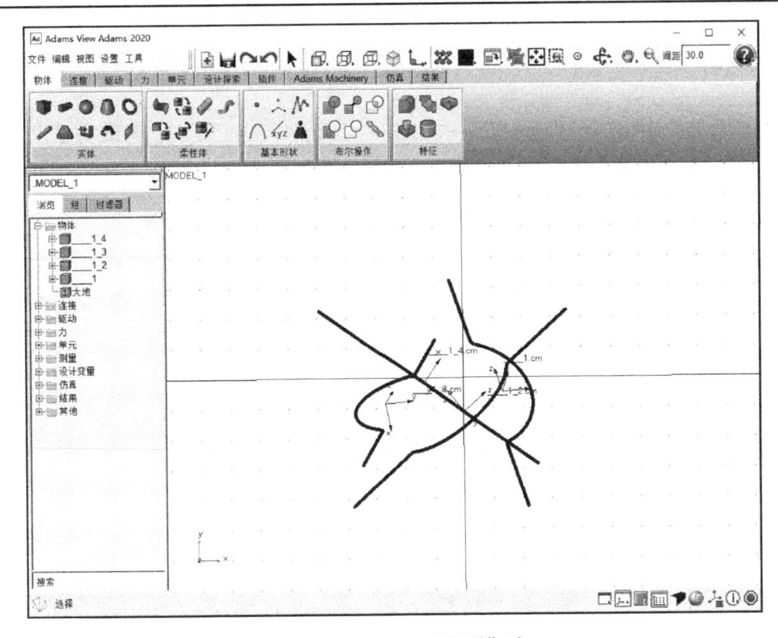


图 6.40　Adams 界面模型

## 6.4.3　在 Adams 界面修改模型

### 1. 重命名杆

在模型树区域选择物体→单击“+”→选择“——1”→右击→“重命名”→“gan1”(只能用英文字母表示)→“确定”→重复上述操作，将“——2”“——3”“——4”改成“gan2”“gan3”“gan4”，如图 6.41 所示。

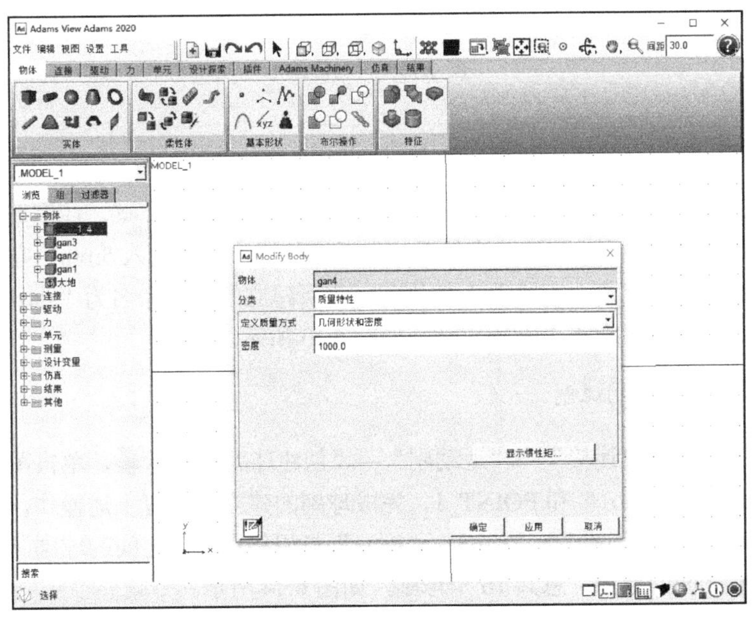


图 6.41　部件重命名

2. 修改杆材料

在模型树“物体”栏选择“gan1”→右击→“修改”→“定义质量方式”→“几何形状和材料类型”→在输入框处右击→“材料”→“推测”→“steel”→“确定”→重复上述操作，对“gan2”“gan3”“gan4”的材料进行修改，如图 6.42 所示。

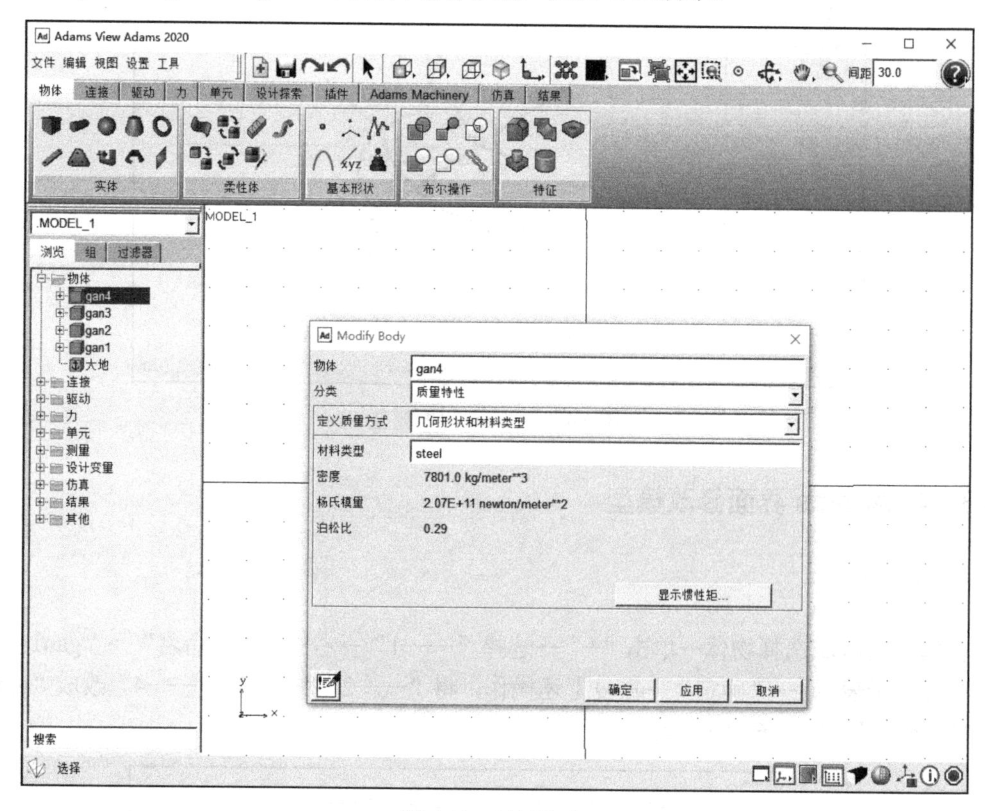


图 6.42　材料修改

3. 创建水平索

选择建模工具条的“物体”→“实体”→“创建圆柱体”图标，在模型树浏览区出现的“圆柱体设置”对话框中，勾选“半径”→在后面的输入框中输入 5mm→在工作区域依次选择 POINT_1 和 POINT_2→完成索 1 的构建→将所建立的杆重命名为“suo1”→重复上述步骤，完成上、下端面 8 根水平索的构建，如图 6.43 所示。

4. 创建杆与索之间的球副

选择建模工具条的“连接”→“运动副”→“创建球副”图标，单击图标，在工作区域依次选择“gan1”、“suo1”和 POINT_1，完成球副的建立→重复上述操作，创建“gan1”与“suo4”之间的球副，“gan2”、“gan3”、“gan4”与相邻水平索之间的球副。创建每根杆与相邻两根水平索之间的球副，总共 16 个球副，如图 6.44 所示。

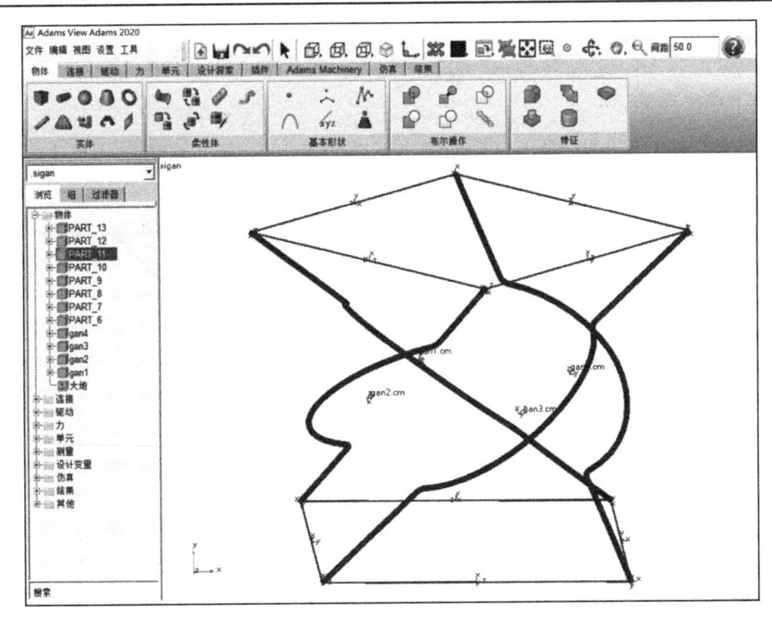


图 6.43　创建水平索

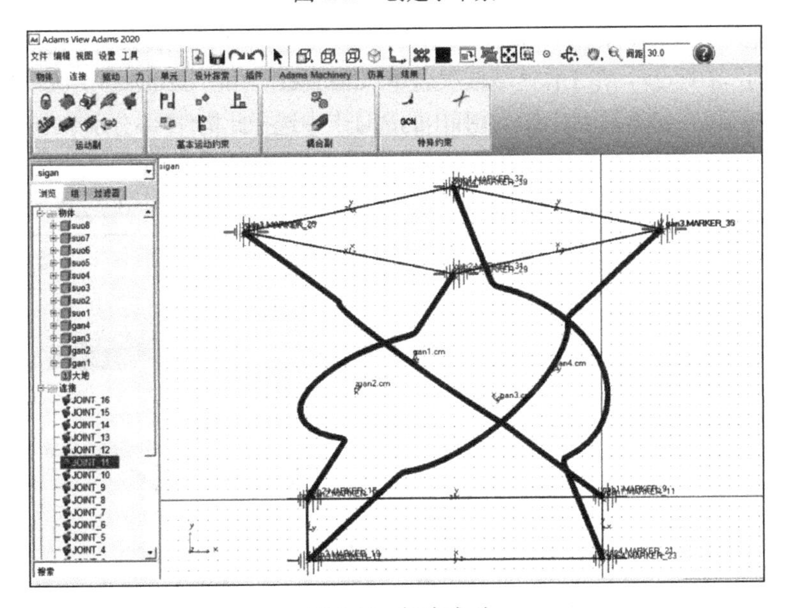


图 6.44　创建球副

5. 创建驱动

首先创建替代对角索的连接短杆。选择建模工具条的“物体”→“实体”→“创建圆柱体”图标，在模型树浏览区勾选“长度”，设置为 20mm，勾选“半径”，设置为 5mm，依次单击 POINT_1 和 POINT_3，即可完成第一根短杆设置。对此短杆进行重命名，将其命名为“duangan1”→重复上述操作，先选节点 3，后选节点 1；先选节点 5，后选节点 7；先选节点 7，后选节点 5，创建其余 3 根连接短杆，分别重命名为“duangan3”“duangan5”“duangan7”→按照 6.2.4 节的步骤创建杆构件与短杆之间的球副(一共 4 个)，如图 6.45 所示。

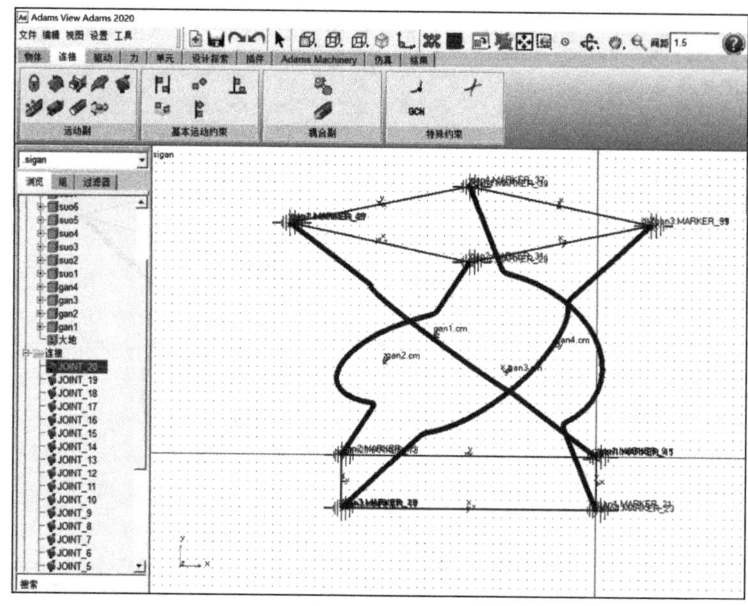


图 6.45　创建连接杆

然后创建驱动对角索绳索的平移副，如图 6.46 所示。选择建模工具条的“连接”→“运动副”→“创建平移副”图标，在工作区域依次选择“duangan1”和“duangan3”(如果物体太小不容易单击选择，则可以在物体附近右击，在弹出的选项卡中选择此构件)→分别单击“duangan1”和“duangan3”上一点，即可完成此平移副的构建。将此平移副重命名为“qudong1” →重复此步骤，建立“duangan5”和“duangan7”之间的平移副，此平移副的名称为“qudong2”。

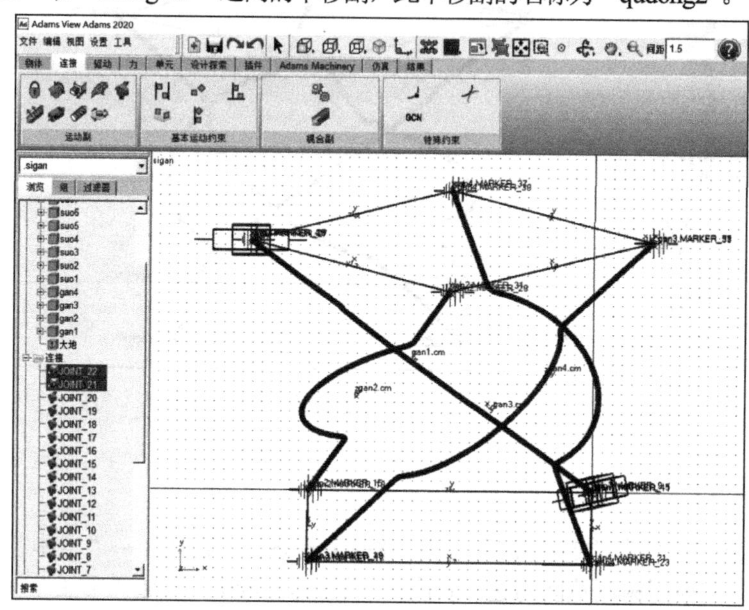


图 6.46　添加平移副

最后对平移副添加驱动。在模型树浏览区中选择“浏览”→“连接”→右击“qudong1”，单击“修改”→ “施加驱动”→“Z 向平移”选择对话框中选择“disp(time)”，重复上述操作，对另一个平移副施加驱动，并命名为“qudong2”，如图 6.47 所示。

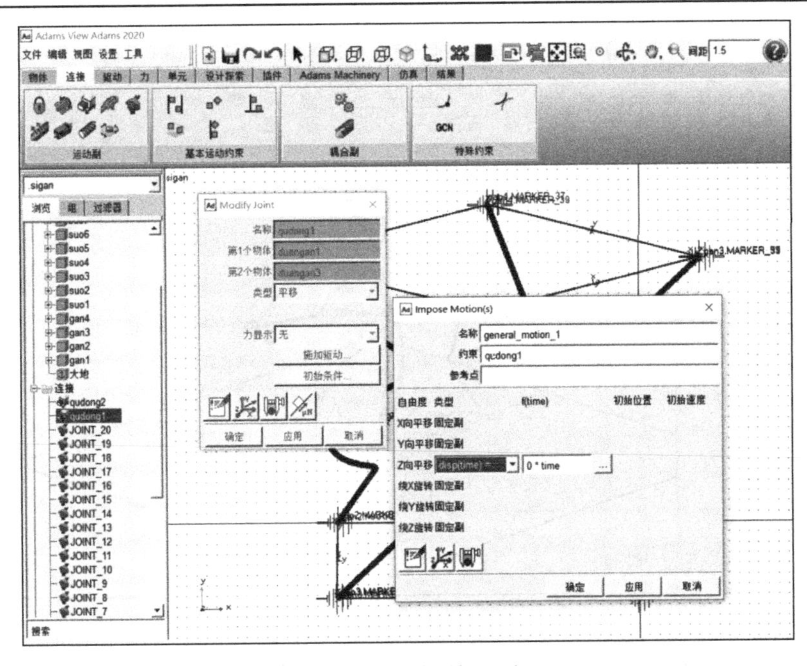


图 6.47　平移副加驱动

6. 创建地面

首先创建地面定位点。选择建模工具条的“物体”→“基本形状”→“设计点”图标 ，在模型树浏览区出现的“点设置”对话框中单击“点表格”，出现如图 6.48 所示的点表格→单击“创建”按钮→在新建的点中输入坐标(−1000.0,−1000.0,205.0)，单击“应用”按钮创建此点。

Table Editor for Points in .MODEL_2

|  | Loc_X | Loc_Y | Loc_Z |
|---|---|---|---|
| ground.POINT_18 | -1000.0 | -1000.0 | 205.0 |
| ground.gan33_yuanhuding | -61.21 | 19.96 | 252.8 |
| ground.gan22_yuanhuding | -155.69 | -8.16 | 439.96 |
| ground.gan11_yuanhuding | 136.64 | 2.11 | 347.42 |
| ground.gan44_yuanhuding | 44.85 | -43.29 | 538.09 |
| gan1.POINT_51 | 136.64 | 2.11 | 347.42 |
| gan4.POINT_51 | 44.85 | -43.29 | 538.09 |
| gan2.POINT_51 | -155.69 | -8.16 | 439.96 |
| gan3.POINT_51 | -61.21 | 19.96 | 252.8 |

部件 标记点 点 运动副 力 驱动 变量　创建 过滤器... 排序方式... 写入 重新加载

图 6.48　点表格

选择建模工具条的“物体”→“实体”→“创建立方体”图标，单击后在模型树浏览区出现“立方体设置”对话框，勾选“长度”，在后面对话框中输入 200，勾选“高度”，在后面对话框中输入 200，勾选“深度”，在后面对话框中输入 1，单击刚创建的点，完成地面的构建。将此构件重命名为“dimian”，如图 6.49 所示。

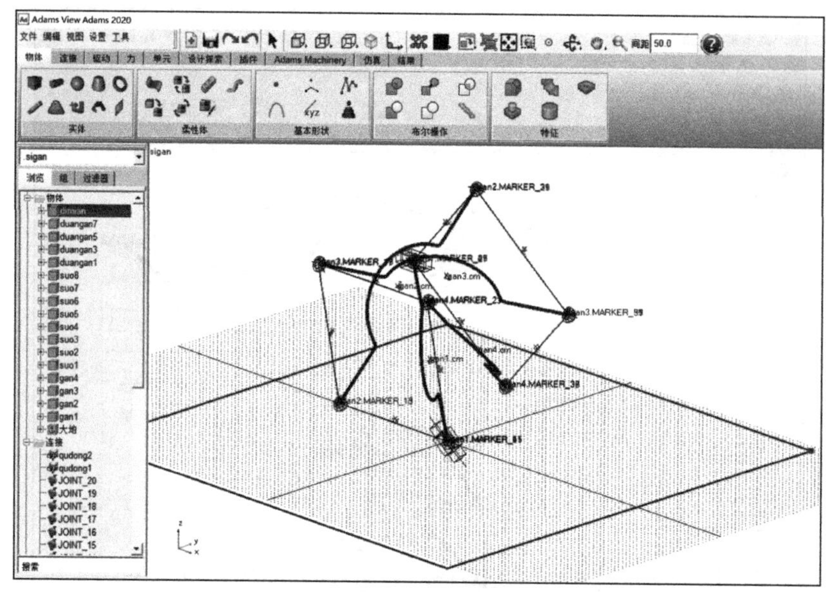


图 6.49　添加地面

选择建模工具条的“连接”→“运动副”→“创建固定副”图标，在工作区域依次选择刚建立的“dimian”和工作区域空白处，在“dimian”任意处单击，完成“dimian”的固定，如图 6.50 所示。

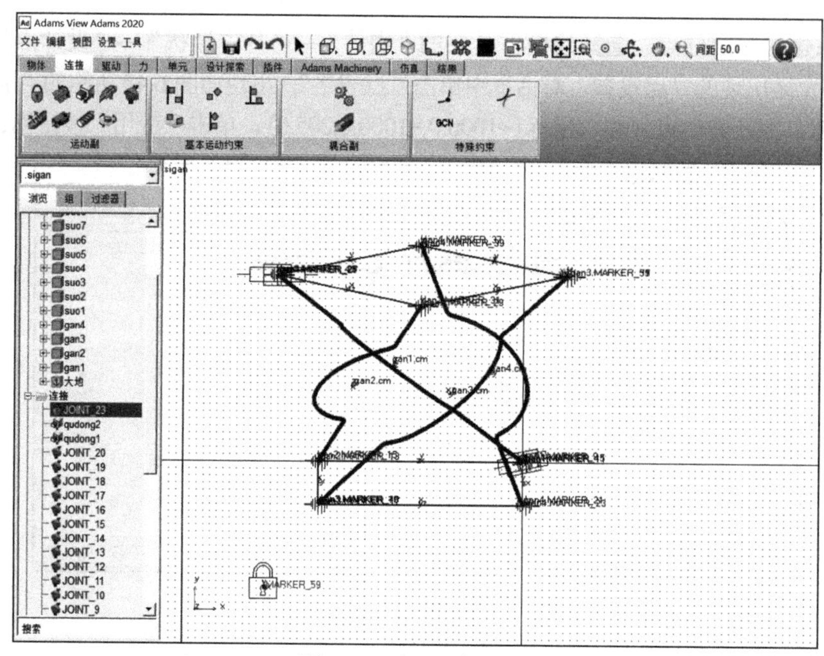


图 6.50　地面添加固定

## 7. 设置重力

选择菜单栏的“设置”→“重力”→在“重力设置”文本框中，单击“-Z*”按钮→“确定”按钮，如图 6.51 所示。

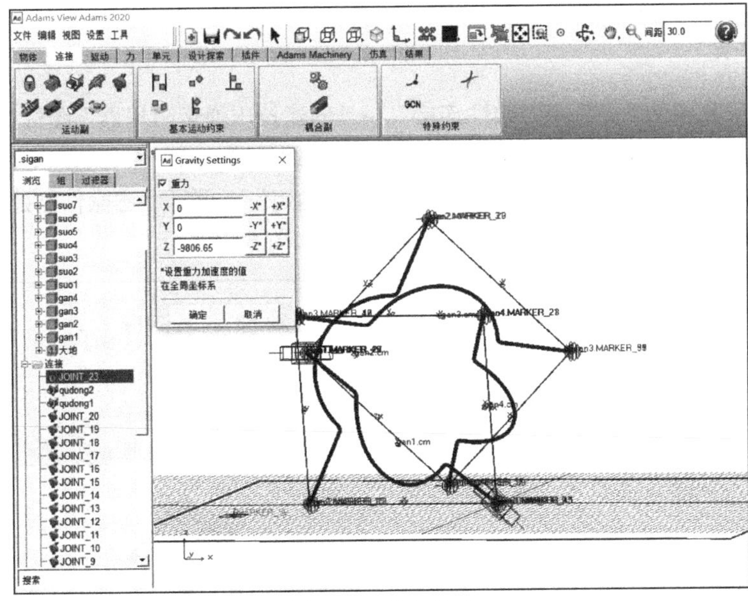


图 6.51　重力设置

## 8. 添加接触力

选择建模工具条的“力”→“特殊力”→“创建接触”→在“I 实体”对话框中右击→“接触实体”→“推测”→“BOX_18”→在“J 实体”对话框中右击→“接触实体”→“选取”→在模型界面选择“gan1”→其余默认→单击“应用”按钮完成“gan1”和“dimian”的接触设定→重复上述步骤，完成其余构件和地面的全部接触设定，如图 6.52 所示。

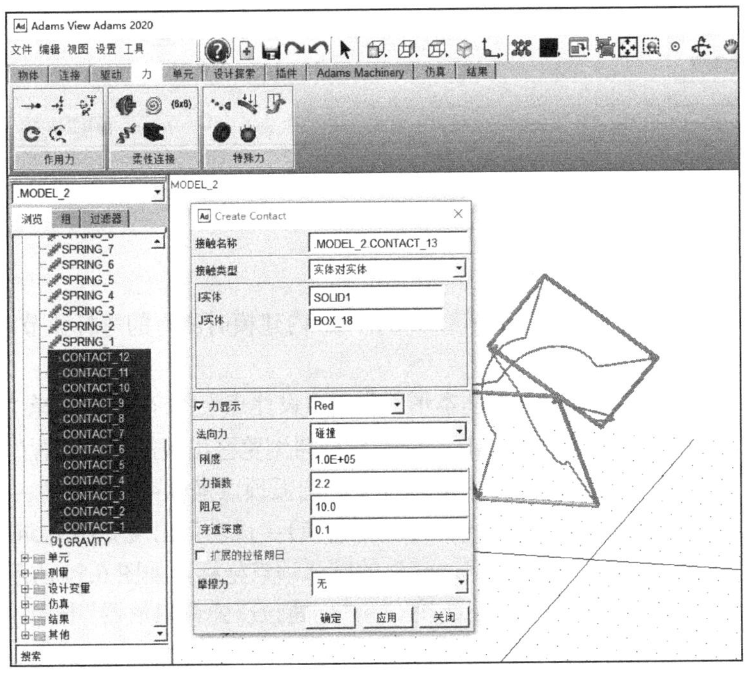


图 6.52　创建接触力

### 9. 创建弹簧

选择建模工具条的“力”→“柔性连接”→“创建拉压弹簧阻尼器”图标→勾选“K”和“C”，都设置为1→鼠标对准节点1右击→选择前缀为“gan1***”的点→“确定”→鼠标对准节点8右击→选择前缀为“gan4***”的点→“确定”→重复上述操作创建节点2与节点5、节点3与节点6、节点4与节点7之间的弹簧，如图6.53所示。

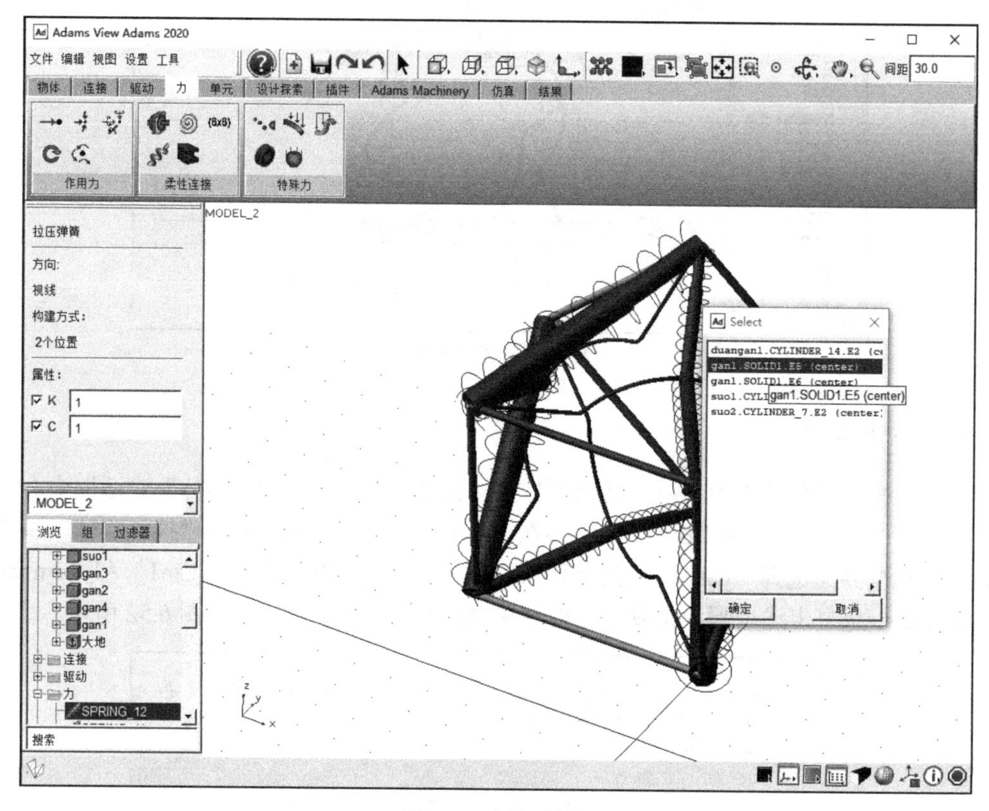


图 6.53　添加弹簧

### 10. 创建弯杆固定

首先创建圆弧顶点坐标，将前面在SolidWorks内建模时测得的弯杆弧节点坐标(表6.3)代入Adams中。

选择建模工具条的“物体”→“基本形状”→“设计点”图标→选择“添加到现有部件”→鼠标对准部件1右击选择“gan1”→在模型树浏览区出现的“点设置”对话框中单击“点表格”→“创建”→在新建的点中输入杆1的圆弧顶点坐标→“应用”→关闭窗口→对准弧节点位置右击选择gan1_.POINT_49(即创建的点)→成功后出现如图6.54所示的弧节点坐标→重复操作创建“gan2”“gan3”“gan4”的圆弧顶点坐标，如图6.54所示。

选择建模工具条的“力”→“柔性连接”→“创建拉压弹簧阻尼器”图标→勾选“K”和“C”，都设置为1→鼠标对准节点1，选择前缀为“gan1**”的点→选择“gan4.POINT_49”→重复上述操作创建其余固定弯杆的弹簧(8根)，如图6.55所示。

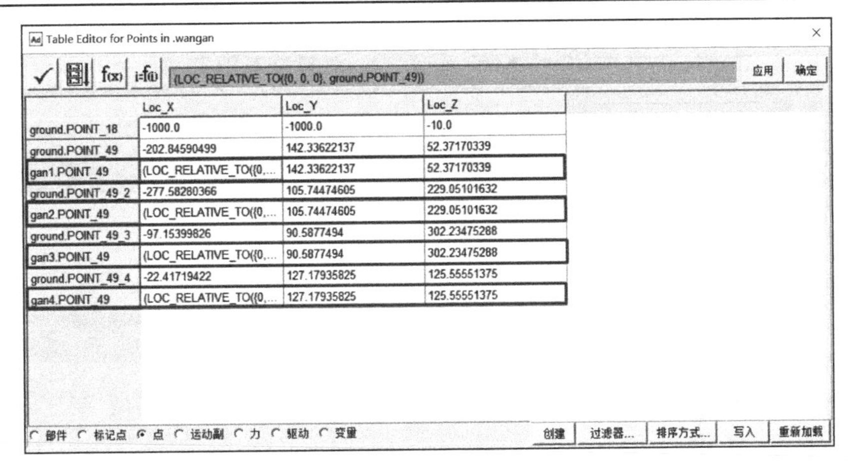

Table Editor for Points in .wangan

(LOC_RELATIVE_TO({0, 0, 0}, ground.POINT_49))　应用　确定

| | Loc_X | Loc_Y | Loc_Z |
|---|---|---|---|
| ground.POINT_18 | -1000.0 | -1000.0 | -10.0 |
| ground.POINT_49 | -202.84590499 | 142.33622137 | 52.37170339 |
| gan1.POINT_49 | (LOC_RELATIVE_TO({0,... | 142.33622137 | 52.37170339 |
| ground.POINT_49_2 | -277.58280366 | 105.74474605 | 229.05101632 |
| gan2.POINT_49 | (LOC_RELATIVE_TO({0,... | 105.74474605 | 229.05101632 |
| ground.POINT_49_3 | -97.15399826 | 90.5877494 | 302.23475288 |
| gan3.POINT_49 | (LOC_RELATIVE_TO({0,... | 90.5877494 | 302.23475288 |
| ground.POINT_49_4 | -22.41719422 | 127.17935825 | 125.55551375 |
| gan4.POINT_49 | (LOC_RELATIVE_TO({0,... | 127.17935825 | 125.55551375 |

部件　标记点　点　运动副　力　驱动　变量　　创建　过滤器...　排序方式...　写入　重新加载

图 6.54　创建圆弧顶点坐标

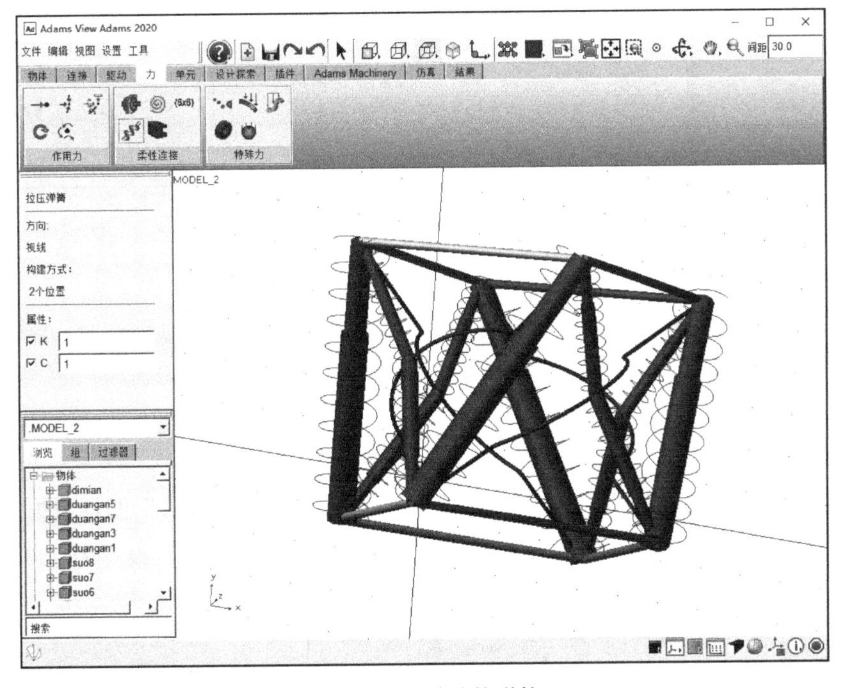


图 6.55　创建连接弹簧

### 11. 添加驱动程序

选择模型树浏览区的“驱动”→“motion_1”→右击弹出选项卡选择“修改”，在弹出的对话框中单击“Z 向平移”对话框后面的按钮 ... →在弹出的“函数构建”对话框的“定义运行时间函数”输入框中填写如下程序：

```
    step(time,0,0,5,-20)+step(time,5,0,10,-100)+step(time,10,0,15,0)+step
(time,15,0,20,0)
```

依次单击各对话框的“确定”按钮完成驱动设置，如图 6.56 所示。

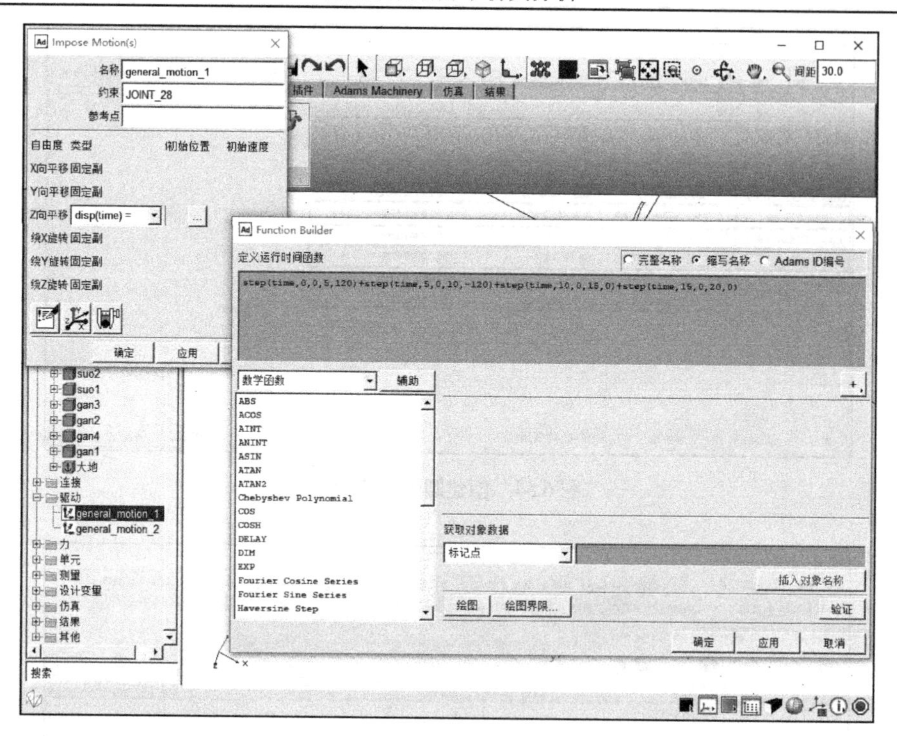


图 6.56　添加驱动程序

重复上述操作完成第二个驱动的设置，其驱动程序为

```
    step(time,0,0,5,0)+step(time,5,0,10,0)+step(time,10,0,15,300)+step(time,
15,0,20,-300)
```

12. 仿真

选择建模工具条的“仿真”→“仿真分析”→“运行交互仿真”图标，在弹出的“Simulation Control”对话框中，将“终止时间”设置为20s，“步数”设置为200，如图6.57所示。

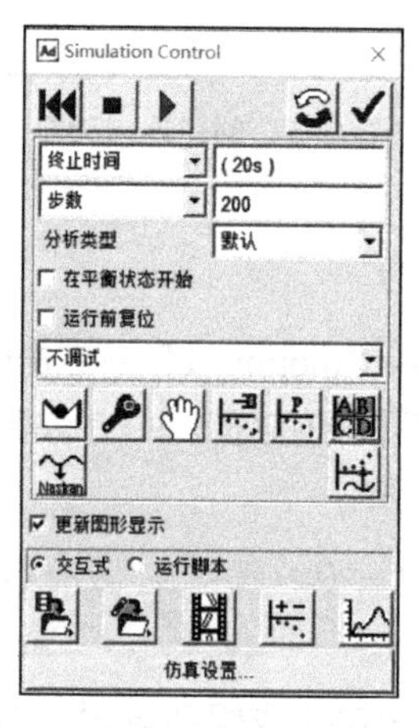


图 6.57　“Simulation Control”对话框

13. 测量对角索长度

查看对角索长度的变化。选择建模工具条的“设计探索”→“测量”→“创建新的两点相对运动测量”图标→在模型树浏览区出现的“设置”对话框中单击“高级”按钮→在弹出的对话框的“分量”选择框中选择“幅值”，在“起始点”对话框中右击，在弹出的选项卡中选择“标记点”→“选取”→选择“gan1_MARKER_1” →在“终止点”对话框中右击，在弹出的选项卡中选择“标记点”→“选取”→选择“gan3_MARKER_3”在“测量名称”方框内重命名为“duijiaosuo1”，以方便查找。重复上述操作创建对角索 2(节点 5 与节点 7 之间)的测量并重命名为“duijiaosuo2”，创建的测量可在“测量”菜单栏里面找到。

查看测量，选择“结果”→“后处理”→“资源”选择“测量”→选择要查看的测量“duijiaosuo1”→添加曲线→选择 page_1 左侧“+” →选择“plot_1” →勾选“表格”，可将曲线转化成表格，方便查看数据。

选择“仿真设置”对话框中的“绘图”图标，或选择建模工具条的“结果”→ “后处理”图标→后处理界面→资源选择栏“测量”→测量选择框“duijiaosuo1”，单击“添加曲线”按钮，即可出现图 6.58 所示的结果。也可以选择后处理界面左侧模型树浏览区位置的“page_1”→“plot_1”→勾选“表格”，可将曲线转化成表格，以方便查看数据。

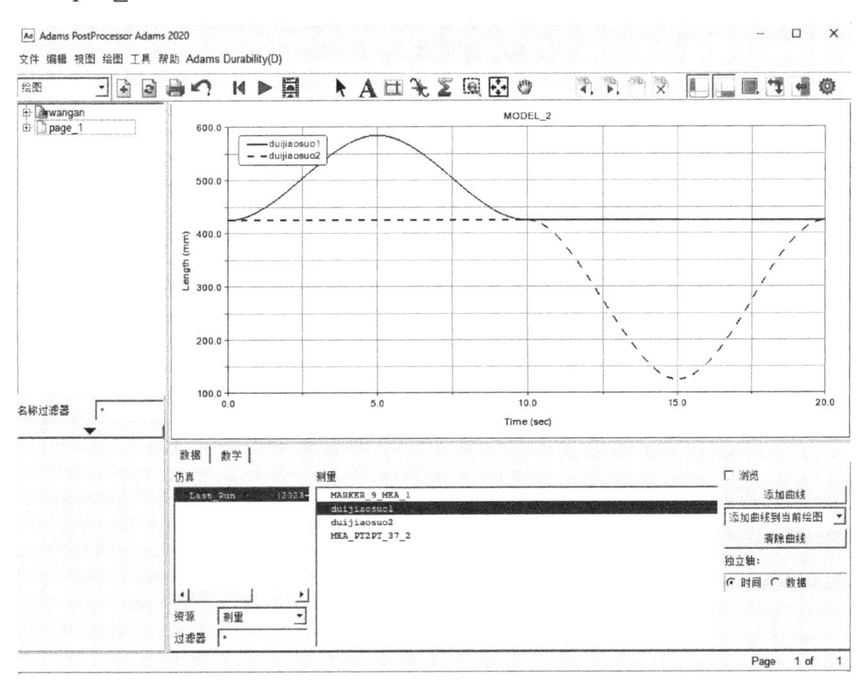


图 6.58　测量对角索长度

14. 测量节点坐标

选择模型树“物体”菜单栏→单击“gan1”左侧“+”→右击“jiedian1”→“测量”→“分量”选择 Z(查看节点 1 的 Z 坐标变化)→“测量名称”改为“jiedian1_Z”→“确定”，如图 6.59 所示。

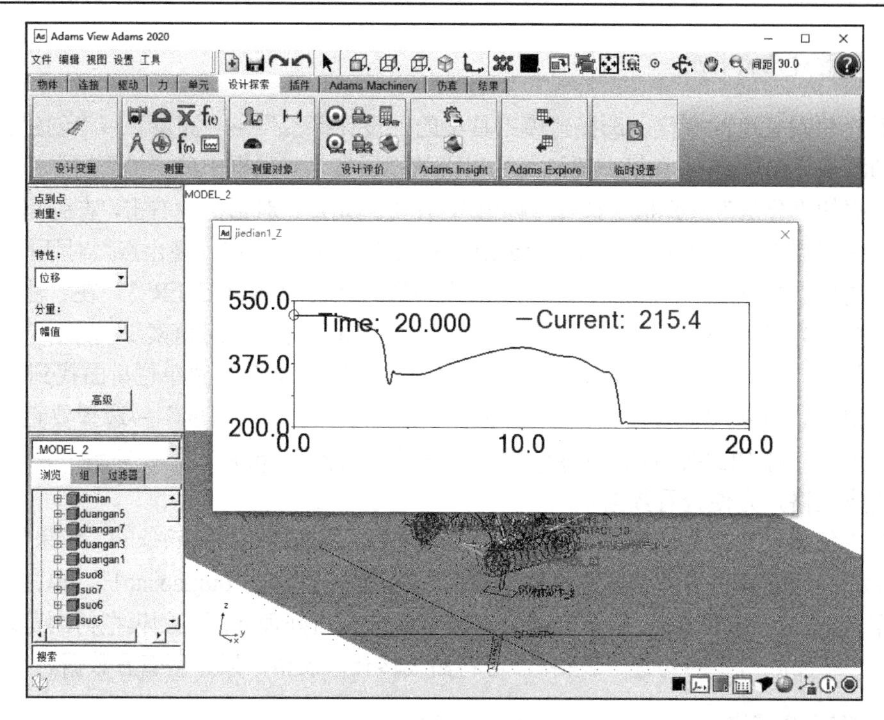


图 6.59　测量节点的 Z 坐标

# 第 7 章　六杆球形张拉整体机器人

六杆球形张拉整体机器人是基于六杆张拉整体球形结构构建而成的。六杆张拉整体球形结构由 6 根杆构件、24 根索构件组成，所有杆构件的长度相同，所有索构件也具有这样的特点。6 根杆构件两两平行，分别位于三个相互垂直的平面内。此六杆球形张拉整体结构具有很好的结构对称性。张拉整体结构的构件运动耦合度高，驱动少数构件，就可以使其余构件随之运动、整体结构形状发生较大改变、结构整体重心发生改变，从而使整体结构发生翻滚和移动。基于这个思路，将六杆球形张拉整体结构转化为六杆球形张拉整体机器人。六杆球形张拉整体结构的 24 根索构件相互连接形成一个封闭索网，由 6 根杆构件从内部支撑形成预期形状，占少数的刚性构件相对来说对结构形状的影响效率高，因此这里采用杆构件驱动，即杆构件可以主动伸缩。为了适应结构的整体形状改变，还需要把索构件进行弹性化处理，即将所有索构件用弹簧来替代。

本章主要介绍六杆球形张拉整体移动机构在 Adams 软件中的建模分析方法，包括六杆球形张拉整体移动机构的建模、运动仿真、建立底面支撑斜面模拟爬坡、测量仿真数据等。

## 7.1　启动软件并设置工作环境

(1) 双击 Adams View 的快捷方式，启动 Adams 软件，进入 Adams 软件的欢迎界面。单击“新建模型”前的绿色加号按钮，弹出“创建新模型”对话框。在对话框中将“模型名称”更改为“six_ball”，单击“确定”按钮完成。

(2) 进入 Adams 软件的工作界面，这里选择默认风格界面。如果界面风格不同，可以通过选择菜单栏的“设置”→“界面风格”→“默认”来切换。

## 7.2　创建仿真模型

### 7.2.1　创建点

(1) 选择建模工具条的“物体”→“基本形状”→“设计点”图标，在模型树浏览区出现点设置界面，如图 7.1 所示。

(2) 单击图 7.1 所示对话框中的“点表格”按钮，打开图 7.2 所示的“点表格”对话框，创建 12 个点，各点坐标如表 7.1 所示。按照图 7.2 所示进行设置，完成后单击“应用”按钮完成点创建，再单击“确定”按钮关闭对话框。

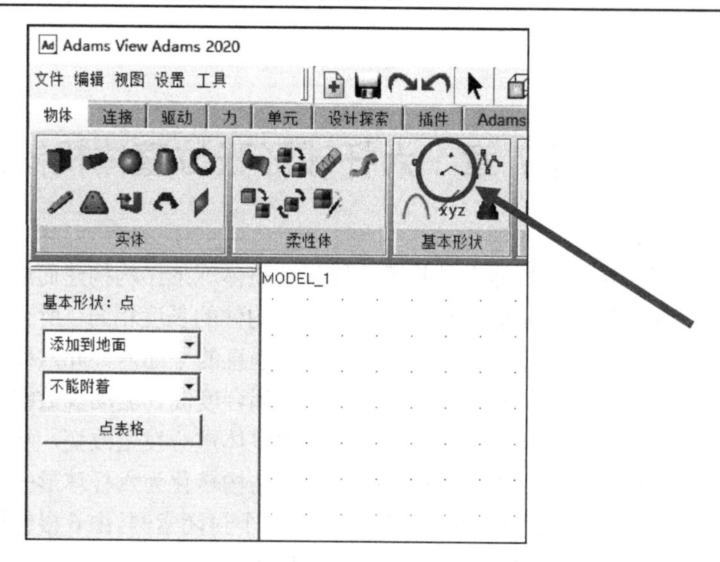


图 7.1　点设置界面

| | Loc_X | Loc_Y | Loc_Z |
|---|---|---|---|
| POINT_1 | -75.0 | 0.0 | 150.0 |
| POINT_2 | -75.0 | 0.0 | -150.0 |
| POINT_3 | 75.0 | 0.0 | 150.0 |
| POINT_4 | 75.0 | 0.0 | -150.0 |
| POINT_5 | -150.0 | -75.0 | 0.0 |
| POINT_6 | 150.0 | -75.0 | 0.0 |
| POINT_7 | -150.0 | 75.0 | 0.0 |
| POINT_8 | 150.0 | 75.0 | 0.0 |
| POINT_9 | 0.0 | -150.0 | 75.0 |
| POINT_10 | 0.0 | 150.0 | 75.0 |
| POINT_11 | 0.0 | -150.0 | -75.0 |
| POINT_12 | 0.0 | 150.0 | -75.0 |

图 7.2　点表格

**表 7.1　六杆球形张拉整体移动机构各节点的坐标**

| 节点 | Loc_X | Loc_Y | Loc_Z |
|---|---|---|---|
| POINT_1 | −75.0 | 0.0 | 150.0 |
| POINT_2 | −75.0 | 0.0 | −150.0 |
| POINT_3 | 75.0 | 0.0 | 150.0 |
| POINT_4 | 75.0 | 0.0 | −150.0 |
| POINT_5 | −150.0 | −75.0 | 0.0 |
| POINT_6 | 150.0 | −75.0 | 0.0 |
| POINT_7 | −150.0 | 75.0 | 0.0 |
| POINT_8 | 150.0 | 75.0 | 0.0 |
| POINT_9 | 0.0 | −150.0 | 75.0 |
| POINT_10 | 0.0 | 150.0 | 75.0 |
| POINT_11 | 0.0 | −150.0 | −75.0 |
| POINT_12 | 0.0 | 150.0 | −75.0 |

(3) 单击“点表格”对话框的“应用”按钮，即可在工作区域创建图 7.3 所示的 12 个点。若转换工作区域视角，以从不同角度观察所创建的点，可单击快捷键 r 之后按住鼠标左键对空间状态进行旋转，松开鼠标结束旋转。

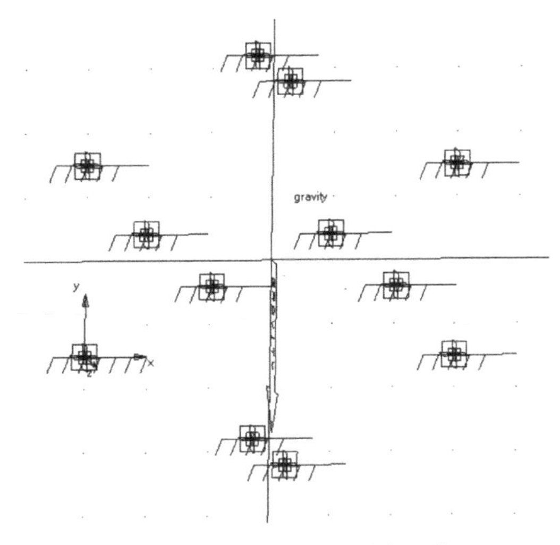


图 7.3　笛卡儿右手坐标系中的模型

## 7.2.2　杆构件的建立

此六杆球形张拉整体机器人选择通过杆构件伸缩来实现驱动，因此这里每根杆构件需要做成两段，两段之间添加移动以实现杆构件的伸缩驱动。

(1) 选择建模工具条的“物体”→“实体”→“创建圆柱体”图标，在模型树浏览区弹出圆柱体设置界面，如图 7.4 所示。

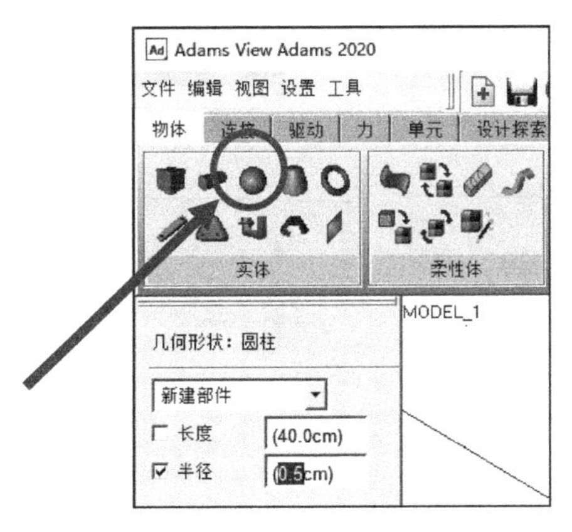


图 7.4　圆柱体设置界面

(2) 勾选图 7.4 所示对话框中的“半径”，设置为 0.5cm，在工作区域依次选择 POINT_7 和 POINT_8，即可完成辅助圆柱体的创建，如图 7.5 所示。

(3) 依据步骤 (1) 和步骤 (2)，以点 POINT_7 为起始点，辅助圆柱的中点为终点，建立组成杆构件的两段圆柱体之一，如图 7.6 所示。

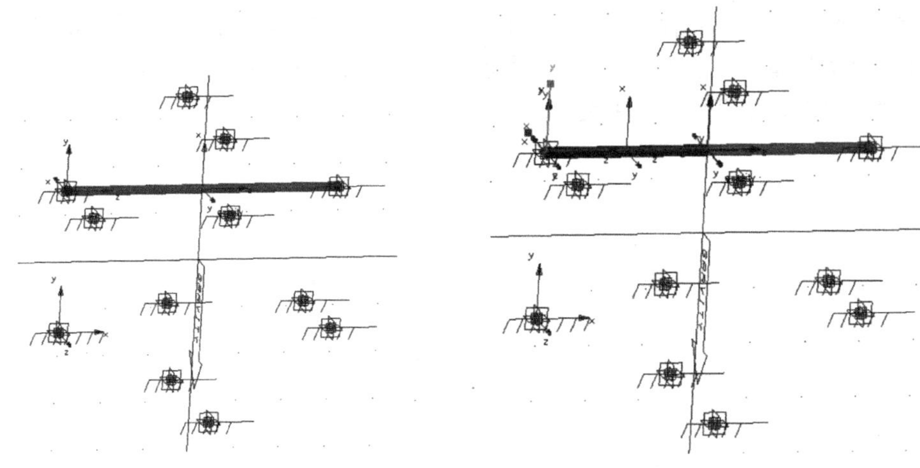

图 7.5　建立辅助圆柱体　　　　图 7.6　建立连于点 POINT_7 的圆柱体

(4) 在工作区域选中辅助圆柱体，右击弹出选项卡，选择“删除”，即可完成辅助圆柱体的删除(图 7.7)。这一操作也可以通过选择模型树浏览区的“物体”→“PART_*”，再右击弹出的选项卡中选择“删除”来实现。注意，代表辅助圆柱体有两个名字，即“PART_*”和“CYLINDER_*”，删除“PART_*”时，在其基础上建立的运动副等会一并删除，而删除“CYLINDER_*”时，只会删除圆柱体，其余依然保留。

(5) 依据步骤(1)和步骤(2)，以点 POINT_8 为起点，以步骤(3)建立的圆柱端点(辅助圆柱体的中点位置)为终点，建立组成杆构件的另一段圆柱体，如图 7.8 所示。

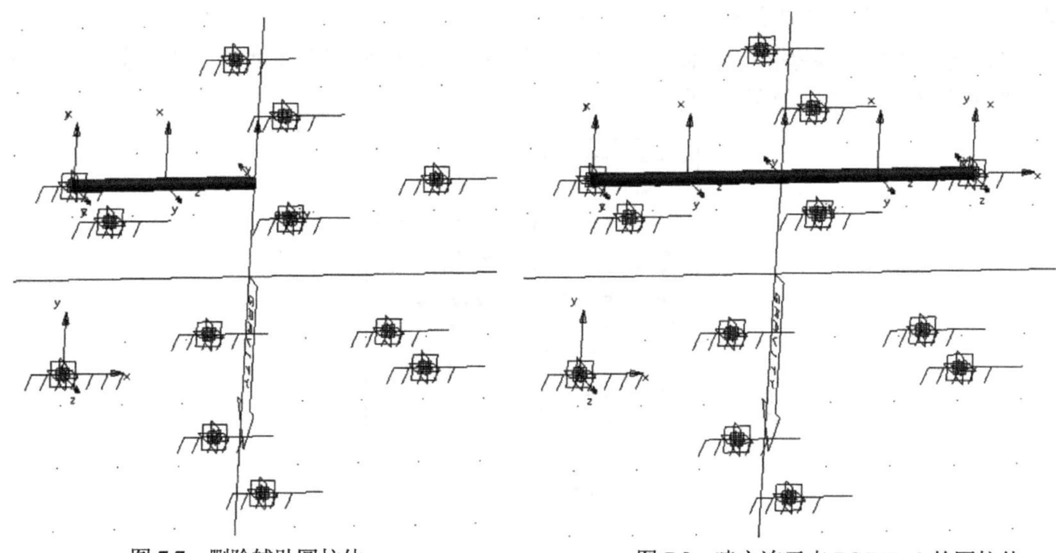

图 7.7　删除辅助圆柱体　　　　图 7.8　建立连于点 POINT_8 的圆柱体

(6) 双击展开模型浏览器中的“物体”菜单，右击“PART_3”，单击“重命名”打开如图 7.9 所示的对话框，将新名称更改为“bar1”，单击“确定”按钮；再右击“PART_4”，单击“重命名”打开对话框，将新名称更改为“bar2”，单击“确定”按钮。

(7) 仿照步骤(1)～步骤(7)，按照表 7.2 中杆的起始节点、终止节点的顺序依次连接另外 5 根杆，效果如图 7.10 所示。

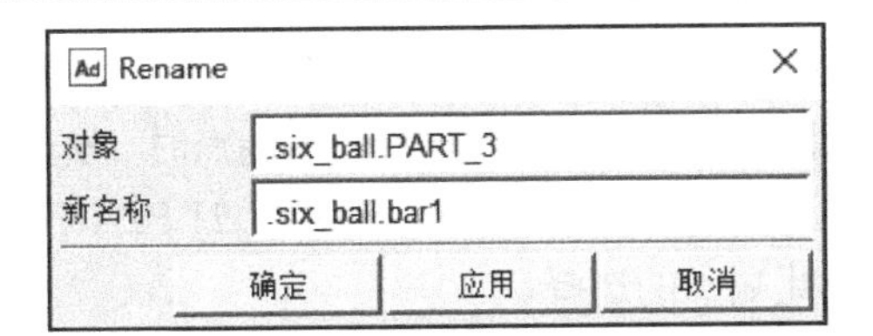


图 7.9　“Rename”对话框

表 7.2　六杆球形张拉整体移动机构的杆构件表

| 杆名称 | 起始节点 | 终止节点 |
|---|---|---|
| bar1、bar2 | POINT_7 | POINT_8 |
| bar3、bar4 | POINT_5 | POINT_6 |
| bar5、bar6 | POINT_9 | POINT_10 |
| bar7、bar8 | POINT_11 | POINT_12 |
| bar9、bar10 | POINT_3 | POINT_4 |
| bar11、bar12 | POINT_1 | POINT_2 |

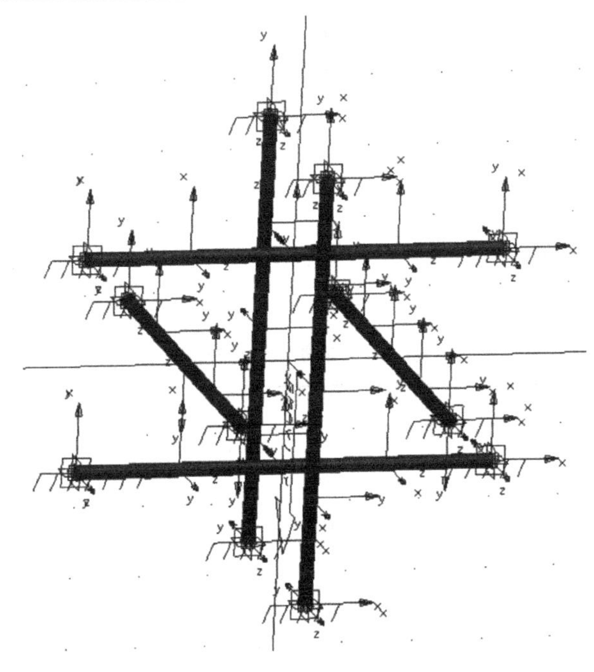

图 7.10　所有杆构件创建完毕后的效果图

### 7.2.3　替代索构件的弹簧建立

1. 创建物体之间的弹簧连接

(1)选择建模工具条的“力”→“柔性连接”→“创建拉压弹簧阻力器”图标。在弹出的拉压弹簧设置界面中，勾选弹簧刚度系数“K”和阻尼系数“C”，并分别输入 0.6 和 5.0E-02，如图 7.11 所示。

(2)在工作区单击“bar6”在 POINT_10 位置处的端点和“bar1”在 POINT_7 位置处的端点，即可完成弹簧 1 的创建(图 7.12)。在选择 bar6 端点时，先将鼠标靠近 POINT_10，在右击弹出的“选择”对话框中，选择“bar6.CYLINDER_21.E2”(选择后缀为“center”的点，如图 7.13 所示)，即可完成此端点的选择。

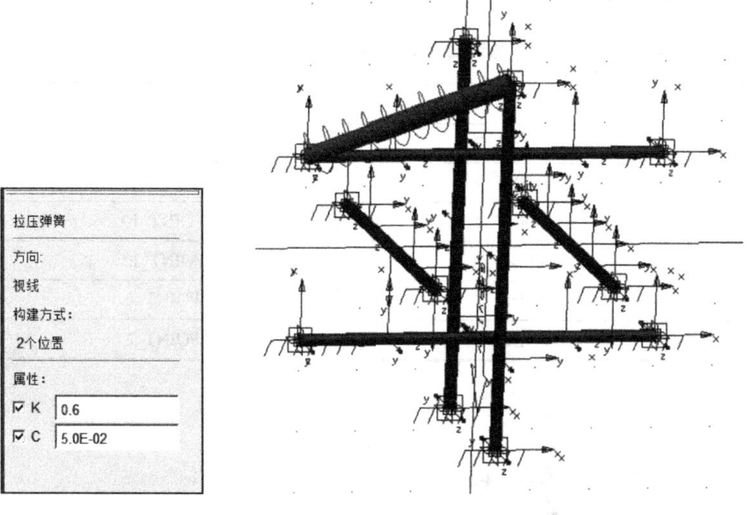


图 7.11　拉压弹簧设置界面

图 7.12　通过两个圆柱中心创建弹簧图

Select
bar6.CYLINDER_21.E2 (cente
确定
取消

图 7.13　选择拉压弹簧的起始点

(3)表 7.3 列出了弹簧与点的关系，依据表 7.3，按照步骤(1)和步骤(2)，创建其余的弹簧，完成的模型如图 7.14 所示。

**表 7.3　弹簧与点的关系**

| 弹簧名称 | 起始节点 | 终止节点 |
|---|---|---|
| SPRING_1 | bar6.CYLINDER_21.E2(center) | bar1.CYLINDER_14.E2(center) |
| SPRING_2 | bar6.CYLINDER_21.E2(center) | bar2.CYLINDER_15.E2(center) |
| SPRING_3 | bar6.CYLINDER_21.E2(center) | bar11.CYLINDER_29.E2(center) |
| SPRING_4 | bar6.CYLINDER_21.E2(center) | bar9.CYLINDER_26.E2 (center) |
| SPRING_5 | bar5.CYLINDER_20.E2(center) | bar11.CYLINDER_29.E2(center) |
| SPRING_6 | bar5.CYLINDER_20.E2(center) | bar9.CYLINDER_26.E2 (center) |
| SPRING_7 | bar5.CYLINDER_20.E2(center) | bar3.CYLINDER_17.E2 (center) |
| SPRING_8 | bar5.CYLINDER_20.E2(center) | bar4.CYLINDER_18.E2 (center) |
| SPRING_9 | bar11.CYLINDER_29.E2(center) | bar1.CYLINDER_14.E2 (center) |
| SPRING_10 | bar11.CYLINDER_29.E2(center) | bar3.CYLINDER_17.E2 (center) |
| SPRING_11 | bar9.CYLINDER_26.E2 (center) | bar2.CYLINDER_15.E2 (center) |
| SPRING_12 | bar9.CYLINDER_26.E2 (center) | bar4.CYLINDER_18.E2 (center) |
| SPRING_13 | bar8.CYLINDER_24.E2 (center) | bar2.CYLINDER_15.E2 (center) |
| SPRING_14 | bar8.CYLINDER_24.E2 (center) | bar1.CYLINDER_14.E2 (center) |
| SPRING_15 | bar8.CYLINDER_24.E2 (center) | bar10.CYLINDER_27.E2(center) |

续表

| 弹簧名称 | 起始节点 | 终止节点 |
| --- | --- | --- |
| SPRING_16 | bar8.CYLINDER_24.E2 (center) | bar12.CYLINDER_30.E2 (center) |
| SPRING_17 | bar7.CYLINDER_23.E2 (center) | bar10.CYLINDER_27.E2 (center) |
| SPRING_18 | bar7.CYLINDER_23.E2 (center) | bar12.CYLINDER_30.E2 (center) |
| SPRING_19 | bar7.CYLINDER_23.E2 (center) | bar4.CYLINDER_18.E2 (center) |
| SPRING_20 | bar7.CYLINDER_23.E2 (center) | bar3.CYLINDER_17.E2 (center) |
| SPRING_21 | bar10.CYLINDER_27.E2 (center) | bar2.CYLINDER_15.E2 (center) |
| SPRING_22 | bar10.CYLINDER_27.E2 (center) | bar4.CYLINDER_18.E2 (center) |
| SPRING_23 | bar12.CYLINDER_30.E2 (center) | bar1.CYLINDER_14.E2 (center) |
| SPRING_24 | bar12.CYLINDER_30.E2 (center) | bar3.CYLINDER_17.E2 (center) |

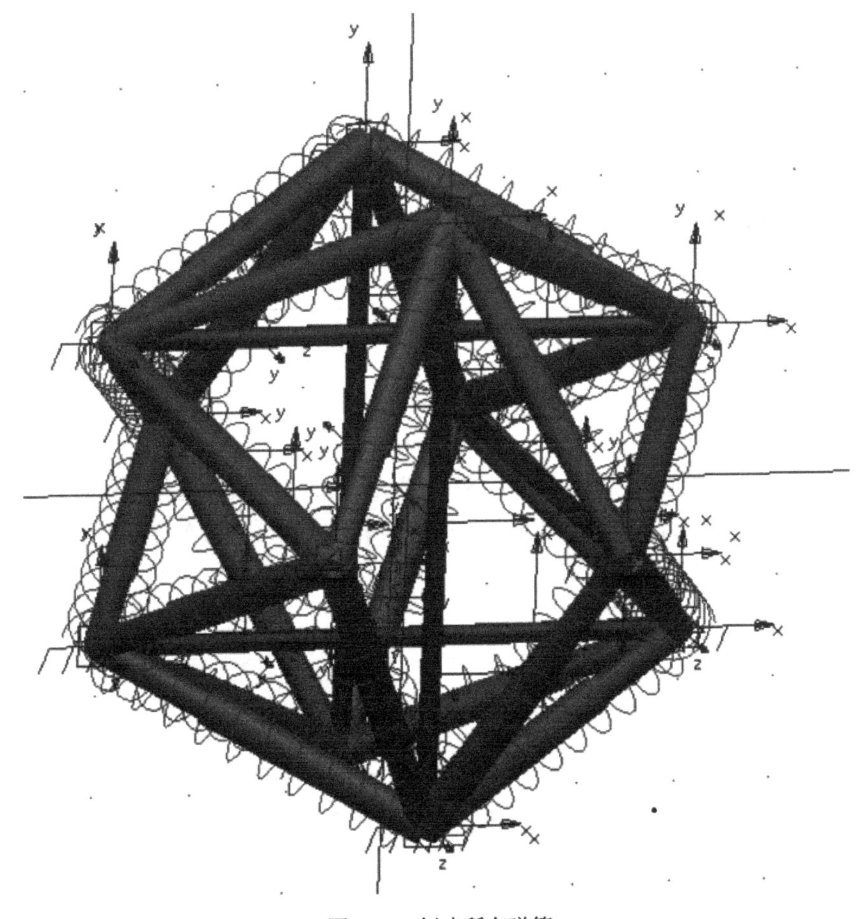

图 7.14　创建所有弹簧

(4) 图 7.14 所示模型的构件较多，会为后续的设置添加困难，这里将把所有弹簧进行隐藏。单击模型树浏览区的“力”，即可显示刚建立的所有弹簧(图 7.15)。单击最上边的 SPRING_24，按住 Shift 键之后单击最下侧的 SPRING_1 来完成对弹簧的全选。右击弹出如图 7.16 所示的对话框，将“可见性”一栏设置为“关闭”，单击“确定”按钮完成对所有弹簧的隐藏。需要显示弹簧时，将图 7.16 所示对话框的“可见性”一栏设置为“打开”即可。

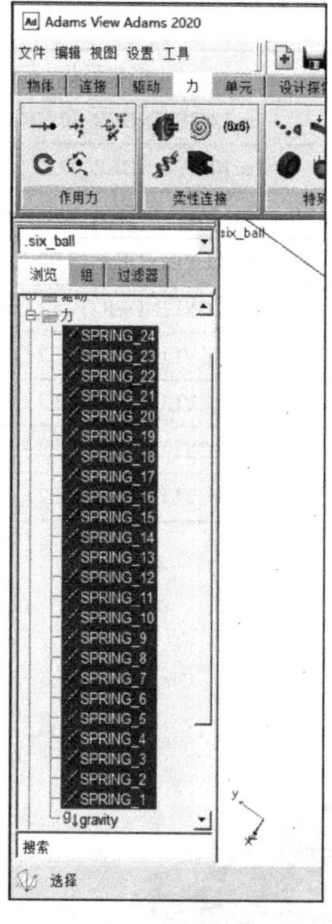


图 7.15　选中所有弹簧图

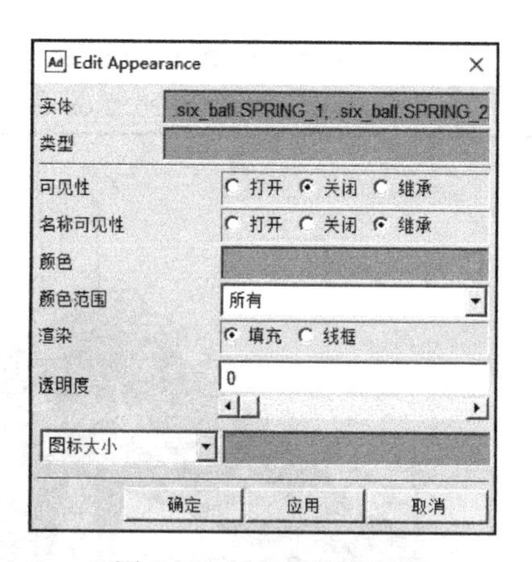


图 7.16　设置弹簧可见性

## 2. 添加弹簧预紧力

(1)选择模型树浏览区的“力”→“SPRING_*”,右击弹出选项卡选择“修改”,弹出“Modify a Spring-Damper Force”对话框(图 7.17)。在对话框中“预载荷”输入栏右击，选择“参数化”→“创建设计变量”，创建的设计变量为(. six_ball.DV_1)，如图 7.18 所示。

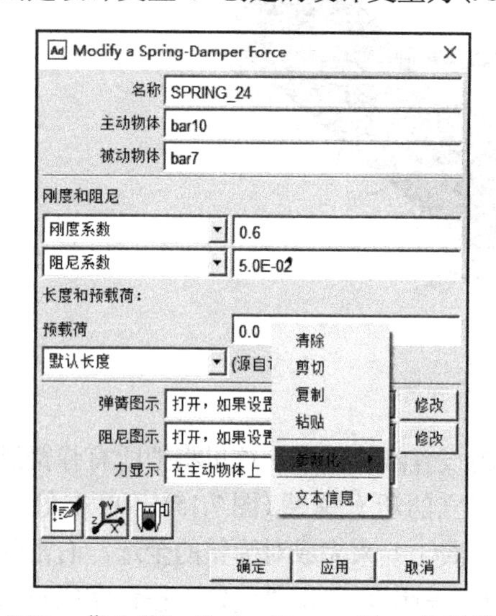


图 7.17　“Modify a Spring-Damper Force”对话框

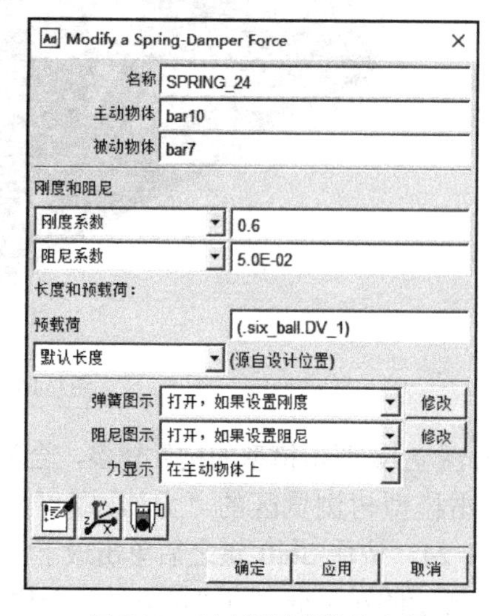


图 7.18　创建预载荷设计变量

(2) 按照步骤(1)，在图 7.18 所示的对话框中选择“参数化”→“参考设计变量”，在弹出的“选择”对话框中选择步骤(1)建立的设计变量，为其余弹簧添加预紧力。

(3) 选择模型树浏览区的“设计变量”→“DV_1”，在右击弹出的选项卡中选择“重命名”，将此设计变量更改为“yuzaihe”，如图 7.19 所示，注意这里重命名时，不能删除前面的.six_ball.，否则会出现设计变量“消失”的情况。

(4) 选择模型树浏览区的“设计变量”→“DV_1”，在右击弹出的选项卡中选择“修改”，弹出如图 7.20 所示的“设计变量设置”对话框。将对话框中“最小值”改为−10.0，“最大值”改为 10.0，将其“标准值”修改为 5.0，单击“确定”按钮，即可完成弹簧预载荷的设定。

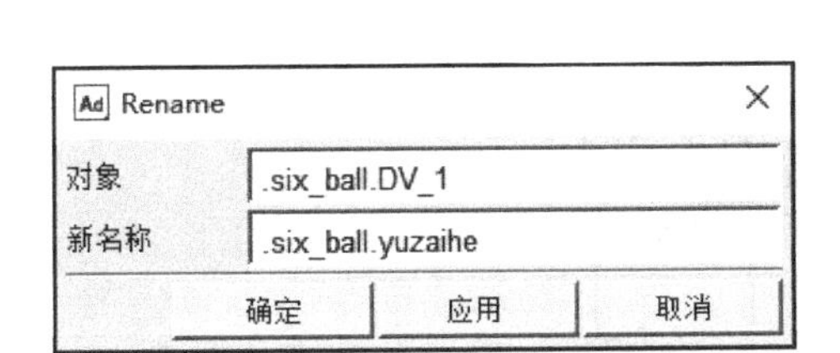


图 7.19　设计变量重命名

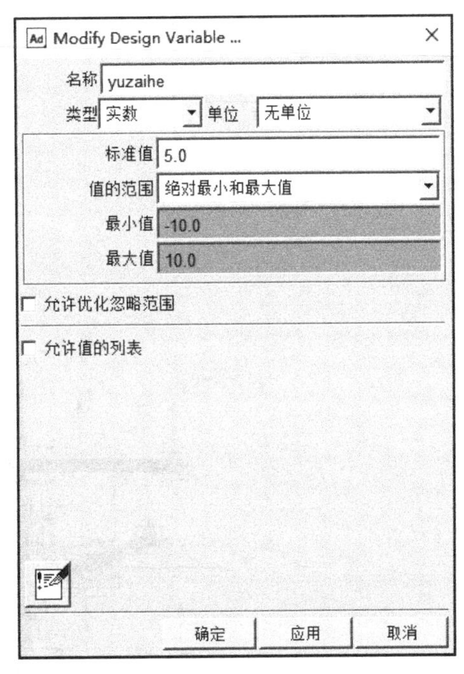


图 7.20　修改设计变量值

### 7.2.4　添加运动副

下面将在组成每根杆构件的两个圆柱体之间添加平移副，这里首先以 bar1 和 bar2 之间添加平移副为例。

(1) 选择建模工具条的“连接”→“运动副”→“创建平移副”图标，在模型树浏览区弹出平移副设置界面，如图 7.21 所示。

(2) 在工作区域中选择 bar1 和 bar2，再选择 bar2 的中点 bar2. MARKER_3 为平移副的中点，接着将点 POINT_7 作为平移副的运动方向，即可完成此平移副的创建，如图 7.22 所示。

(3) 按照步骤(1)和步骤(2)，创建组成其余杆构件的两部分圆柱体之间的平移副，如图 7.23 所示。表 7.4 列出了平移副和杆的关系。在后续仿真中，可将平移副等连接关系隐藏，简化操作界面。

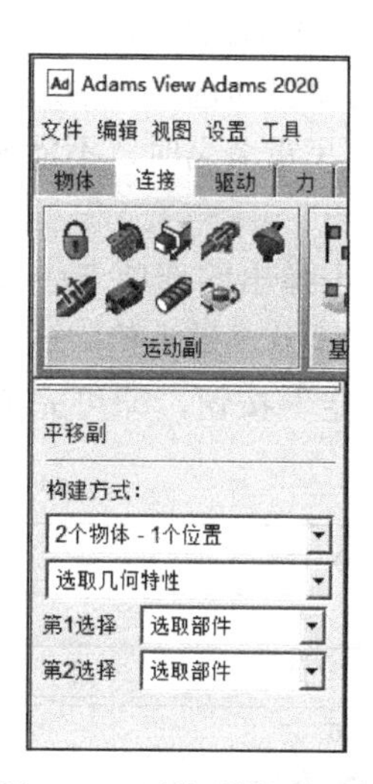


图 7.21　平移副设置界面

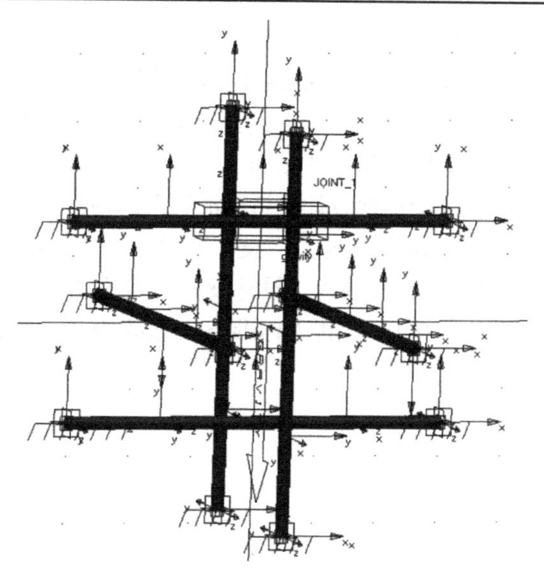


图 7.22　创建平移副

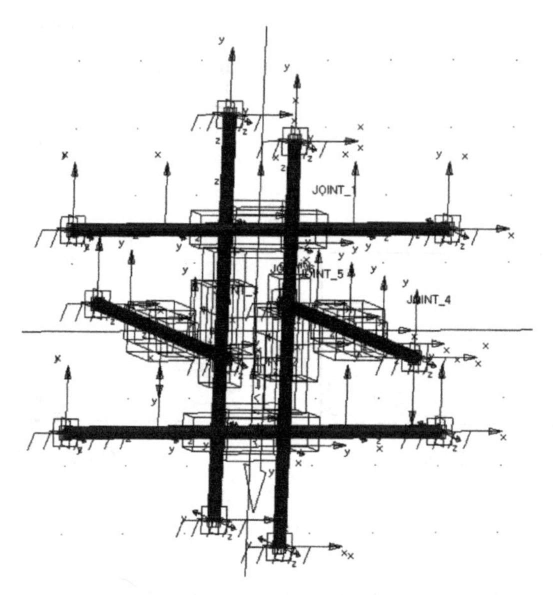


图 7.23　创建所有平移副

**表 7.4　平移副和杆的关系**

| 平移副 | 杆 |
|---|---|
| JOINT_1 | bar1、bar2 |
| JOINT _2 | bar3、bar4 |
| JOINT _3 | bar9、bar10 |
| JOINT _4 | bar11、bar12 |
| JOINT _5 | bar5、bar6 |
| JOINT _6 | bar7、bar8 |

### 7.2.5　设置重力和创建地面

此六杆球形张拉整体机器人需要三点着地立于地面，而图 7.14 所建立的模型表面任意相邻 3 点组成三角形的所在平面都不与任意坐标轴平行。这里选择点 POINT_2、POINT_4 和 POINT_11 为着地点，整个模型所受重力需要垂直于此三点所在的平面。

1. 重力分解过程

选择菜单栏的“设置”→“重力”，在弹出的“重力方向设置”对话框中进行设置，在“Y”和“Z”输入对话框中分别输入(−9806.65 / SQRT(5))和(−9806.65 * 2 / SQRT(5))(如图 7.24 所示，这些数值是根据点 POINT_2、POINT_4 和 POINT_11 所在平面的垂线计算获得的)。修改重力后的模型如图 7.25 所示。

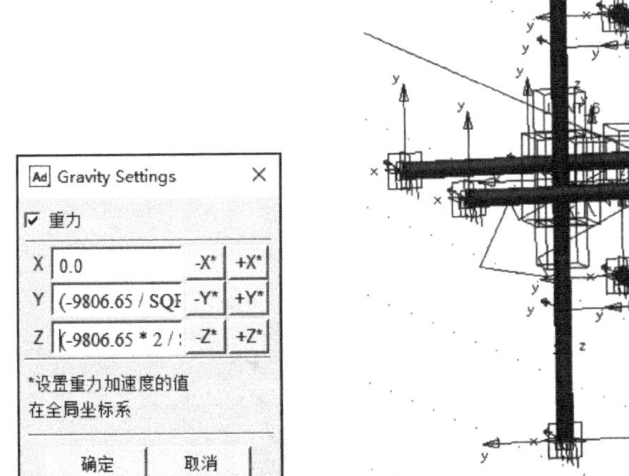


图 7.24　重力加速度分解图

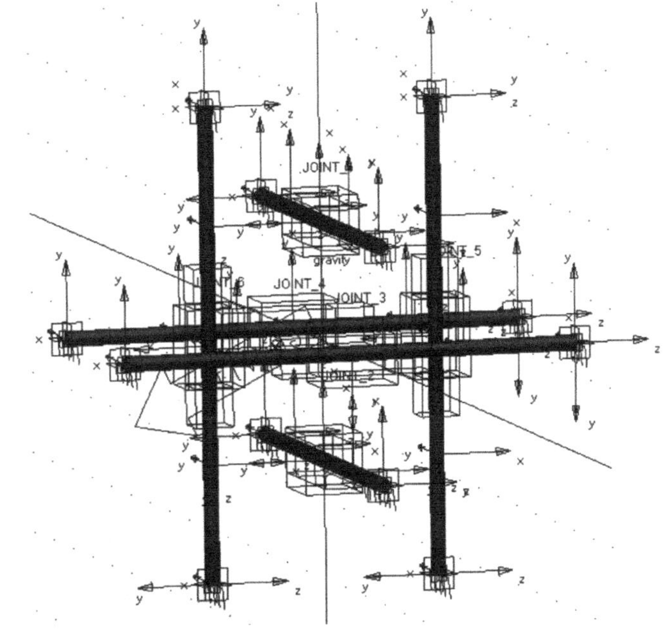


图 7.25　重力加速度状态显示

2. 调整创建地面的格栅

(1) 选择菜单栏的“设置”→“工作格栅”，弹出图 7.26 所示的“格栅设置”对话框。在对话框中的“设置定位…”一栏选择“选取…”，在工作区域选择 ground POINT_11 作为格栅的中心点。

(2) 在“设置方向”一栏中选择“选取…”，先单击 ground POINT_11 作为起始点，再先后单击 POINT_4 和 POINT_2 以完成格栅方向的确定。修改后的格栅位置如图 7.27 所示。

3. 建立机器人支撑地面

(1) 选择建模工具条的“物体”→“实体”→“创建立方体”图标，在模型树浏览区出现的“立方体设置”对话框中勾选“深度”，并设置为 3mm，如图 7.28 所示。

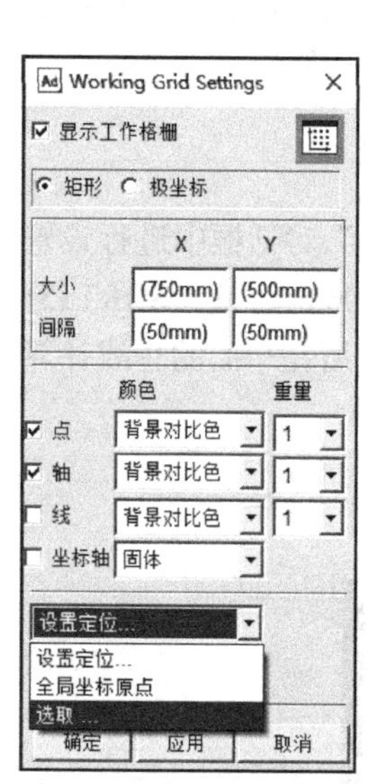


图 7.26　选择工作格栅参考点图

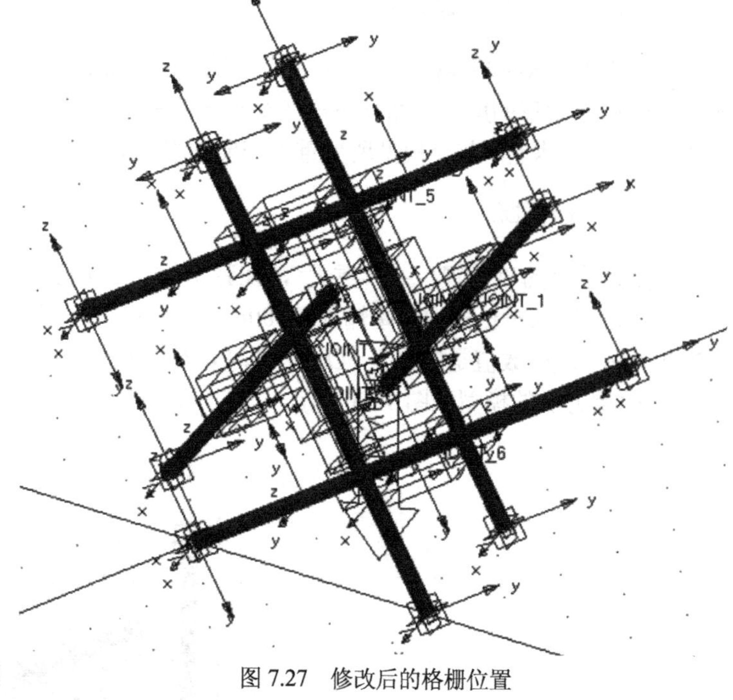

图 7.27　修改后的格栅位置

(2) 在工作区域创建一个平面，此平面要足够大，且可以支撑此球形张拉整体机器人模型翻滚，所建立的地面如图 7.29 所示。

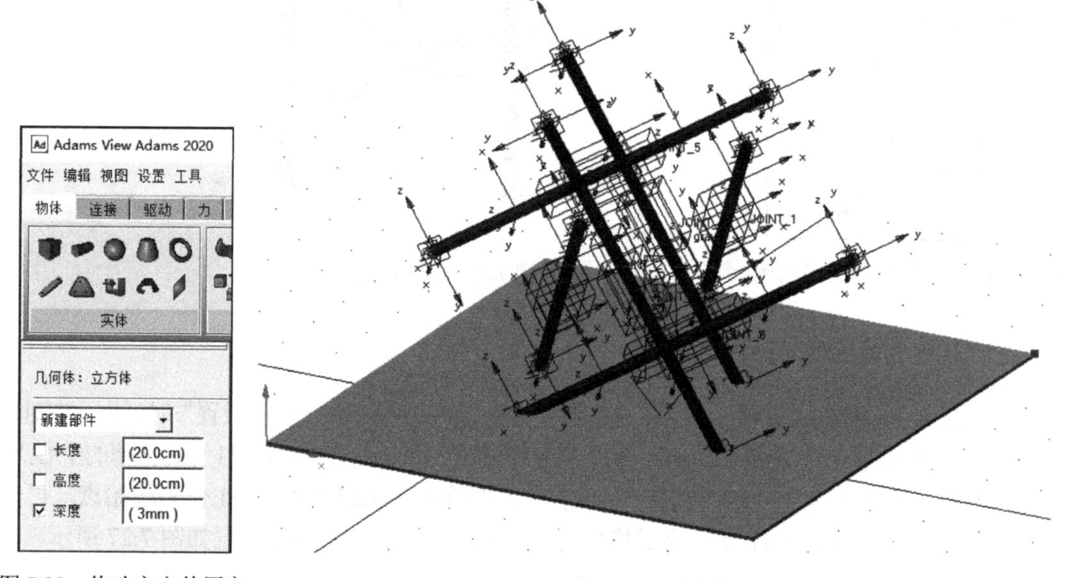


图 7.28　修改立方体厚度

图 7.29　创建地面

4. 调整地面位置

(1) 在英文输入状态下单击 r 键，之后按住鼠标左键即可对物体进行旋转，将工作区域的模型旋转到如图 7.30 所示的状态。由图可知，杆构件插入地面内，两者之间存在干涉，会导致后续的创建接触力仿真失败，因此需要调整地面与杆构件之间的位置。

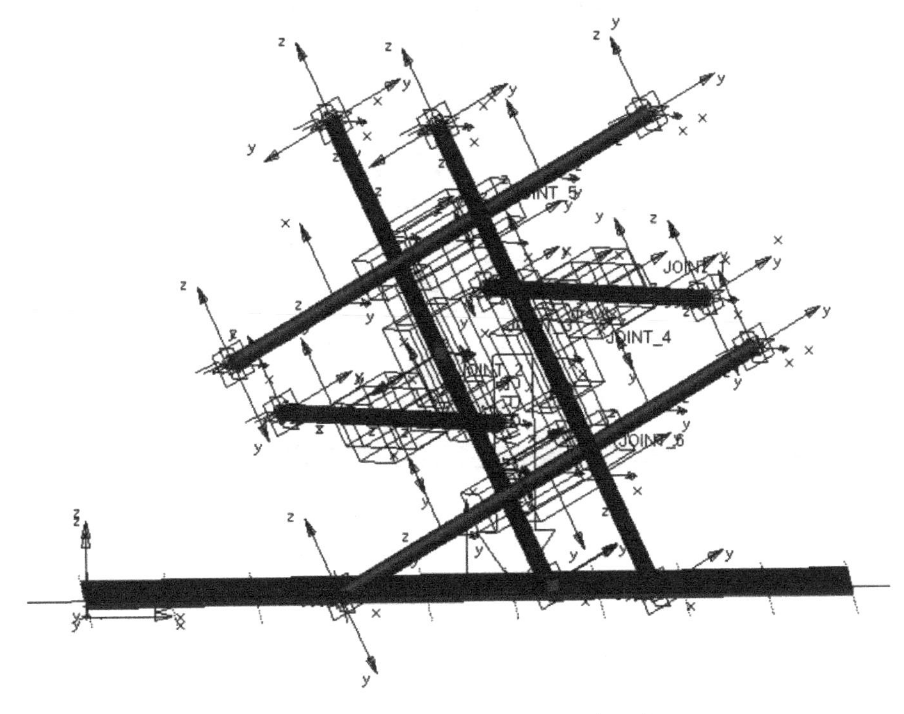


图 7.30　立方体与杆构架之间存在干涉

(2) 在工作区域选择刚创建的地面，单击工具栏中的“位置和位姿调节”图标，在模型树浏览区出现位置和位姿调节界面，如图 7.31 所示。修改对话框中的“平移距离”为 5mm，单击平移中的按钮 ▾I，实现此地面向下移动。移动后的地面和球形张拉整体机器人的位置关系如图 7.32 所示。

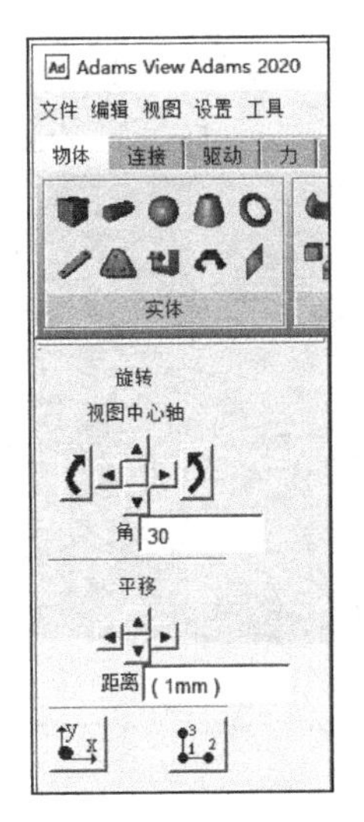


图 7.31　位置和位姿调节界面

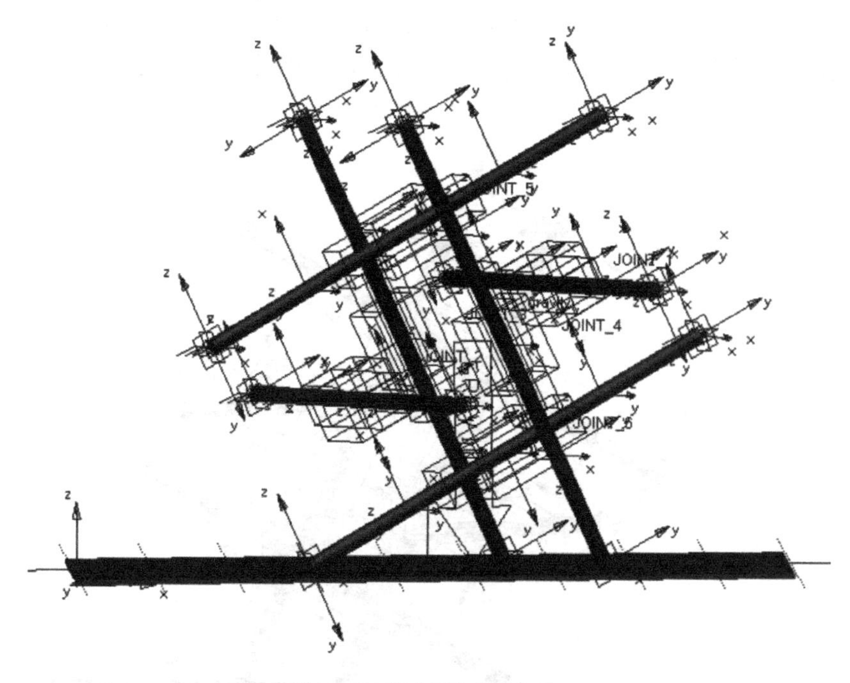


图 7.32　移动后物体的位置

(3)选择建模工具条的“连接”→“运动副”→“创建固定副”图标，在工作区域依次单击作为地面的平面和 ground，之后单击平面上任一点，即可完成平面与地面的固定，如图 7.33 所示。

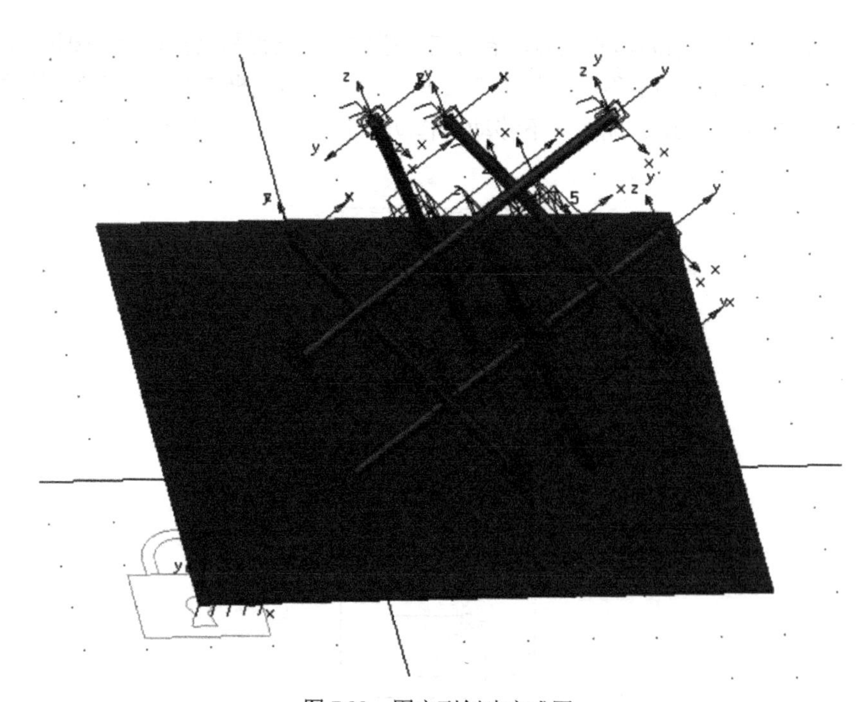

图 7.33　固定副创建完成图

### 7.2.6　创建各构件之间的接触

(1)选择建模工具条的“力”→“特殊力”→“创建接触”图标 ，弹出“Create Contact”对话框，如图 7.34 所示。

(2)在图 7.34 所示的对话框中，在“I 实体”输入框中右击，在弹出的选项卡中选择“接触实体”→“推测”→“BOX_127”，在工作区域单击创建的地面以完成 I 实体的选择；“接触实体”→“浏览”→双击“bar1”→双击“CYLINDER_14”选择一杆构件作为 J 实体。

(3)在图 7.34 所示的对话框中，“摩擦力”选择“库仑”，“库仑摩擦”选择“打开”。为方便多个接触参数的整体修改，这里将“静摩擦系数”、“动摩擦系数”、“静平移速度”、“摩擦平移速度”的输入值都设置为设计变量。具体操作步骤为：在“静摩擦系数”的输入框中右击，在弹出的选项卡中选择“参数化”→“创建设计变量”，即可生成一新的设计变量。四个参数设置完成后，选择模型树浏览区的“设计变量”→“DV_*”，在右击弹出的选项卡中选择“重命名”进行设计变量名称的修改。按照这样的方法，将刚创建的四个设计变量重命名为“jingmoca”“dongmoca”“jingpingyiv”“dongpingyiv”，修改后的设计变量可在模型树浏览区中查看，如图 7.35 所示。

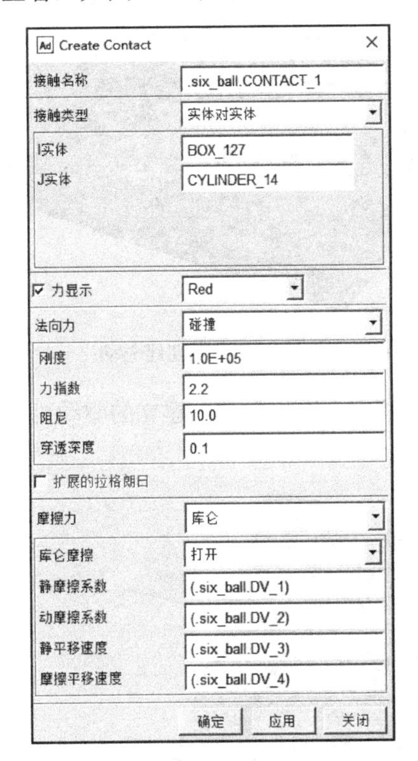

图 7.34　“Create Contact”对话框

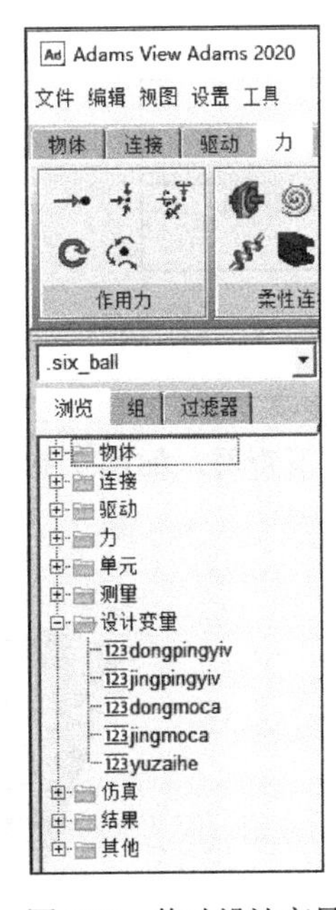


图 7.35　修改设计变量名称

(4)依据步骤(1)～步骤(3)，完成其余杆构件与地面之间的接触。注意，在设置“静摩擦系数”“动摩擦系数”“静平移速度”“摩擦平移速度”时，选择上面创建的相应设计变量。

### 7.2.7　创建驱动

杆构件之间是平移副连接，在重力的作用下，如果没有驱动力，结构整体会发生坍塌。为保证结构在重力作用下处于稳定状态，需要对平移副进行“锁定”。这里对平移副添加驱动来控制平移副的移动，当驱动数值为 0 时，也就相当于物体平移副处于锁定状态。

(1) 选择建模工具条的“驱动”→“运动副驱动”→“平移驱动”图标，即可在模型树浏览区出现移动驱动设置界面，如图 7.36 所示。在工作区域选择需要驱动的平移副，这里选择在 JOINT_1 上建立驱动，完成驱动添加后的模型如图 7.37 所示，添加驱动的运动副会显示表示运动方向的大箭头。

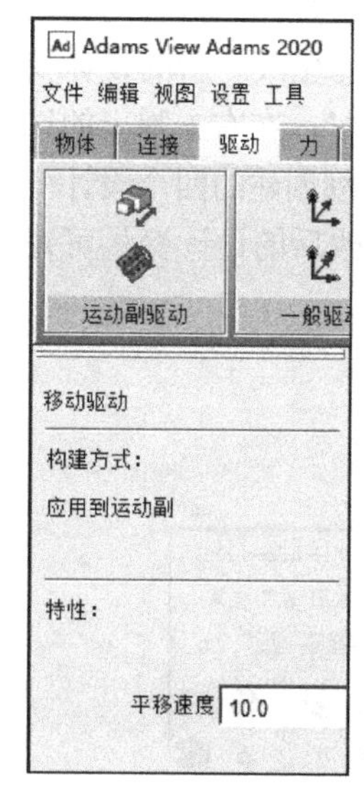

图 7.36　移动驱动设置界面

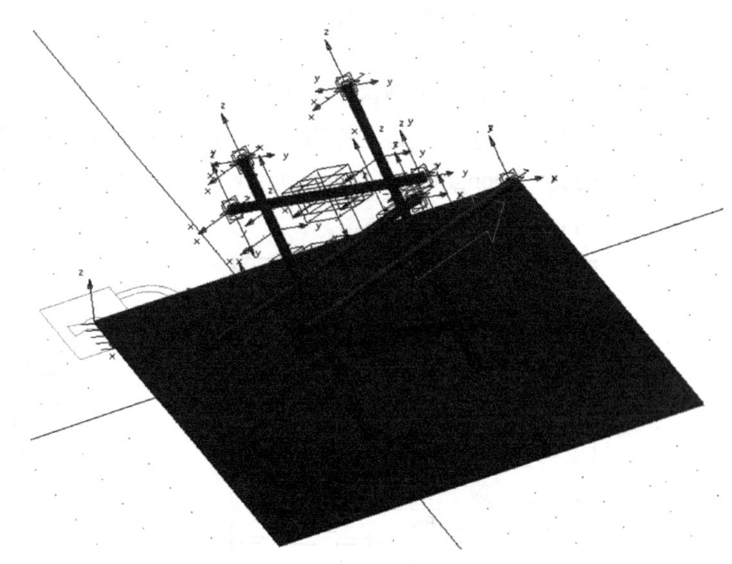

图 7.37　在 JOINT_1 上创建驱动

(2) 根据步骤(1)，按顺序在剩下的 5 个平移副上添加驱动，建立的驱动可在模型树浏览区的“驱动”下查看，如图 7.38 所示。

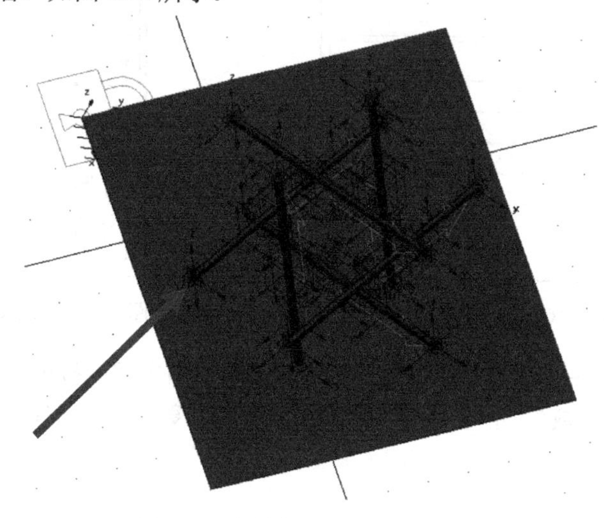

图 7.38　在所有平移副上创建驱动

(3)选择模型树浏览区的“驱动”→“MOTION_*”，在右击弹出的选项卡中选择“修改”，即可弹出图7.39所示的“驱动设置”对话框。将“函数(时间)”输入框中的数值改为0，单击“确定”按钮完成驱动“锁定”设置。

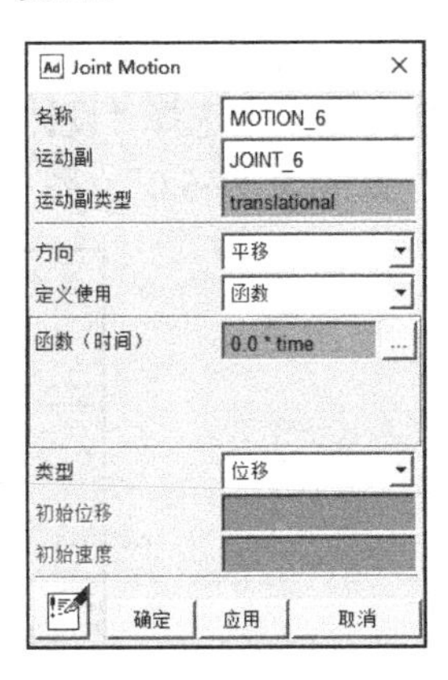


图7.39　修改驱动参数

(4)按照步骤(3)，将所有的驱动“锁定”，这样此六杆球形张拉整体结构处于静止状态，可以通过这样的设置检查所建模型的初始状态是否处于静态平衡。

## 7.3　仿真分析

### 7.3.1　静态平衡分析

(1)选择建模工具条的“仿真”→“仿真分析”→“运行交互仿真”图标，在弹出的“仿真设置”对话框中，将“终止时间”设置为5.0s，“步数”设置为500，如图7.40所示。单击对话框中的按钮▶开始仿真。

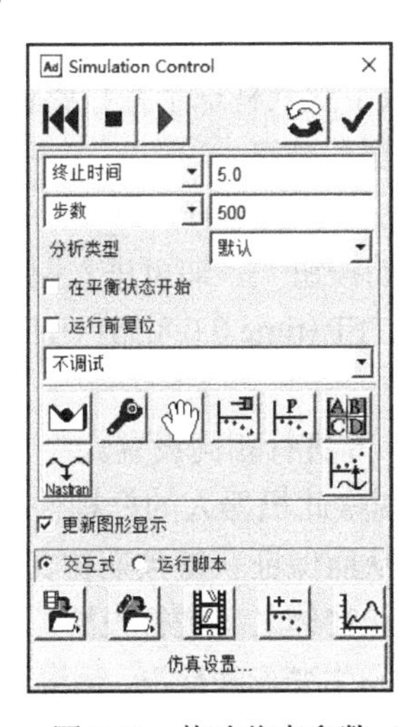


图7.40　修改仿真参数

(2)查看仿真过程中结构的动态变化。由于此结构以弹簧为主，刚性构件都是利用弹簧进行固定和定位的，因此整体具有一定的弹性，在仿真过程中结构会发生颤动和小变形。若仿真过程中结构有较大变形，则所建立模型的初始状态是不稳定的，需要调整模型参数或者修改模型。

(3) 图 7.41 为仿真后的模型状态图，与初始状态相比，其变形较大。这一问题可以通过调整弹簧的预紧力来解决。在模型树浏览区中选择“设计变量”→“yuzaihe”，右击弹出“设计变量设置”对话框，将“标准值”修改为“−5.0”(图 7.42)，单击“确定”按钮完成。

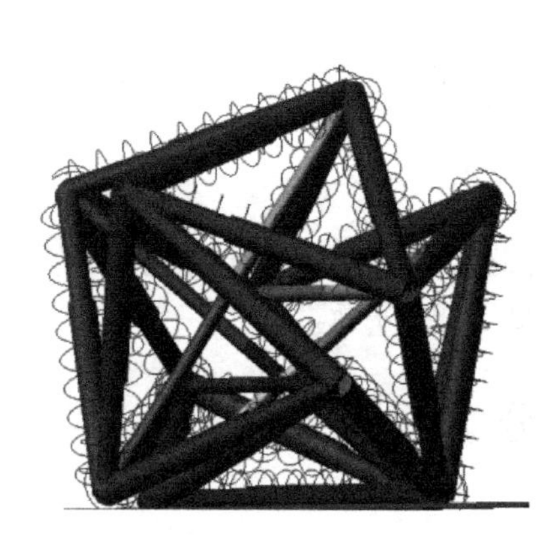

图 7.41　仿真后的结构模型

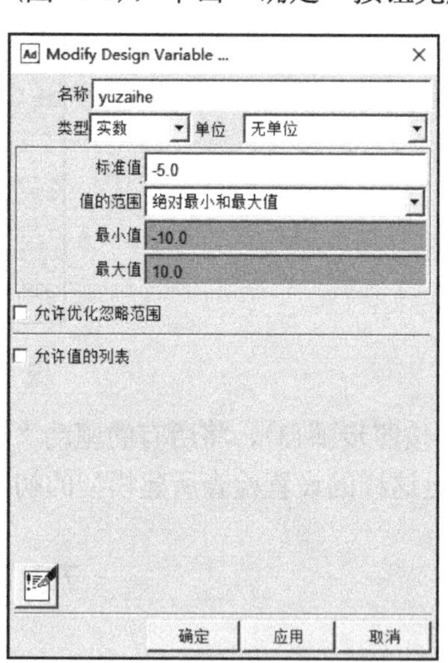


图 7.42　通过仿真修改结构参数

(4) 修改后再进行仿真，继续观察模型的变化，最终弹簧变形量较小，结构整体也在较小范围颤动时即可满足要求。

## 7.3.2　更改驱动参数

通过 7.3.1 节的仿真分析，确保了此六杆球形张拉整体机器人的初始状态为静平衡状态，下面将通过杆构件驱动结构整体变形和翻滚。

(1) 选择模型树浏览区的“驱动”→“MOTION_1”，双击弹出“驱动设置”对话框。单击“修改函数(时间)”输入栏后面的按钮 ... ，即可进入图 7.43 所示的函数编辑界面，在“定义运行时间函数”对话框中输入：STEP(time,0,0,8,55)+STEP(time,8,0,16,−55)，依次单击“确定”按钮完成此驱动的设置。

(2) 按照步骤(1)，对 MOTION_6 进行相同设置。

(3) 运行仿真，在仿真过程中观察此机器人的杆构件和地面之间是否有穿透现象以确定所有杆构件都与地面设置了接触，从而保证获得预期仿真结果。若出现未设置的现象，则需要按照接触力设置的方法对杆构件和物体之间进行设置。

(4) 仿真过程中，此机器人将会发生变形和翻滚，翻滚后的机器人恢复到初始形状。图 7.44 显示了此机器人的仿真初始状态和终止状态。如果仿真过程中发现机器人出现比较大的滑移，则将“定义运行时间函数”改为 STEP(time,0,0,8,−55)+STEP(time,8,0,16,55)，再次运行仿真即可。

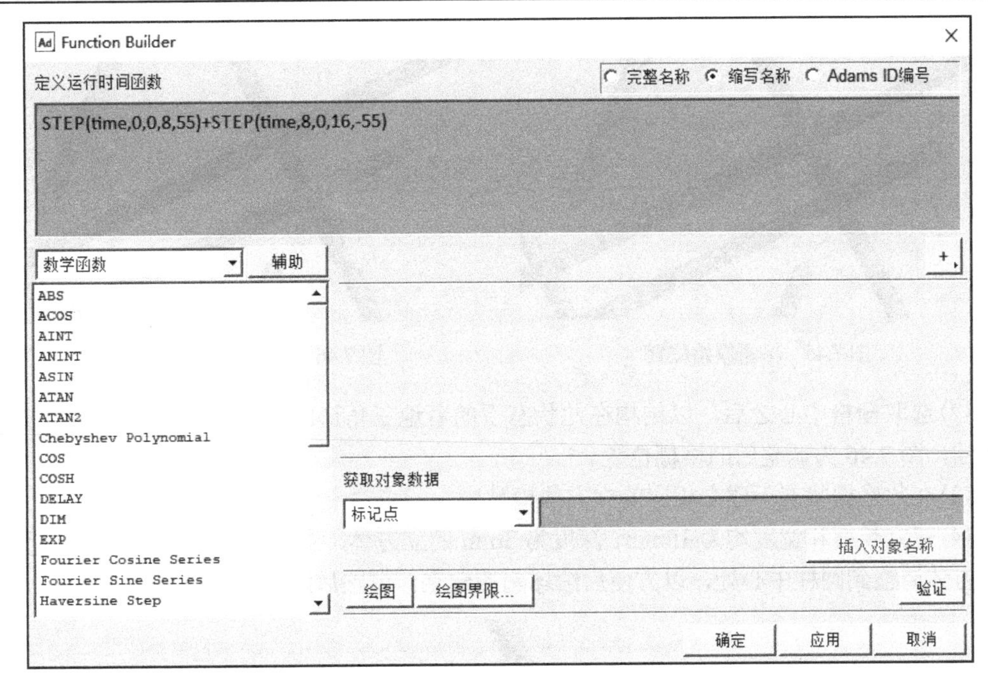


图 7.43　修改驱动参数

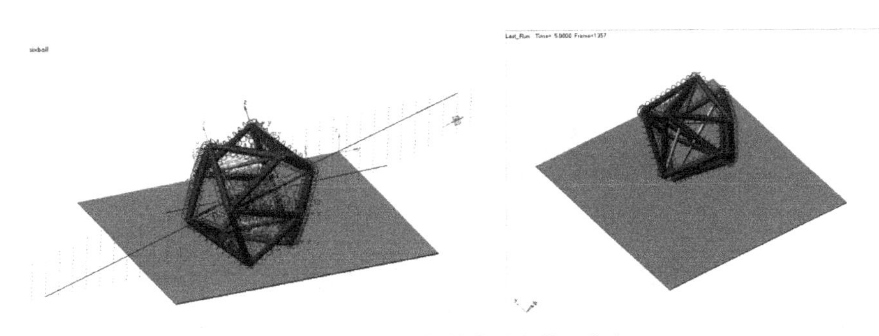

图 7.44　仿真初始态状和终止状态

## 7.4　六杆球形张拉整体机器人的爬坡分析

### 7.4.1　转换工作格栅创建立方体

由于圆柱体与平面之间是点接触，因此为保证结构能够在斜面上保持稳定状态而不下滑，需要将圆柱体与平面之间通过一个连接“中介”连接起来。这里选择在圆柱体结构上安装一个小物块作为圆柱体与平面之间的连接“中介”，保证摩擦力有效。为保证建立的物块在结构运动过程中能顺利地和平面贴合，需要调整物块的建模位置，也就是调整建模格栅的位置。

(1) 按照格栅调整选项，选择需要建立立方体的圆柱体作为格栅中心，即将格栅中心由图 7.45 转变到图 7.46 所示右侧交点处的圆柱体作为格栅转换位置中心点。

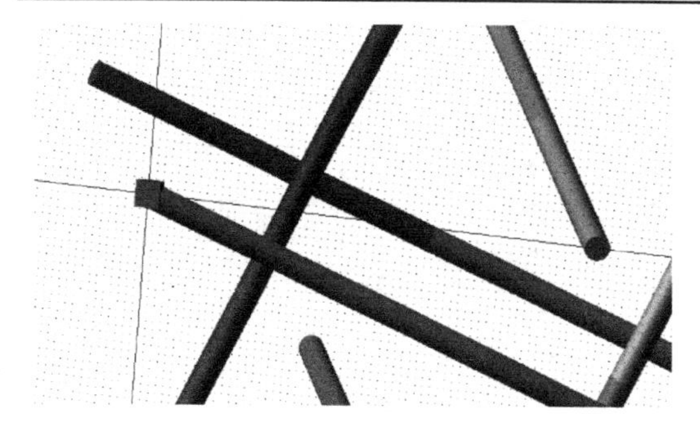

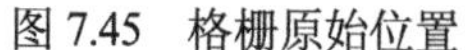

图 7.45　格栅原始位置

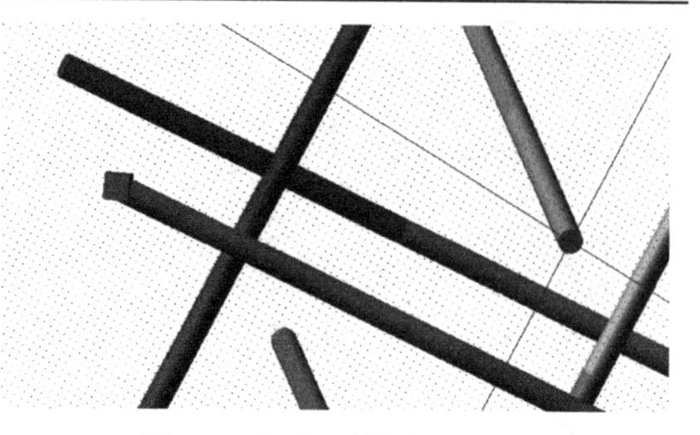

图 7.46　调整后格栅的位置

(2) 选取栅格中心之后，以结构在此状态下的着地三角形的另外两个点作为格栅方向建立格栅，图 7.46 为调整后的格栅位置。

(3) 在此格栅状态下建立相应的立方体接触块。

(4) 建立长度和宽度均为 10mm、深度为 3mm 的立方体，并且根据物体位置的调整要求，将立方体调整到圆柱中心处，以方便后续球副的建立。调整后的模型如图 7.47 所示。

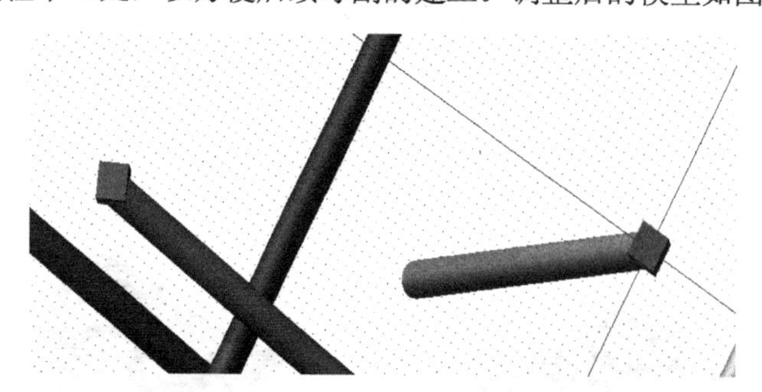

图 7.47　建立立方体并调整位置

(5) 按照此种方式，将所有圆柱体节点都建立立方体，可以实现结构任意方向的路径规划。

## 7.4.2　立方体与圆柱体之间球副的创建

立方体和圆柱体之间采用球副连接，能保证在结构运动过程中，立方体在任意时刻都可以贴合支撑面，进而保证物体能在斜面上保持稳定。

(1) 选择“连接”→“运动副”→“创建球副”图标，即可开始建立物体之间的球副。如图 7.48 所示，按照球副建模提示，单击“物块”→“圆柱体”→“圆柱体端面圆心”→完成球副创建。创建完成后的球副如图 7.49 所示(按 v 键可以隐藏/显示图标和约束)。

(2) 按照步骤(1)即可完成所有立方体与圆柱体之间的球副连接。

(3) 创建立方体与平面之间的接触力；上面创建圆柱体与平面之间的接触力是为了验证结构的正确性，在进行物体斜坡仿

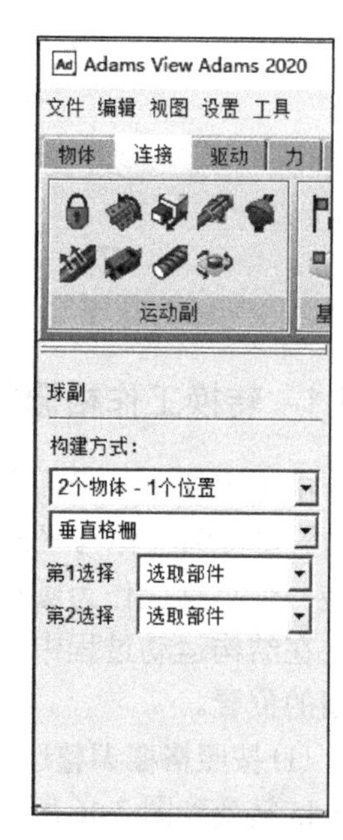


图 7.48　球副创建界面

真的时候需要立方体提供与斜面之间的摩擦力，因此需要重新创建物块与斜面之间的接触力，接触力的创建方式和上面圆柱体与平面之间接触力的创建方式相同(注：在创建接触力之前为了避免删除新建立的接触力，需要删除之前创建的圆柱与平面之间的接触力)。

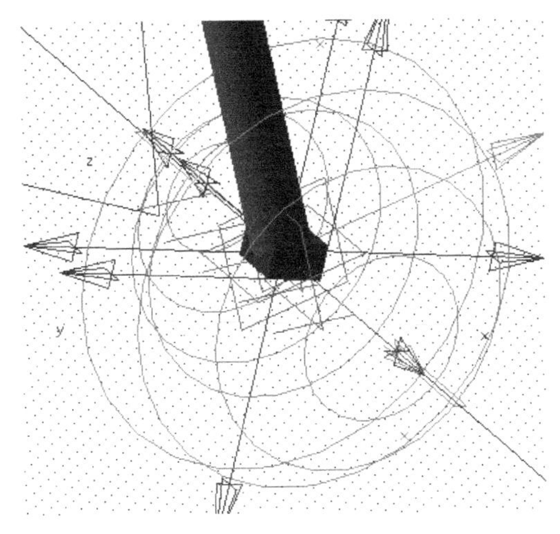

图 7.49　创建后的球副显示

## 7.4.3　斜面的建立

Adams 中要建立斜面首先应该修改工作格栅的位置；建立工作格栅需要确定节点的位置关系，因此在建立斜面的时候首先是确定节点的位置。

根据斜面的位置关系和考虑结构能在斜面上保持稳定的最大倾斜角，在建立斜面的时候需要设置合理的斜面引导点，否则会导致后续仿真失败，机器人无法在斜面上进行翻滚。

(1) 计算机器人在静止的时候能在斜面保持稳定状态的最大角度，根据角度来确定节点位置。

(2) 以开放三角形为例，取三角形着地的一条边的两个节点作为斜面的起始边。

(3) 根据三点确定一个斜面原则，另外一个点的纵坐标由计算得出。

(4) 如图 7.50 所示，根据要求，选取水平面作为基准面，开放三角形的两个端点作为一条边，新建的一点作为引导点建立斜面。

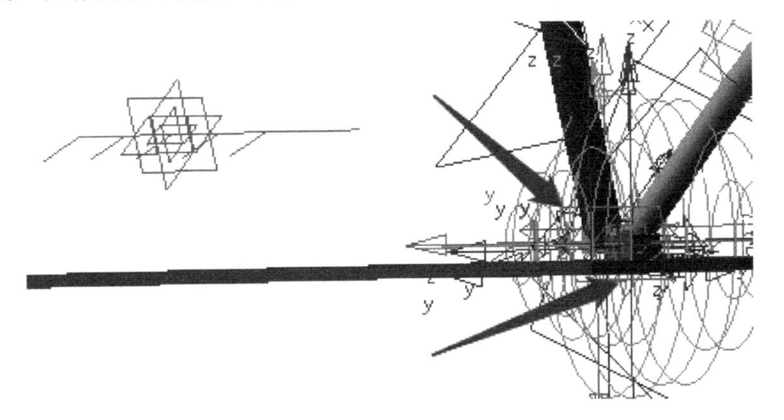

图 7.50　创建斜面引导点

(5) 首先应该是设置“工作格栅”，按照格栅设置方式，将格栅设置在需要建立斜面的位置处。然后根据斜面引导点和杆构件节点修改格栅位置。修改后的格栅位置如图 7.51 所示。

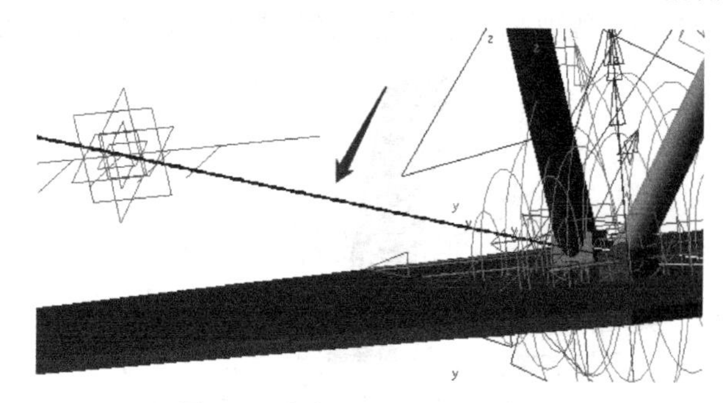

图 7.51　根据节点修改格栅位置

(6) 在该格栅上建立斜面，斜面用立方体代替，“深度”设置为 3mm，建立后的斜面如图 7.52 所示。

图 7.52　根据格栅创建的斜面

(7) 由图 7.52 可知，新建的斜面和原始杆件之间存在干涉，并且也不再满足要求，因此需要对斜面进行调整，选择合适方向，对斜面进行平行移动，最后平移之后保证斜面和杆件之间无干涉。

(8) 按照上面接触力的创建方式，建立滑块与斜面之间的接触力。

(9) 固定斜面，为保证在仿真过程中斜面相对地面保持静止，需要在斜面与地面(ground)之间创建固定副。

(10) 设置正确的驱动方式，进行斜面仿真分析。仿真前的结构停靠在水平面上；仿真后的结构停靠在斜面上，即可完成结构的斜面仿真运动。

# 第 8 章　截角四面体张拉整体结构

截角四面体是将正四面体的四个角截掉所形成的空间结构。图 8.1 为利用张拉整体思想搭建的截角四面体结构，此结构的外表面由索结构相连形成的封闭索网构成，内部由刚性杆构件支撑，使表面索网形成预期的空间形状。此截角四面体整体结构具有自稳定性，是一个整体结构。此结构的刚性杆构件不相互接触，整体具有一定的弹性和缓冲性能。本章将进行此结构的跌落仿真，检验其缓冲能力。第 6 章中的索结构是用刚性圆柱体和弹簧替代的，第 7 章的索结构完全用弹簧替代，本章将利用 Adams 软件中的绳索建立索构件。

本章主要介绍截角四面体张拉整体结构在 Adams 软件中的建模分析方法，包括截角四面体张拉整体结构的建模、运动仿真、创建特殊绳索的过程、测量仿真数据等。

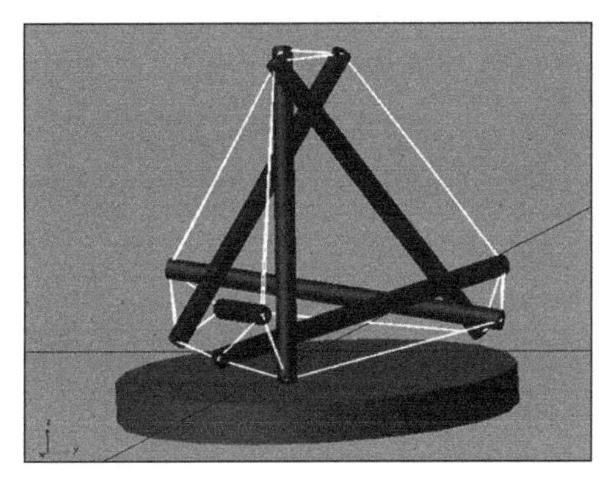

图 8.1　截角四面体张拉整体结构

## 8.1　启动软件并设置工作环境

(1) 双击 Adams View 的快捷方式，启动 Adams 软件。

(2) 出现 Adams 软件的欢迎窗口，单击“新建模型”前的绿色加号按钮，打开“创建新模型”对话框，可以自定义模型名称、重力方向等，更改完毕后，单击“确定”按钮。

(3) 新模型创建后，进入 Adams 软件的工作界面(默认界面)。单击菜单栏中“设置”→“界面风格”→“经典”或“默认”，可以将工作界面在经典界面和默认界面之间切换。本章将在默认界面中进行。

## 8.2　创建仿真模型

### 8.2.1　搭建模型框架

(1) 选择建模工具条的“物体”→“基本形状”→“设计点”按钮，在模型树浏览区会出现点设置界面，如图 8.2 所示。

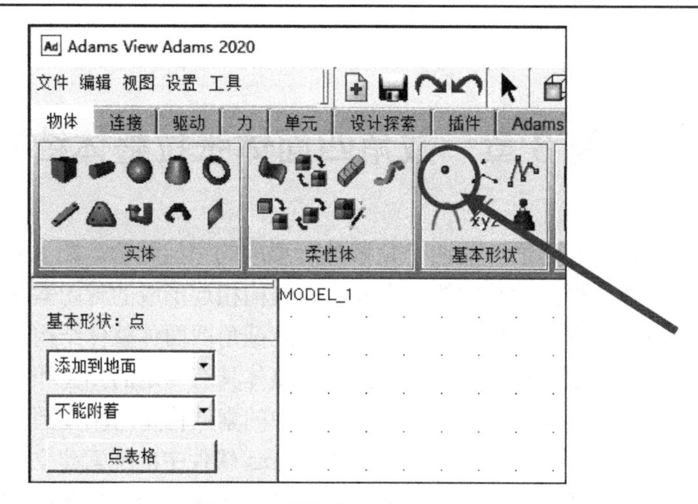


图 8.2　点设置界面

(2)单击如图 8.2 所示对话框的“点表格”按钮，单击“创建”按钮，输入如表 8.1 所示的 14 个点坐标，结果如图 8.3 所示。完成后单击“确定”按钮创建 14 个点。

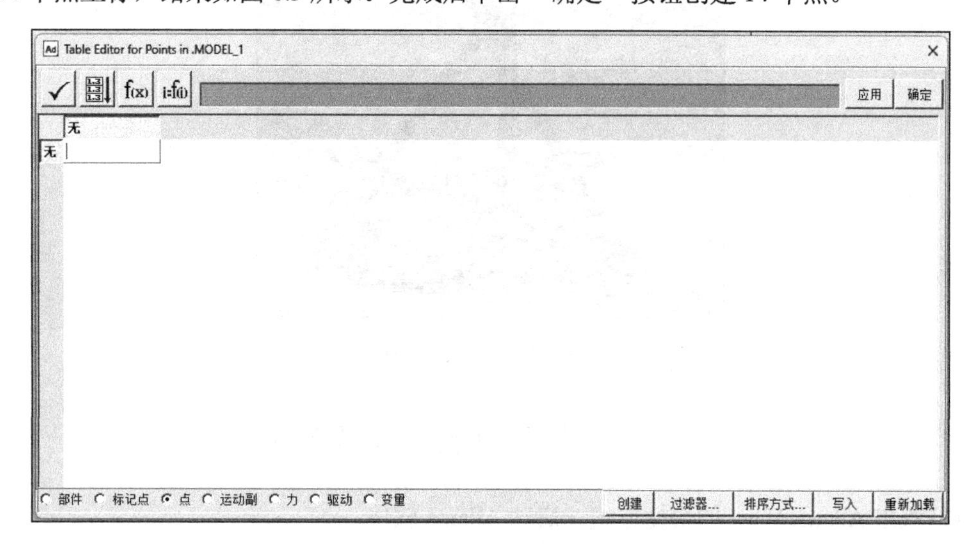


图 8.3　点表格

**表 8.1　截角四面体张拉整体结构的节点坐标**

| 节点 | Loc_X | Loc_Y | Loc_Z |
|---|---|---|---|
| POINT_1 | 19.9722 | −6.4894 | 145.0737 |
| POINT_2 | −4.3661 | 20.5411 | 145.0737 |
| POINT_3 | −15.606 | −14.0517 | 145.0737 |
| POINT_4 | 86.9766 | 14.0517 | 0.0 |
| POINT_5 | 98.836 | 6.4894 | 33.5435 |
| POINT_6 | 90.7232 | −20.5411 | 10.5971 |
| POINT_7 | −27.5725 | 88.8391 | 10.5971 |
| POINT_8 | −55.6574 | 68.298 | 0.0 |

续表

| 节点 | Loc_X | Loc_Y | Loc_Z |
|---|---|---|---|
| POINT_9 | −55.0379 | 82.3498 | 33.5435 |
| POINT_10 | −43.798 | −88.8391 | 33.5435 |
| POINT_11 | −63.1507 | −68.298 | 10.5971 |
| POINT_12 | −31.3191 | −82.3498 | 0.0 |
| POINT_13 | 0.0 | 0.0 | −10.0 |
| POINT_14 | 0.0 | 0.0 | −30.0 |

(3) 单击菜单栏中“设置”→“重力”，打开如图 8.4 所示的“Gravity Settings”对话框，单击“−Z*”按钮将重力方向设置为−Z 方向，单击“确定”按钮。

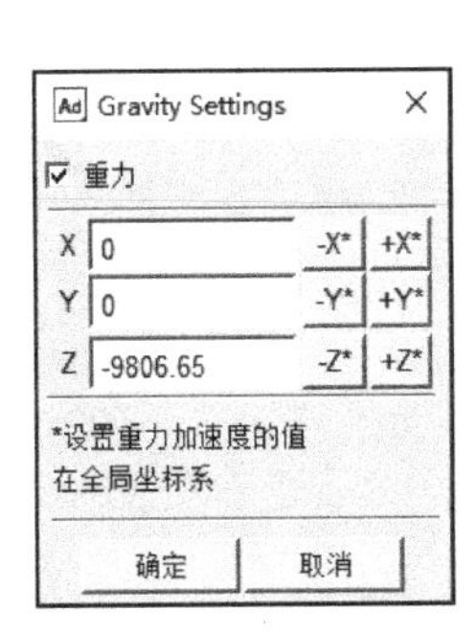


图 8.4　“Gravity Settings”对话框

(4) 选择菜单栏的“视图”→“预设值”→“轴测图”，此时视图变为轴测图。然后在“视图”选项卡中再选择“位置/方向”→“适合”，所建模型(此时就是几个点)将布满工作区域，如图 8.5 所示。接着单击“视图”选项卡的“位置/方向”→“绕 Z 轴旋转”，单击工作区任意位置并拖动鼠标，将模型的视图旋转到自己满意的视角。

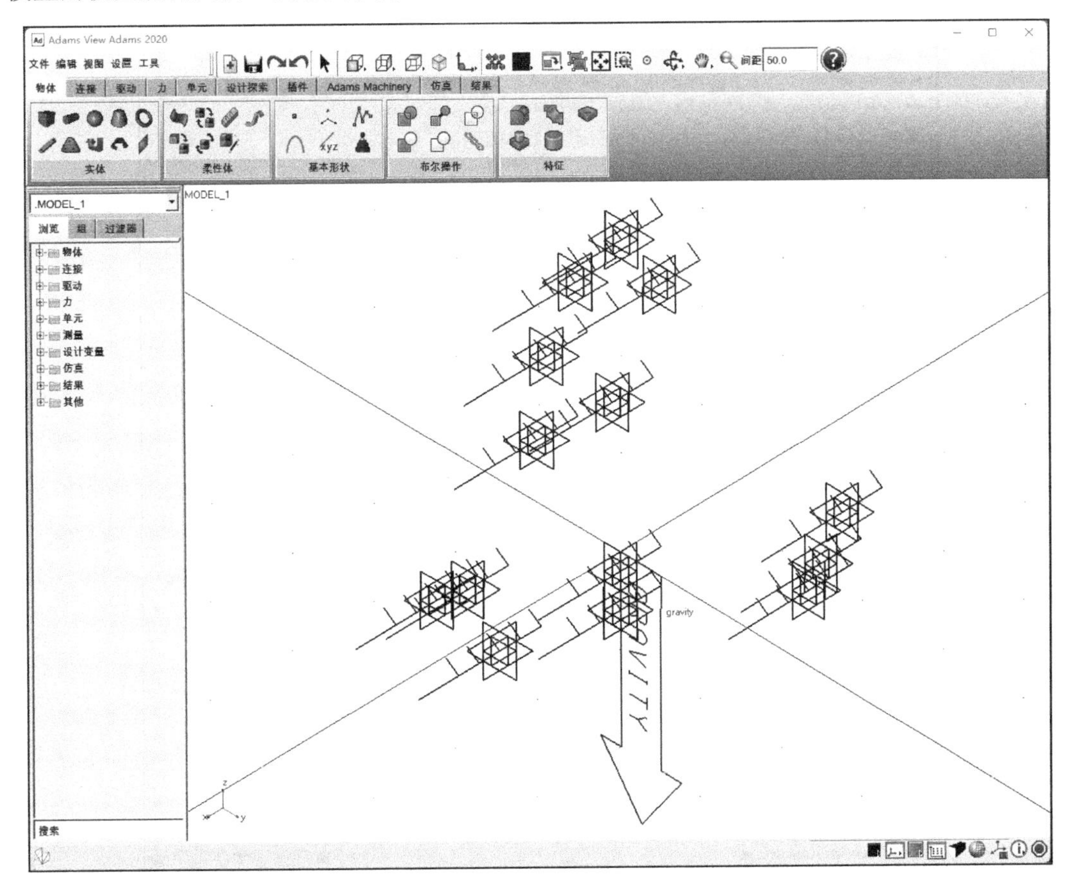


图 8.5　创建点

(5)选择建模工具条的“物体”→“实体”→“创建圆柱体”按钮，模型树浏览区出现圆柱体设置界面(图 8.6)，勾选对话框中“半径”并将其设置为 0.5cm。

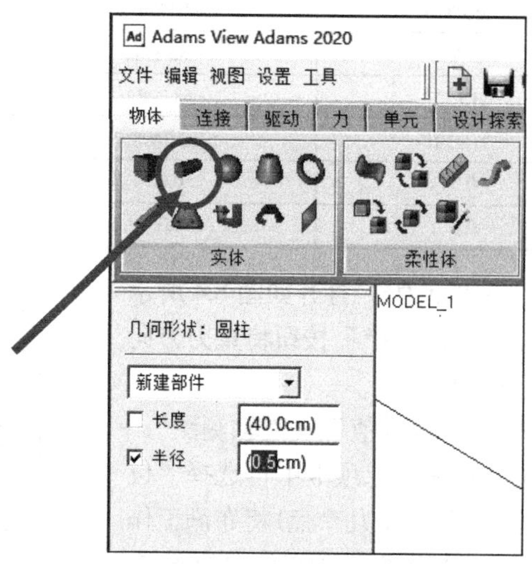


图 8.6　圆柱体设置界面

(6)将鼠标移至工作区域的第 1 个点的位置附近，光标将自动吸附到相应位置，并显示该点的名称，如图 8.7 所示。

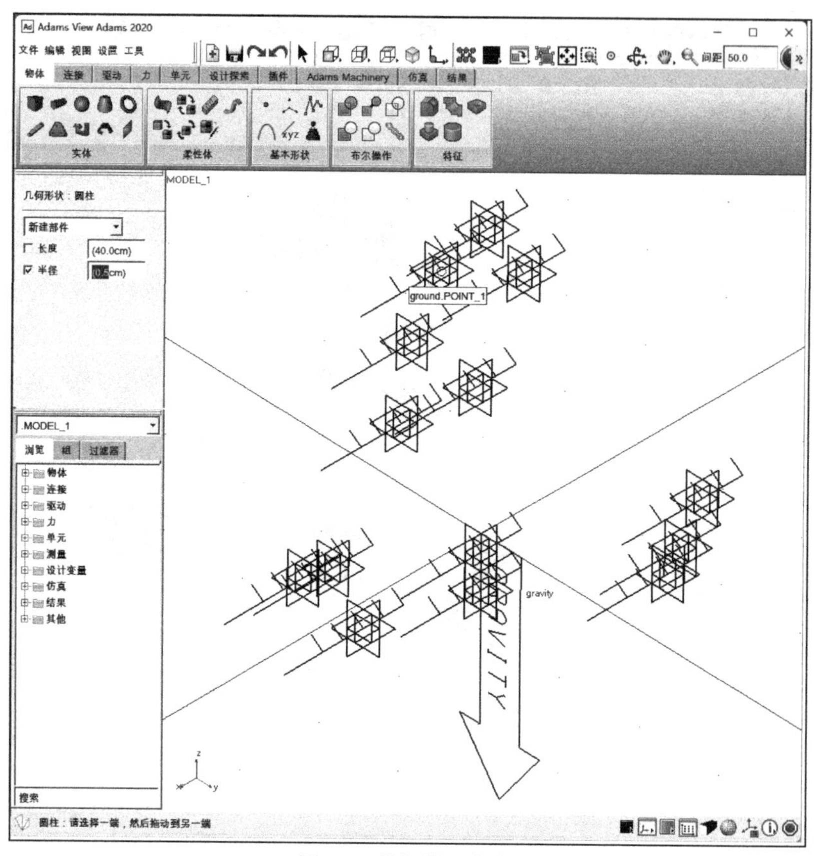


图 8.7　捕捉第一个点

(7) 依次单击第 1 个点和第 8 个点，即可完成第一根杆的创建(图 8.8)。单击工具栏中“实体颜色”图标■，将杆构件的颜色更改为蓝色。

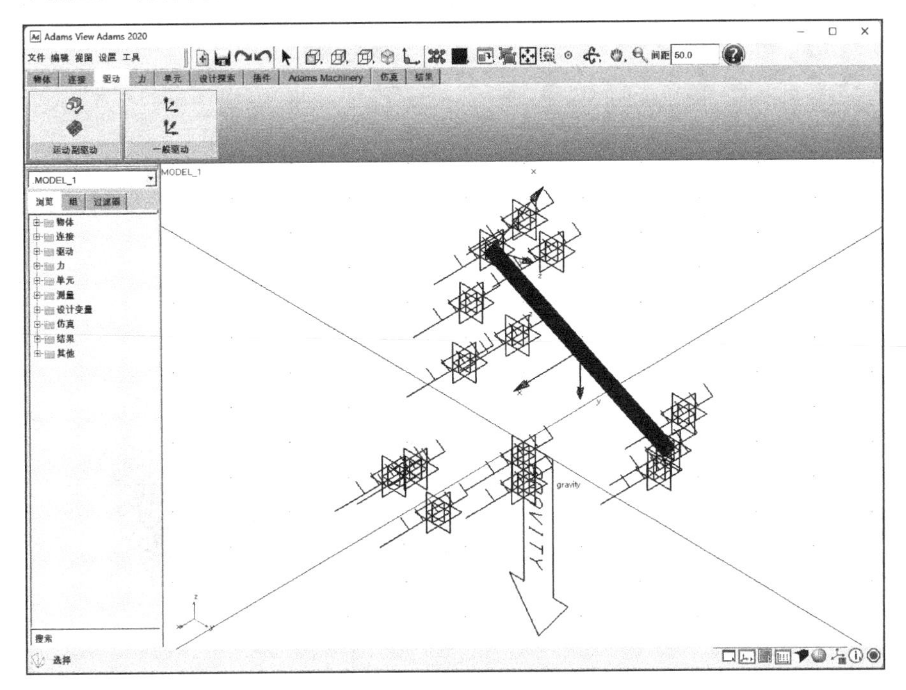


图 8.8　创建第一根杆

(8) 选择模型树浏览区的“物体”→“PART_2”，在右击弹出的选项卡中单击“重命名”，打开如图 8.9 所示的对话框。将此构件的名称更改为“bar_1”，单击“确定”按钮。

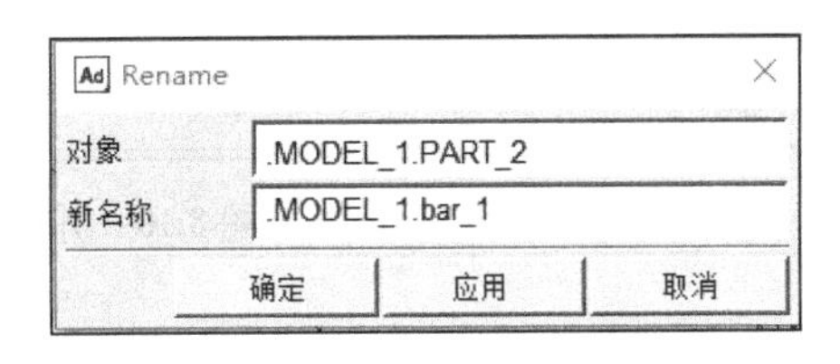


图 8.9　对圆柱杆重命名

(9) 仿照步骤(5)～步骤(8)，按表 8.2 中杆的起始节点、终止节点的顺序依次建立另外 5 根杆(图 8.10)。如果光标没有自动吸附到预计的节点位置，可以在该节点附近右击任意位置，在打开的列表中单击相应的节点，然后单击“确定”按钮即可。

**表 8.2　截角四面体张拉整体结构的杆构件表**

| 杆名称 | 起始节点 | 终止节点 |
|---|---|---|
| bar_1 | 1 | 8 |
| bar_2 | 2 | 12 |
| bar_3 | 3 | 4 |
| bar_4 | 5 | 11 |
| bar_5 | 6 | 9 |
| bar_6 | 7 | 10 |

(10) 选择建模工具条的“物体”→“实体”→“创建锥台体”按钮，模型树浏览区出现图 8.11 所示的锥台体设置界面，勾选“底部半径”和“顶部半径”，并均设置为 10.0cm，

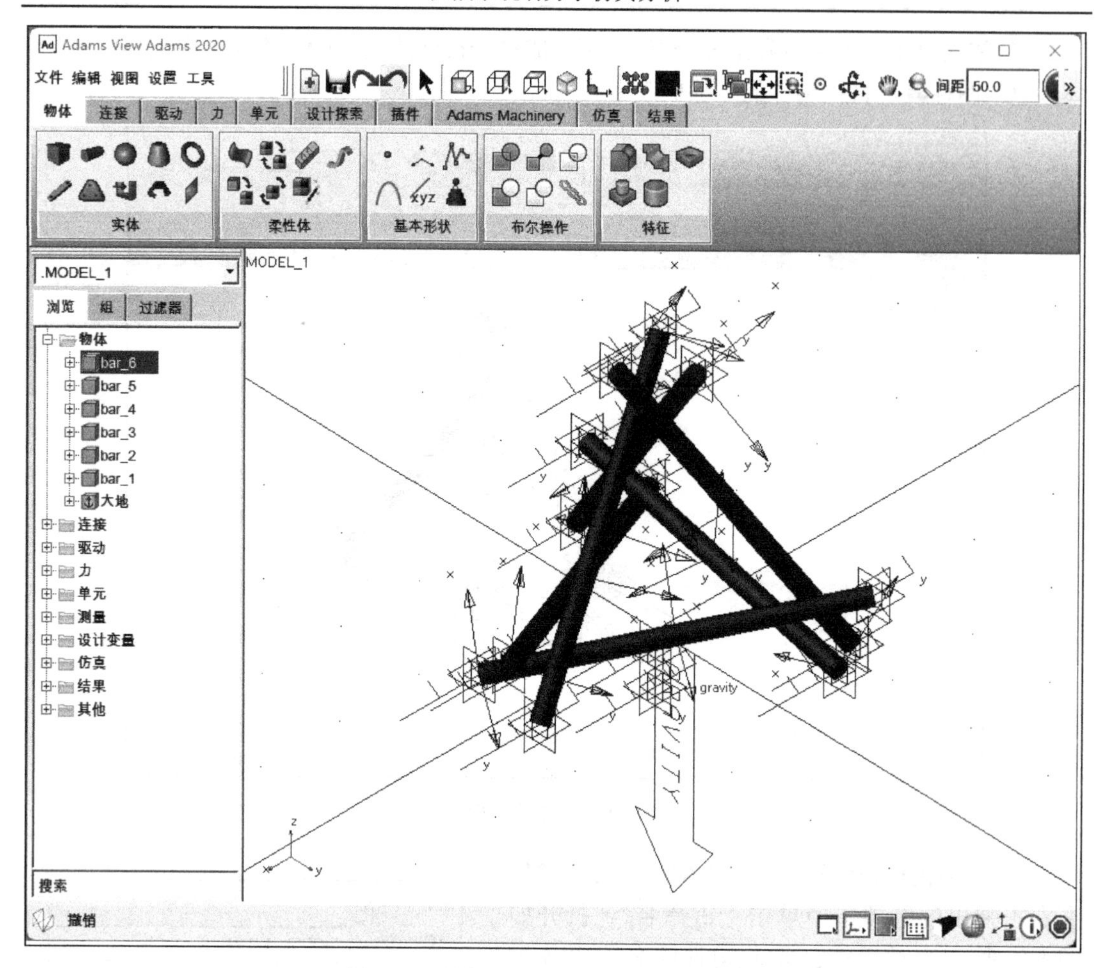


图 8.10　所有杆构件创建完毕后的效果图

然后选择第 13 个点和第 14 个点，即可完成底座的创建(图 8.12)(注：保证圆台和杆件之间留有空隙，防止发生模型之间的干涉，以免后续仿真杆件飞出)。

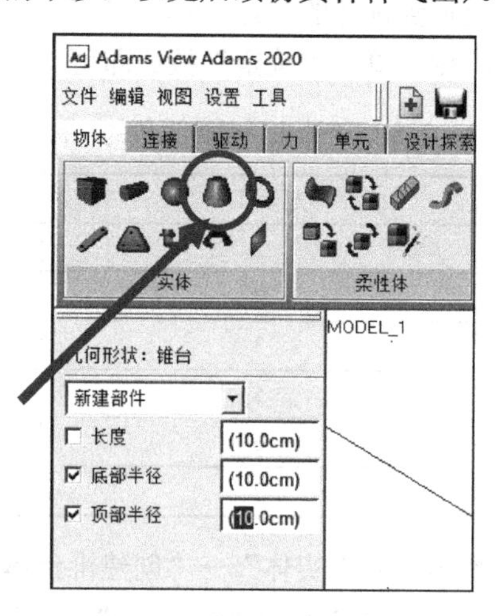


图 8.11　锥台体设置界面

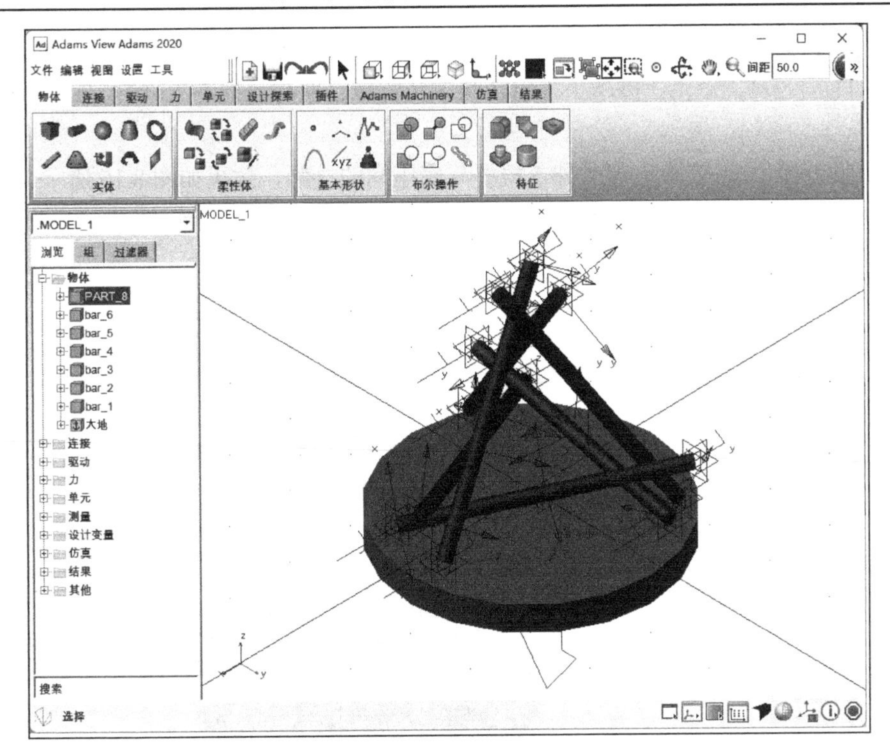


图 8.12　创建底座

## 8.2.2　添加约束

(1)选择建模工具条的“连接”→“运动副”→“创建固定副”按钮，依次单击底座、地面(工作区灰色背景的任意位置)和第 13 个点，完成底座与地面的固连。

(2)选择建模工具条的“力”→“特殊力”→“创建接触”按钮，弹出图 8.13 所示的“Create Contact”对话框。在“I 实体”后的对话框中右击，在弹出的选项卡中选择“接触实体”→“浏览”，打开如图 8.14 所示的“Database Navigator”窗口，双击展开“bar_1”菜单，

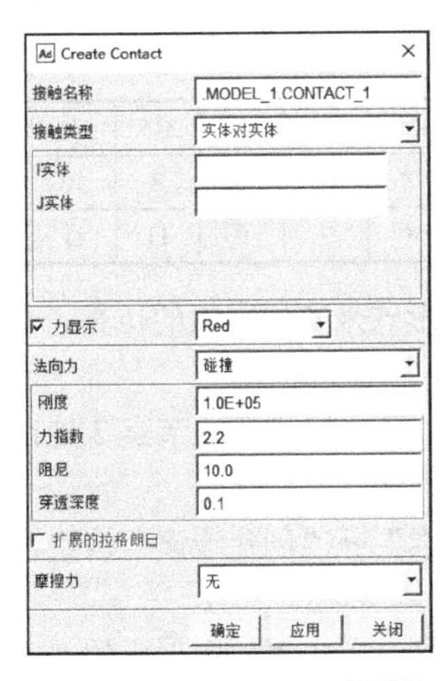


图 8.13　“Create Contact”对话框

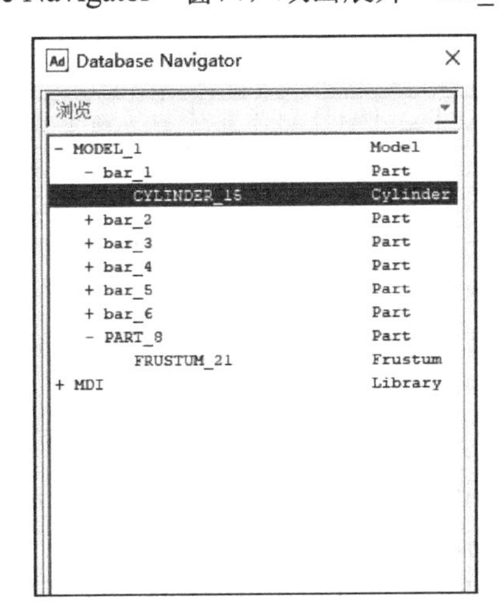


图 8.14“Database Navigator”窗口

双击选择“CYLINDER_15”；然后右击“J 实体”后的文本框，单击“接触实体”→“推测”→“FRUSTUM_21”，单击“摩擦力”右边的下拉菜单，选择“库仑”，然后单击“确定”按钮完成。

(3) 仿照步骤(2)，依次创建另外 5 根杆与底座间的接触，效果如图 8.15 所示。

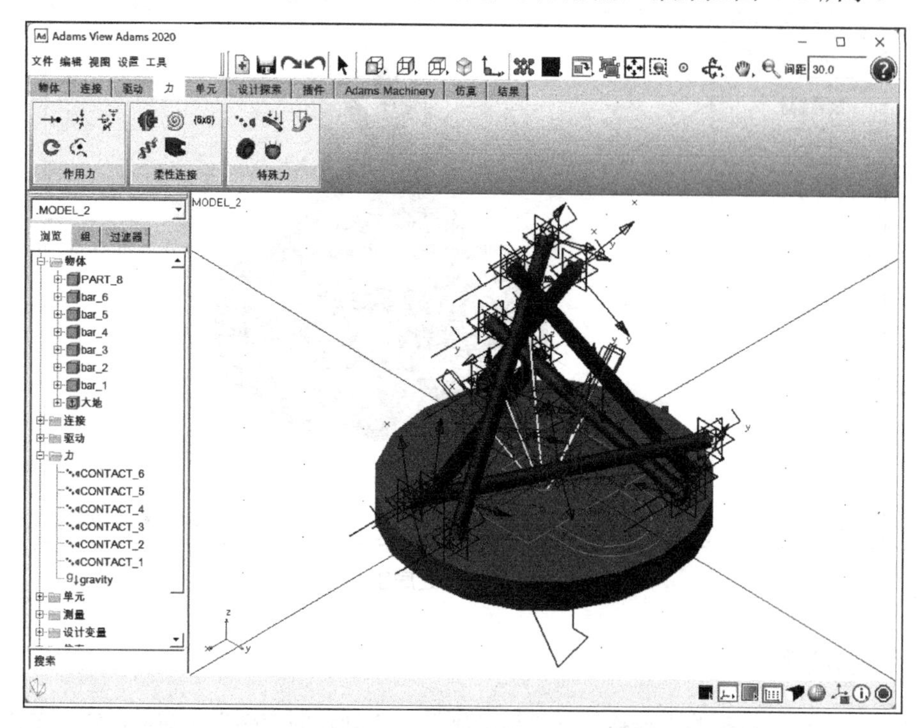


图 8.15　创建各杆构件与底座间的接触

## 8.2.3　创建绳索

截角正四面体张拉整体结构共有 18 根索，各索的起、止节点如表 8.3 所示。

表 8.3　截角正四面体张拉整体结构的索构件表

| 索 | s1 | s2 | s3 | s4 | s5 | s6 | s7 | s8 | s9 | s10 | s11 | s12 | s13 | s14 | s15 | s16 | s17 | s18 |
|---|---|---|---|---|---|---|---|---|---|---|---|---|---|---|---|---|---|---|
| 起 | 1 | 1 | 1 | 2 | 2 | 3 | 4 | 4 | 4 | 5 | 6 | 7 | 7 | 8 | 8 | 10 | 10 | 11 |
| 止 | 2 | 3 | 5 | 3 | 9 | 10 | 5 | 6 | 7 | 6 | 12 | 8 | 9 | 9 | 11 | 11 | 12 | 12 |

Adams 软件中的“绳索”模块，通过锚点和滑轮的形式来实现绳索的仿真。本节将以创建绳索“s1”和“s2”为例，演示如何创建绳索。

绳索“s1”连接节点 1 和节点 2，可在节点 1 处设置两个锚点，在节点 2 处设置一个滑轮，然后创建一根从锚点 1 出发绕着滑轮回到锚点 2 的绳索。

(1) 选择建模工具条的“Adams Machinery”→“绳索”→“创建绳索”按钮，弹出如图 8.16 所示的“创建绳索”对话框。

首先设置锚点 1，在对话框的“名称”后输入“s1a”，右击“位置”后的文本框，在弹出的选项卡中选择“选取位置”，在工作区域节点 1 附近的位置右击，在打开的列表中单击

“bar_1.CYLINDER_15.E2”（注：因为建立绳索的目的是连接各杆，所以起止点都是选点所在的杆，一般都为 CYLINDER 点或 MARKER 点），单击“确定”按钮。右击“连接部件”的文本框，选择“物体”→“推测”→“bar_1”，单击“下一个”按钮，弹出“锚点 2 设置”对话框。

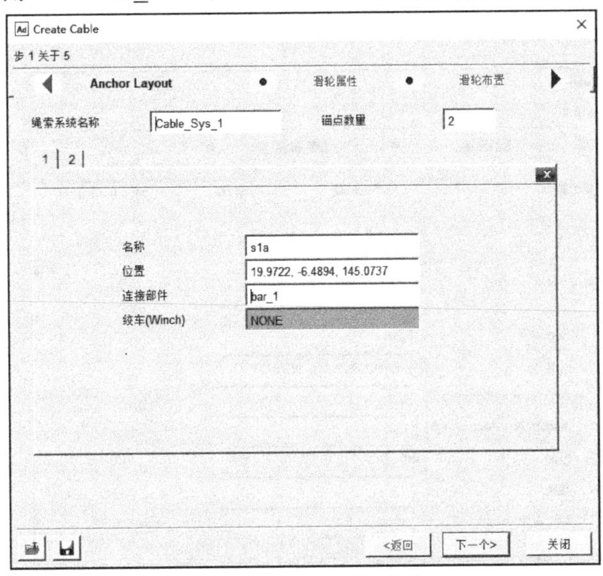


图 8.16　锚点 1 的设置

(2)“锚点 2 设置”对话框与图 8.16 所示的相同。“锚点 2 设置”对话框中，在“名称”后的文本框中输入“s1b”，其余两个文本框与锚点 1 相同，设置完成后单击“下一个”按钮，进入步 2，具体设置如图 8.17 所示，完成后单击“下一个”按钮，进入步 3。

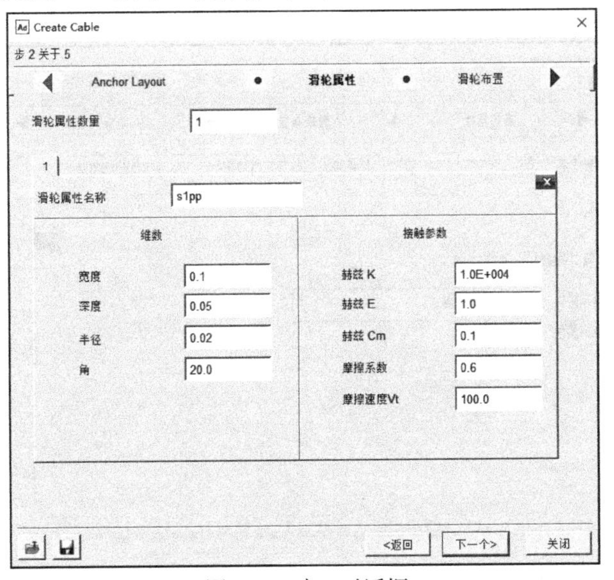


图 8.17　步 2 对话框

(3) 将步 3 对话框中“带轮个数”设置为“1”，然后按“Tab”键，在“名称”后的文本框中输入“s1p”；右击“位置”后的文本框，在弹出的选项卡中选择“选取位置”，在工作区域右击节点 2 附近的任意位置，在打开的列表中单击“bar_2.MARKER_2”，然后单击“确定”

按钮。在“直径”后的文本框中输入“1”，右击该数值，单击“参数化”→“创建设计变量”。右击“滑轮属性”文本框，在弹出的选项卡中选择“绳索滑轮属性”→“推测”→“s1pp”，此界面设置完成的结果如图 8.18 所示。单击“连接”选项卡，将连接部件更改为“bar_2”(图 8.19)，单击“下一个”按钮，进入步 4。

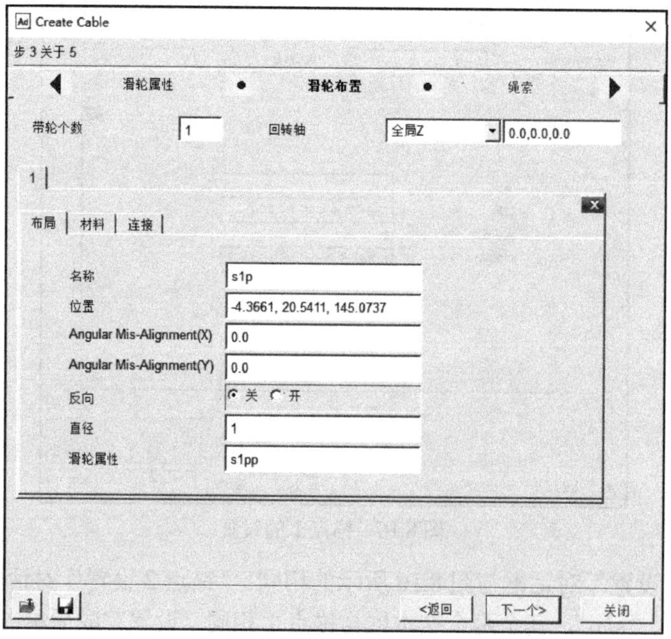

图 8.18　创建绳索的步 3 完成图 1

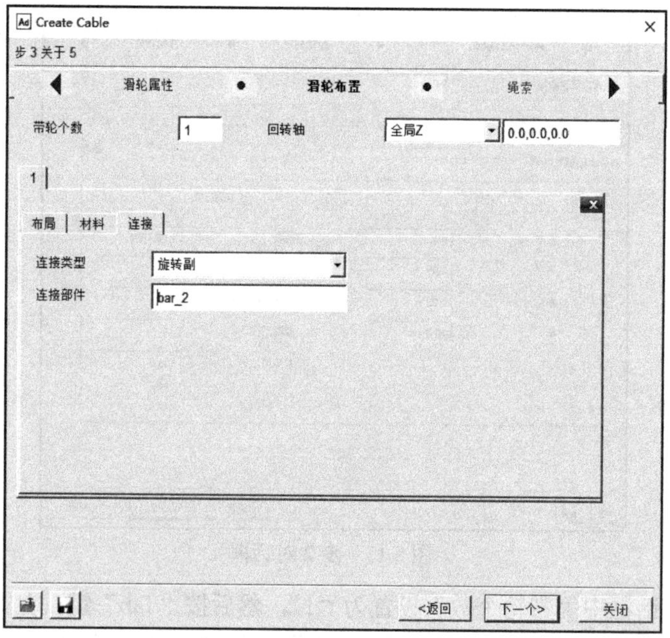

图 8.19　创建绳索的步 3 完成图 2

(4) 步 4 的设置对话框如图 8.20 所示。单击“参数”选项卡，将“预载荷”更改为“100”，如图 8.21 所示。单击“下一个”按钮，生成绳索后进入步 5，单击“完成”按钮即可完成此绳索的设置。

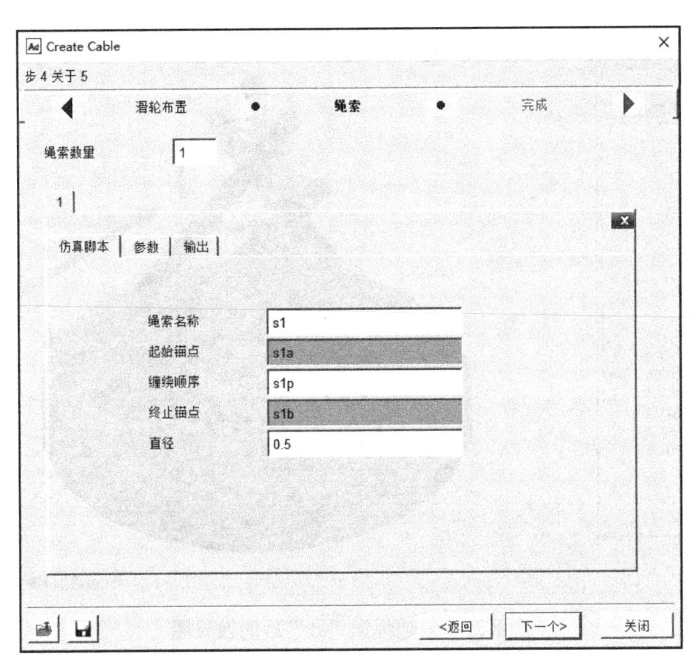


图 8.20　创建绳索的步 4 完成图 1

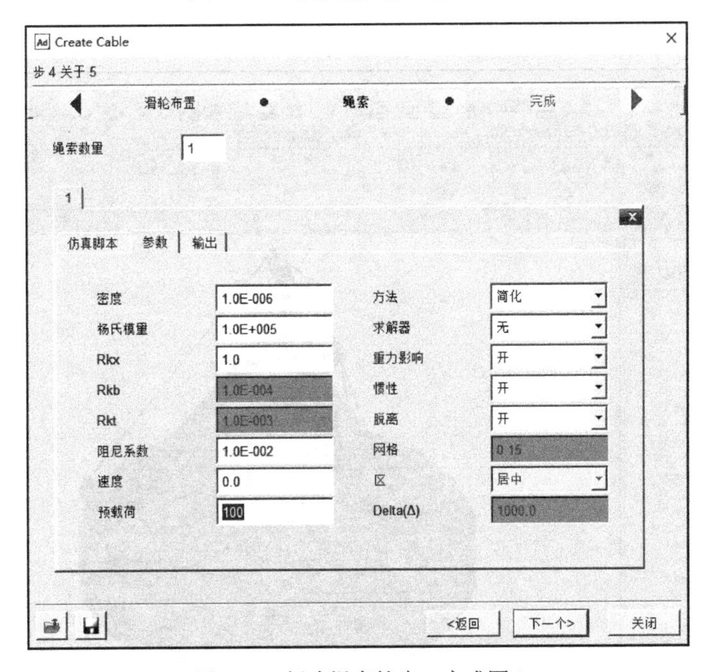


图 8.21　创建绳索的步 4 完成图 2

(5) 单击软件界面右下方的“切换当前视图图标可见性”图标，可以看到创建的绳索“s1”，如图 8.22 所示。

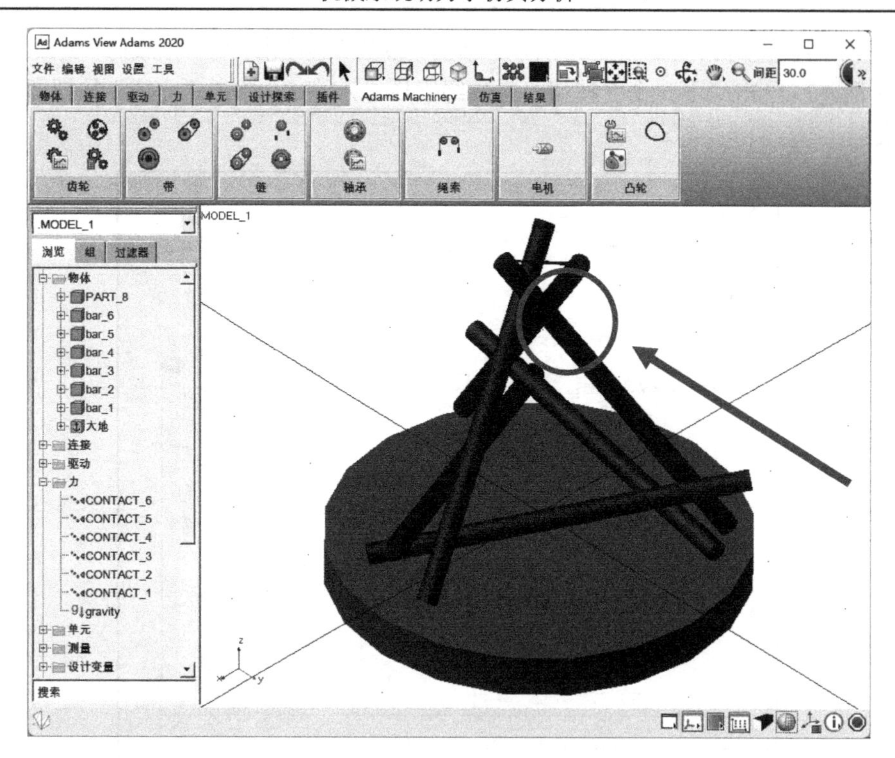


图 8.22　创建绳索“s1”后的效果图

(6) 依照步骤(1)～步骤(5)，按表 8.3 中索的起、止节点的顺序依次创建其余绳索，完成后的模型如图 8.23 所示。

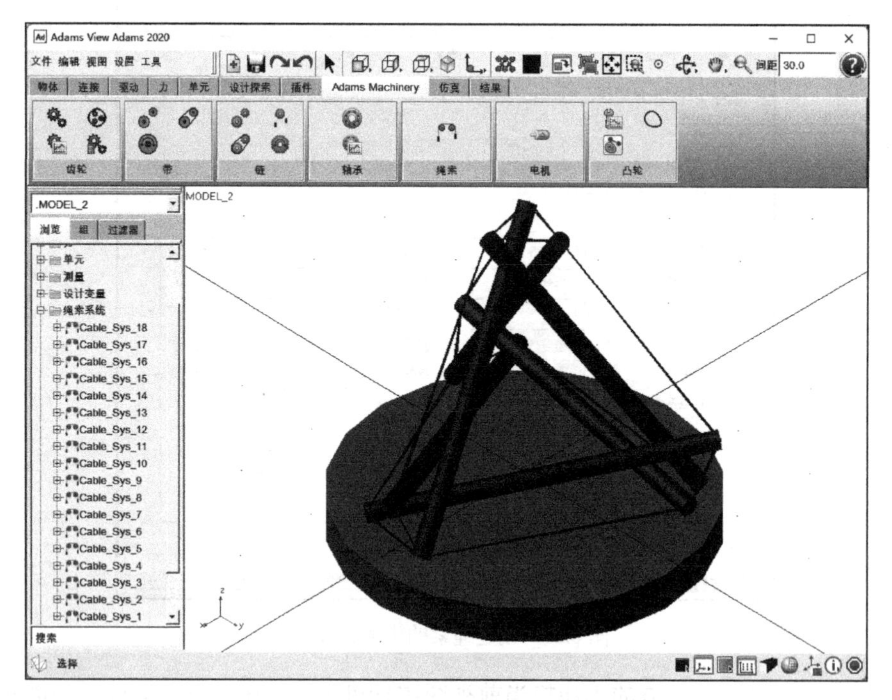


图 8.23　所有索构件创建完毕后的效果图

## 8.3　仿 真 分 析

(1) 选择建模工具条的“仿真”→“仿真分析”→“运行交互仿真”按钮⚙，打开“Simulation Control”对话框，将终止时间 (End Time) 更改为“持续时间”并将其值更改为 0.2，将步数 (Step) 的值更改为 100，如图 8.24 所示。

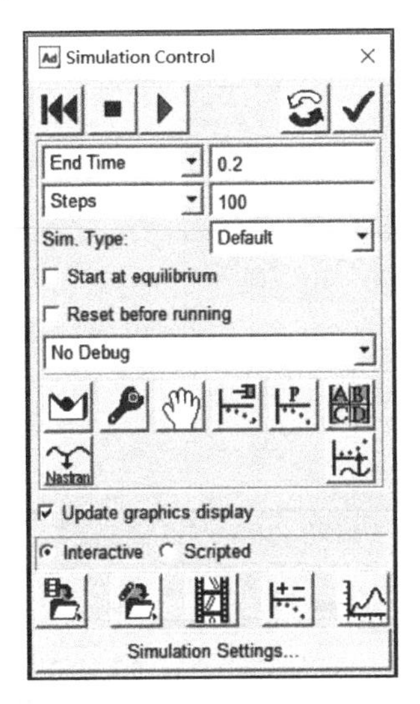


图 8.24　“Simulation Control”对话框

(2) 单击“仿真设置”对话框的“开始仿真”按钮▶，仿真过程如图 8.25 所示。仿真过程中，在“信息窗口”会显示一些警告，可以忽略，不影响 Adams 软件的仿真。

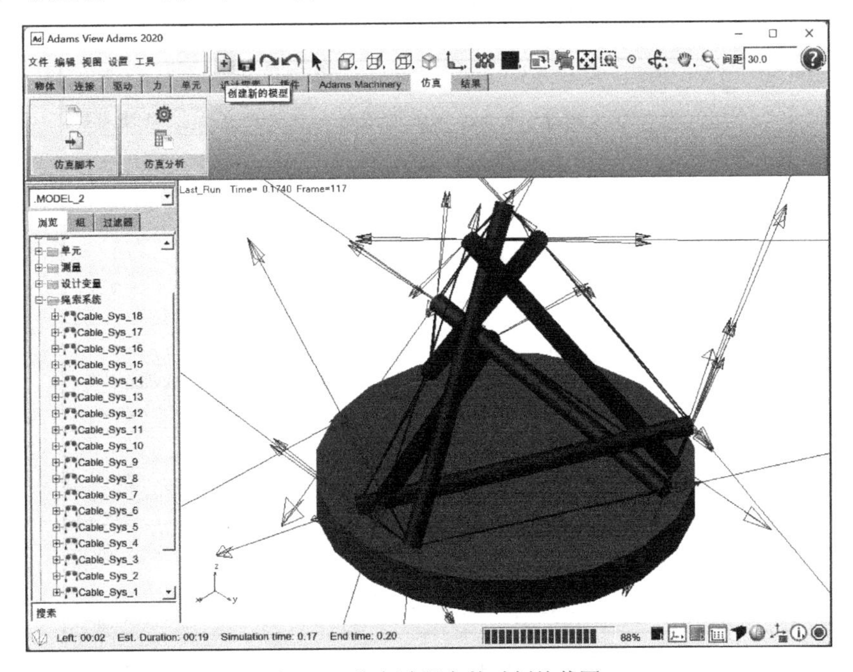


图 8.25　仿真过程中某时刻的截图

(3)选择建模工具条的“结果”→“后处理”→“打开 Adams 后处理器”按钮，弹出 Adams 后处理器界面。

(4)在后处理器界面下方依次单击需要的“对象”“特征”“分量”，然后单击“添加曲线”按钮，即可显示相应变量的变化曲线。图 8.26 所示为杆 1 的动能变化曲线。

Adams 后处理器支持在图像区中同时显示多条曲线，即在单击“清除曲线”按钮之前可添加更多其他曲线。如图 8.27 所示，6 根杆构件的动能变化曲线同时显示在图像区中，且各曲线通过线型来区分。

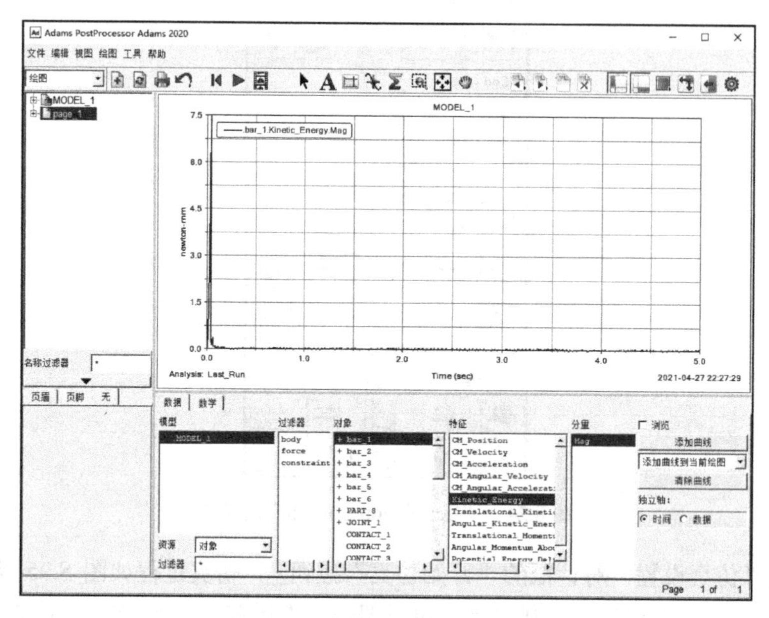


图 8.26　杆 1 的动能变化曲线

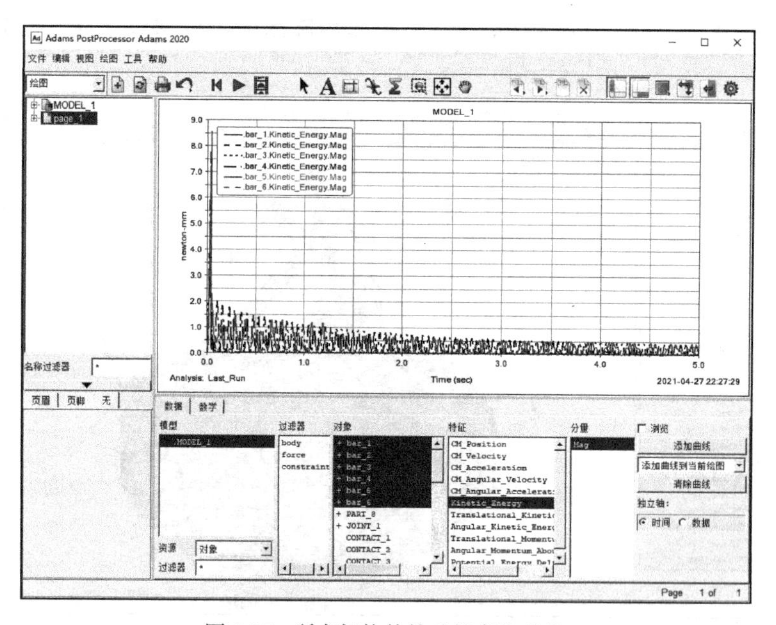


图 8.27　所有杆构件的动能变化曲线

(5) 单击后处理器界面左上方的“绘图”下拉菜单，选择“动画”版块，提示原绘图将被删除，单击“确定”按钮，进入后处理器的“动画”版块，如图 8.28 所示。

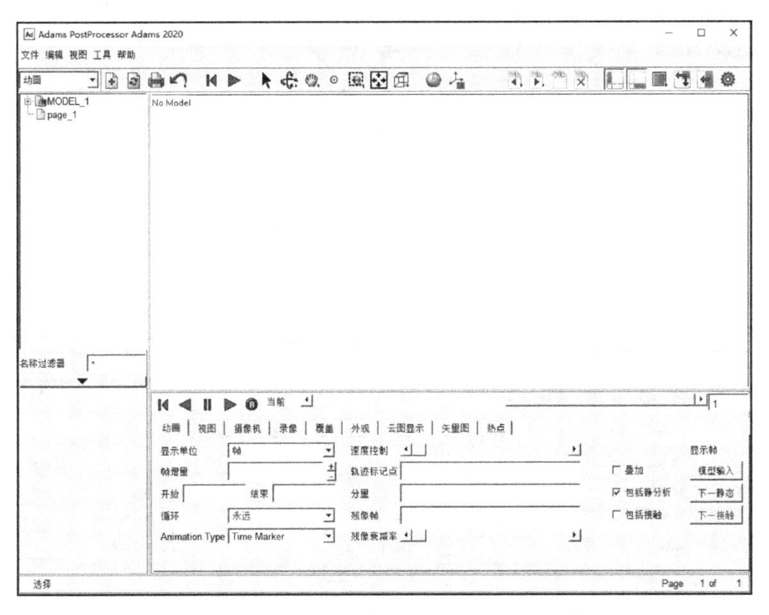


图 8.28　Adams 后处理器的“动画”版块

(6) 右击灰色区域中任意位置，单击“加载动画”按钮，效果如图 8.29 所示。

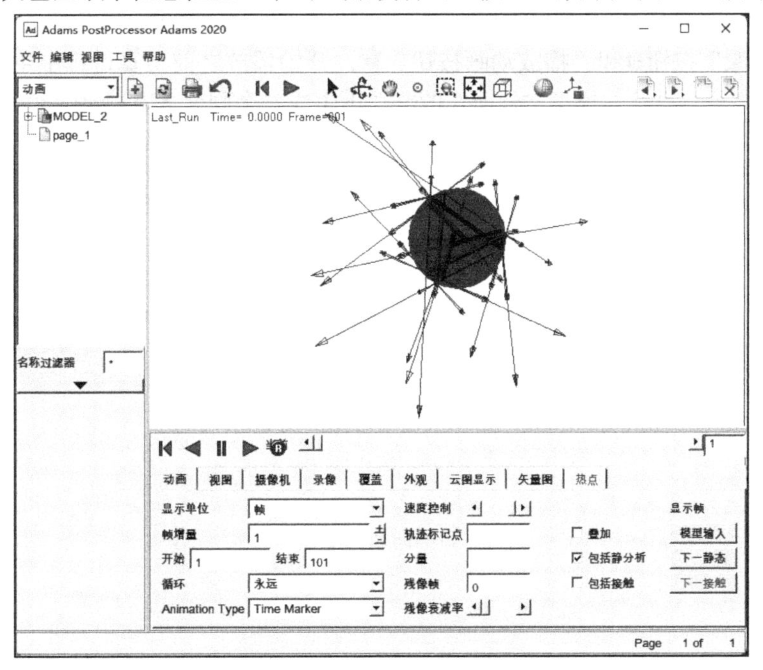


图 8.29　加载最后一次仿真的动画

(7) 通过单击工具栏中相应按钮，或者在英文输入状态借助“r”“s”“t”等快捷键，调整观察角度，效果如图 8.30 所示。

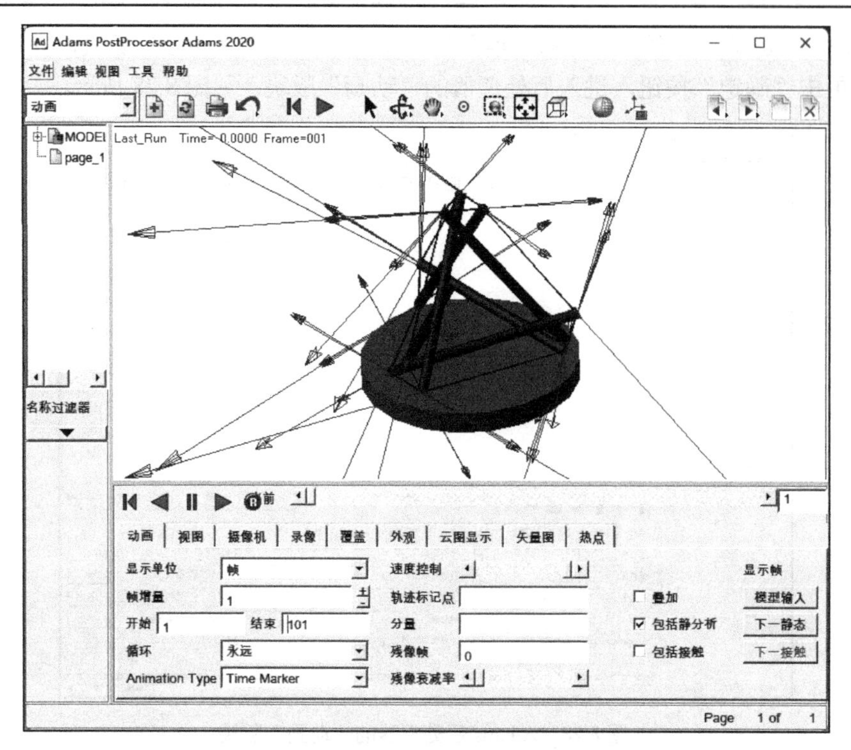


图 8.30　在“动画”版块调整观察角度

(8) 单击图 8.30 所示界面下方的“录像”选项卡，将“动画回放速度”更改为 20，然后依次单击“录像”按钮和“播放动画按钮”▶，开始播放之前仿真过程中生成的动画，待所有帧数播放完毕，默认在模型文件所在的路径下生成一个同名 AVI 视频文件。该视频共 5s，可由仿真过程计算得到。

# 第 9 章　其他软件的动力学仿真

## 9.1　ANSYS Workbench 简介

ANSYS 软件是美国 ANSYS 公司研制的通用有限元分析(FEA)软件，它与其他软件的接口丰富，与其他软件能够实现数据的共享和交换。ANSYS 有限元软件包是一个多用途的有限元法计算机设计程序，可以用来求解结构、流体、电力、电磁场及碰撞等问题。Workbench 是ANSYS公司提出的协同仿真环境，能够解决企业产品研发过程中 CAE 软件的异构问题。ANSYS 公司提出的观点是：在保持核心技术多样化的同时，建立协同仿真环境。ANSYS Workbench 仿真平台能对复杂机械系统的结构静力学、结构动力学、刚体动力学、流体动力学、结构热、电磁场以及耦合场等进行分析模拟 。

下面将采用 ANSYS Workbench 软件进行第 2 章所介绍的曲柄摇杆机构的动力学分析，体会一下利用有限元软件分析机械动力学的方法和优势。由于 ANSYS Workbench 软件在结构建模方面与 SolidWorks 等建模软件有一定的差距，这里将采用先利用 SolidWorks 软件建模，再导入 ANSYS Workbench 软件里面进行设置和仿真分析的方式进行曲柄摇杆机构的动力学仿真分析。曲柄摇杆机构的结构尺寸参照第 2 章，在 SolidWorks 软件中的建模过程省略。

## 9.2　模型导入及连接接触设置

(1) 在 SolidWorks 软件中建立如图 9.1 所示的结构，将其存成.x_t 格式。

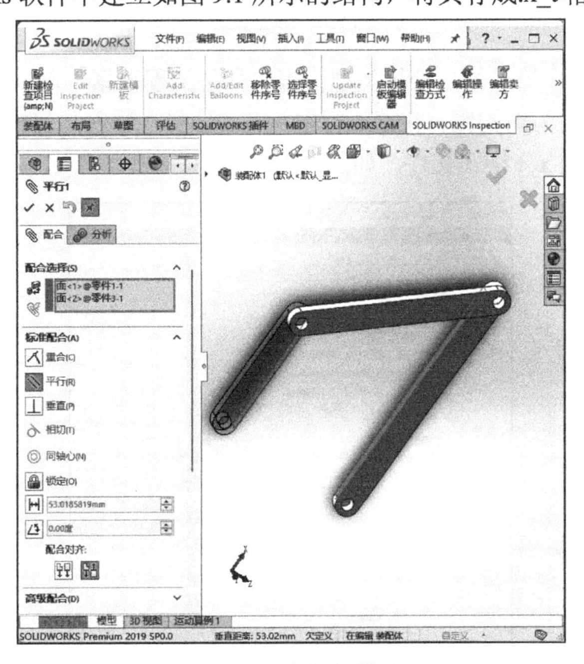


图 9.1　曲柄摇杆模型

(2)打开 ANSYS Workbench，单击选中“瞬态结构”，拖到右侧空白区域，完成动力学分析准备文件的建立，如图 9.2 所示。

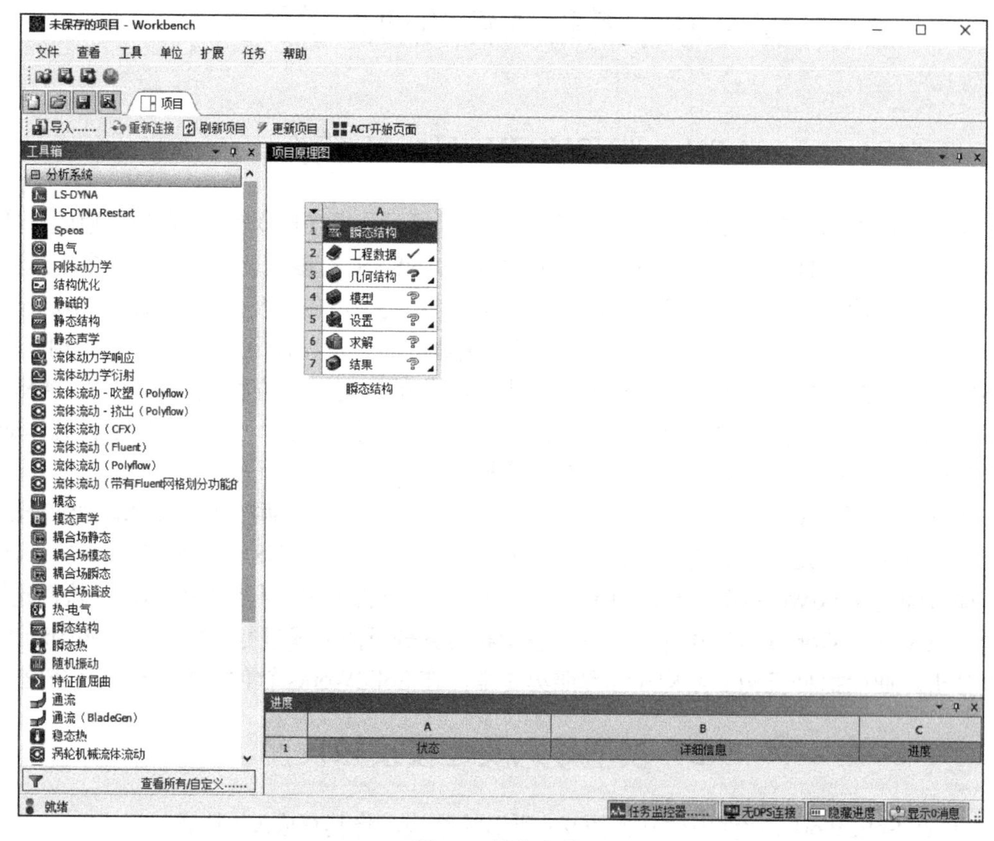


图 9.2　准备文件

(3)准备文件完成，第一行是分析类型；第二行是工程数据，可以在此处修改材料类型，本节分析默认材料属性为结构钢；在第三行中，右击选择“导入几何模型”→“浏览”，选择 SolidWorks 建模保存的.x_t 格式文件，如图 9.3 所示。

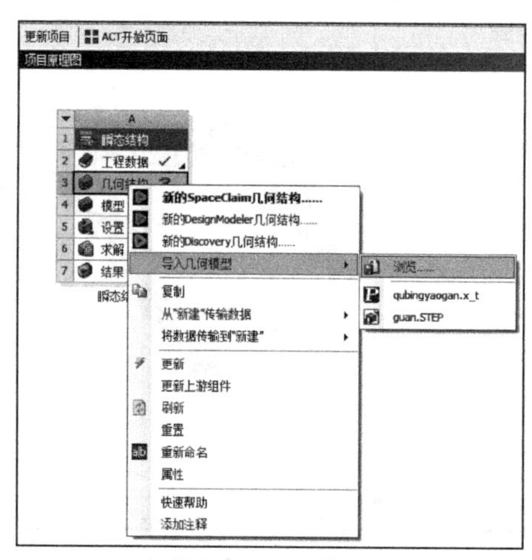


图 9.3　导入模型

(4) 进入模型导入界面，单击生成就可以看到已经导入的三维模型，然后关闭此界面，返回到初始界面。单击初始界面的 Model 行命令，进入分析界面。单击左侧设计树，打开几何结构，按住 Ctrl 键同时选中模型中的曲柄和摇杆，在左下方的刚柔行为中将其改为刚性，如图 9.4 所示。

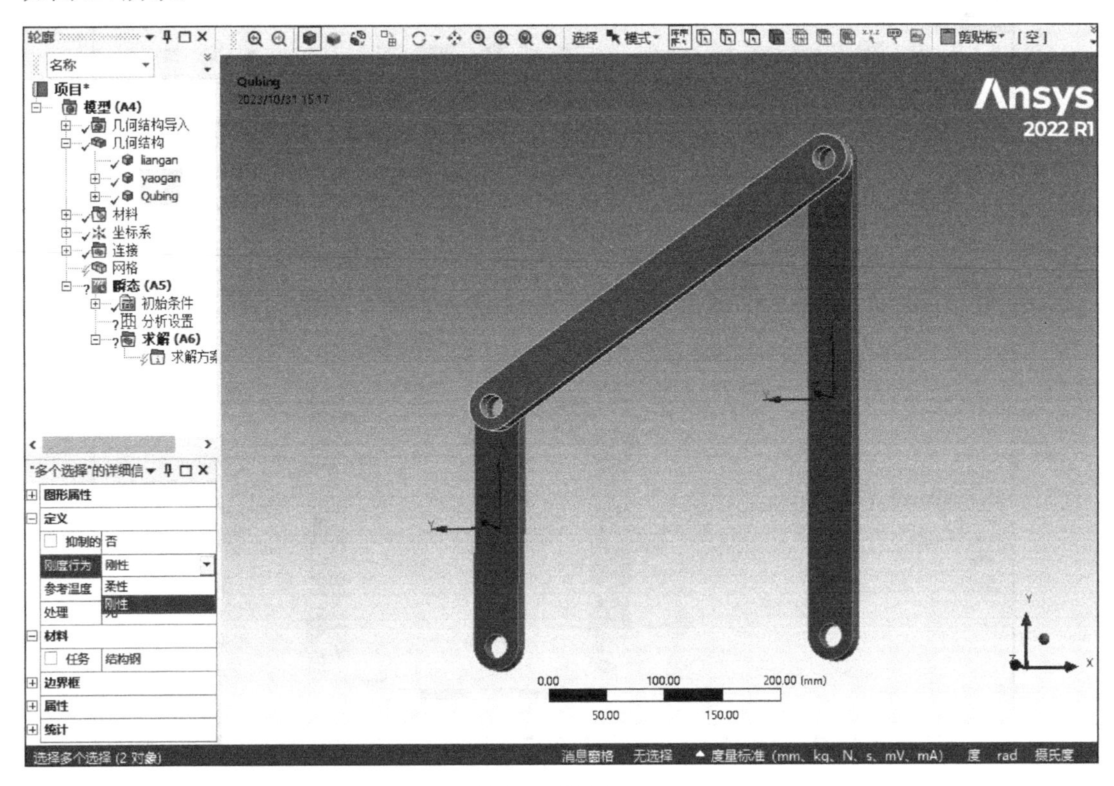


图 9.4　模型设置

(5) 单击左侧设计树，打开“连接”→“接触”。右击“接触”，将其删除，以便重新添加，如图 9.5 所示。

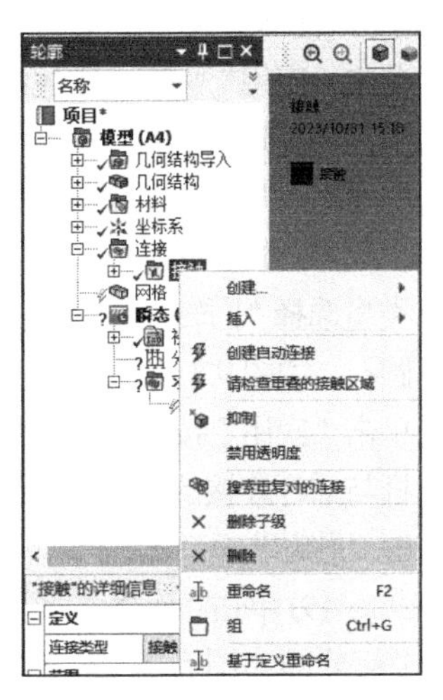


图 9.5　删除接触

(6) 单击“连接”，选择几何体与地面，类型选择“回转”，如图 9.6 所示。选中曲柄与机架(地面)的连接部分(即小圆孔面)，选择左侧定义栏的“移动”→“范围”，单击“应用”按钮，添加完成。

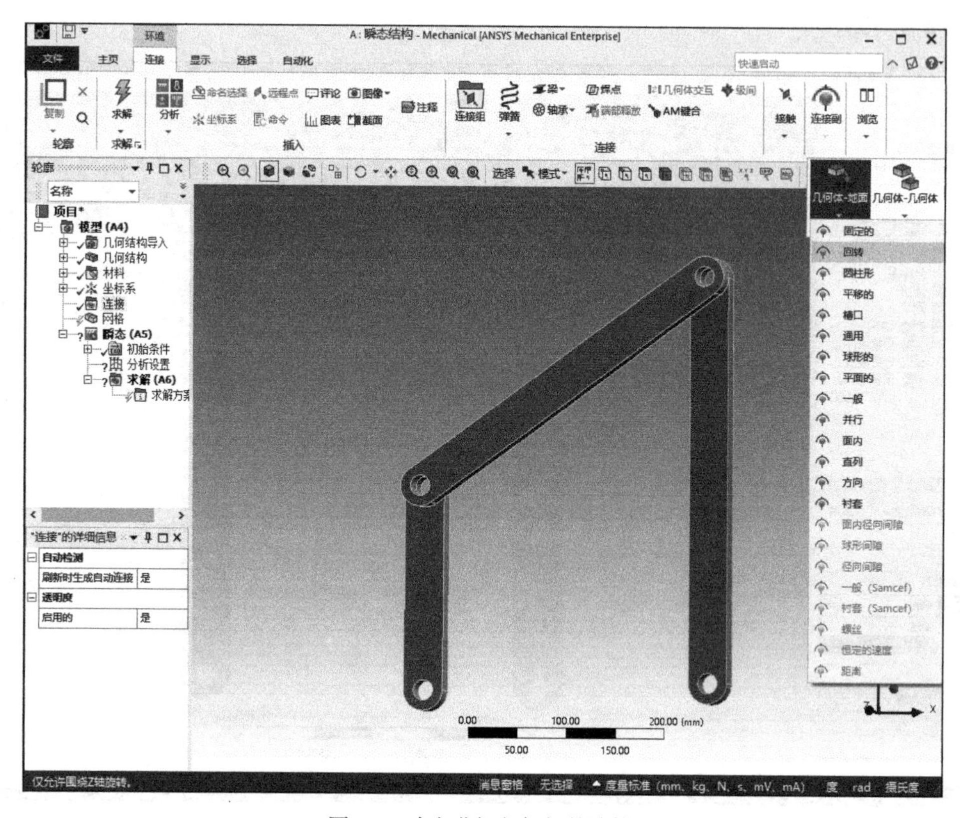


图 9.6　建立曲柄与机架的连接

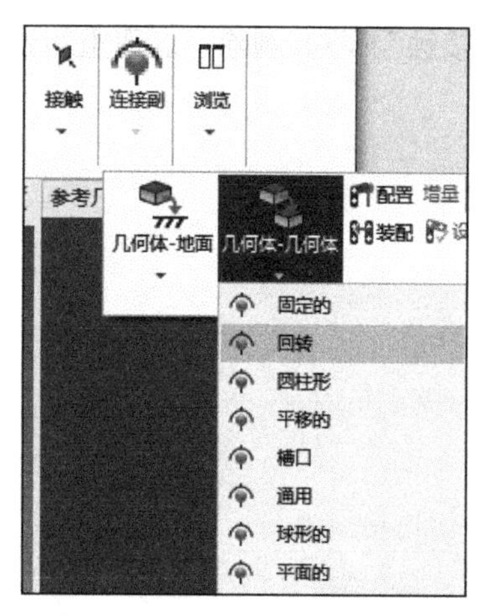


图 9.7　添加曲柄与连杆的连接

(7) 单击设计树中的“连接”，选择“几何体与几何体”，类型选择“回转”，如图 9.7 所示。选中曲柄与连杆连接的一侧部分(曲柄部分圆孔)，选择左侧定义栏的“参考”→“范围”，单击“应用”按钮；按住中键，旋转模型至合适角度；选中曲柄与连杆连接的另一侧部分(连杆部分圆孔)，选择左侧定义栏的“移动”→“范围”，单击“应用”按钮，添加完成。

(8) 单击设计树中的“连接”，选择“几何体与几何体”，类型选择“回转”。选中连杆与摇杆连接的一侧部分(连杆部分圆孔，如图 9.8 所示)，选择左侧定义栏的“参考”→“范围”，单击“应用”按钮；按住中键，旋转模型至合适角度；选中连杆与摇杆连接的另一侧部分(摇杆部分圆孔)，选择左侧定义栏的“移动”→“范围”，单击“应用”按钮，添加完成。

(9) 单击“连接”，选择“几何体与地面”，类型选择“回转”。选中摇杆与机架(地面)的连接部分即小圆孔面(图 9.9)，选择左侧定义栏的“移动”→“范围”，单击“应用”按钮，添加完成。

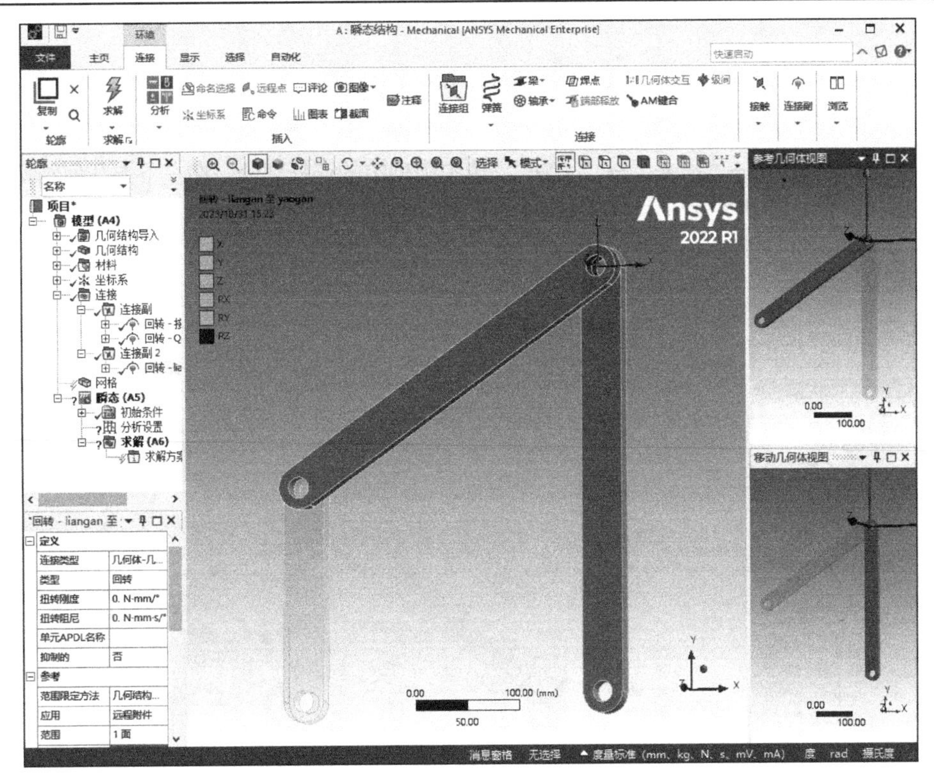

图 9.8　添加连杆和摇杆的连接

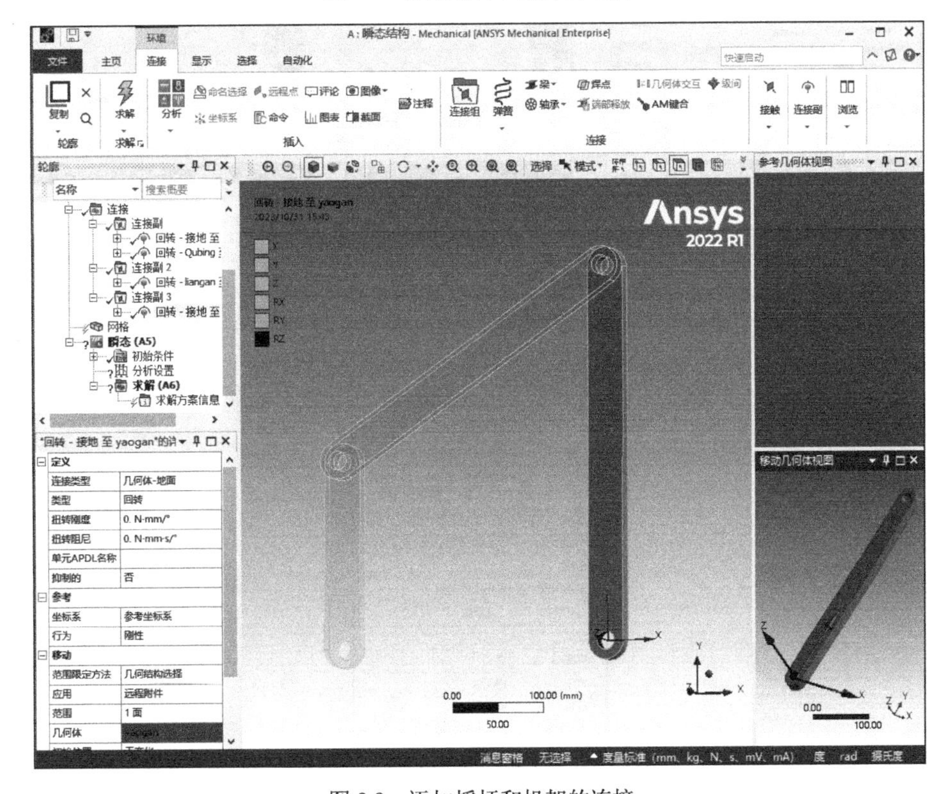

图 9.9　添加摇杆和机架的连接

## 9.3　网格划分设置

(1) 单击“网格”→“插入”→“方法”，选中模型中的连杆部分，在左下方几何结构中单击“应用”按钮。在定义“方法”中的下拉菜单中，将“自动”改为“四面体”，如图9.10 所示。

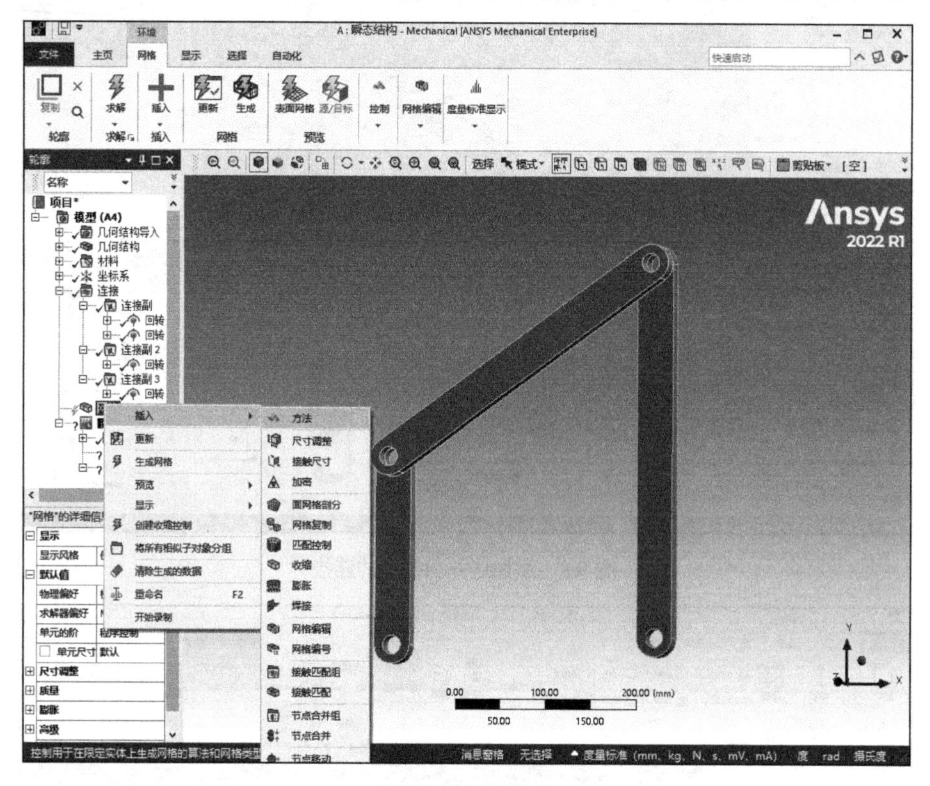


(a) 插入划分网格方法

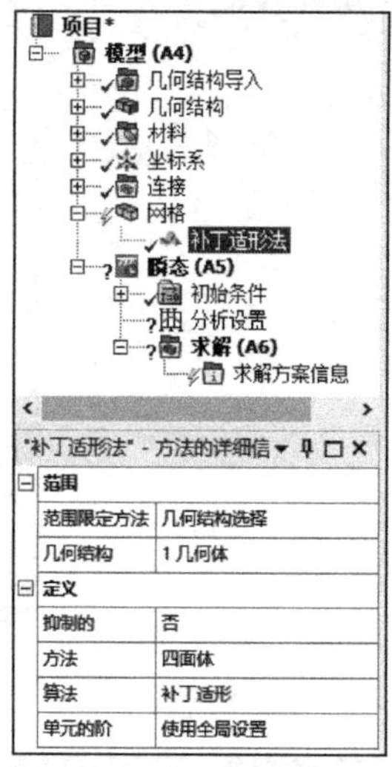


(b) 修改划分网格方法

图 9.10　划分网格

(2) 单击“网格”→“插入”→“尺寸调整”，选中模型中的连杆部分，在左下方几何结构中单击“应用”按钮。在定义“单元尺寸”中，将“默认”改为“5mm”（图 9.11），最后单击“网格”→“更新”。

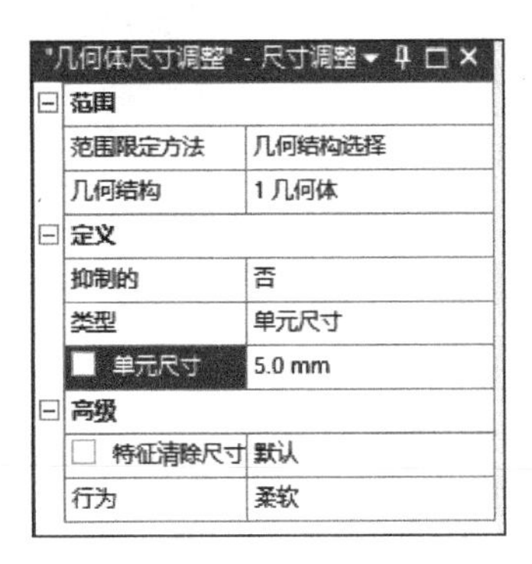


图 9.11　修改网格尺寸

## 9.4　分析设置添加驱动

(1) 单击“瞬态”→“分析设置”，将步骤结束时间改为 2s，自动时间步数关闭，定义依据从“时间”改为“子步”，子步数量设置为“200”，如图 9.12 所示。

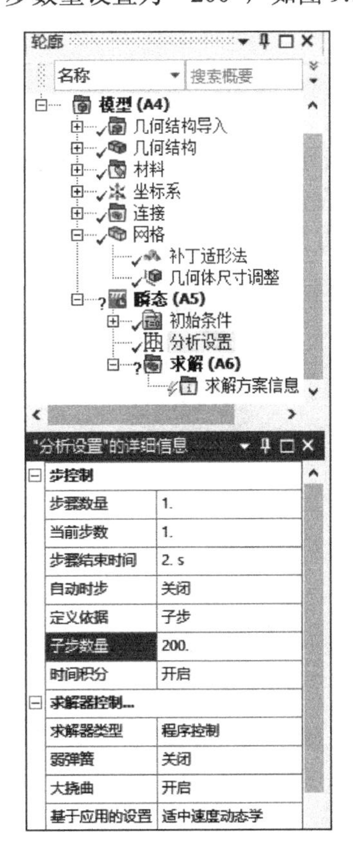


图 9.12　分析设置

(2)单击“瞬态”→“插入”→“连接副载荷”，如图 9.13 所示。

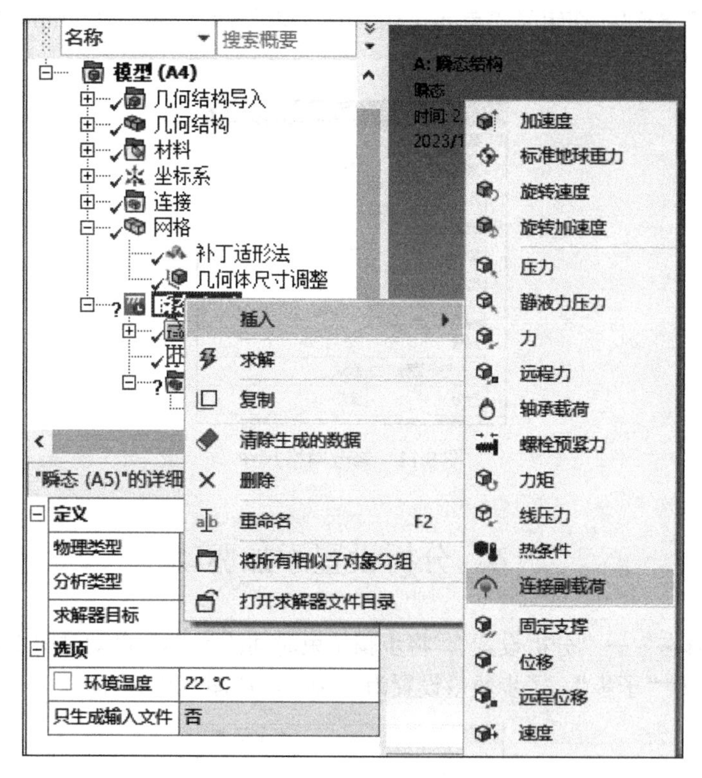


图 9.13　连接副载荷

(3)在下方的定义栏中，单击连接副，在下拉菜单中选择“曲柄和地面之间的连接”，类型选择“旋转”。需要注意的是，在软件界面右下方的表格中填写大小：第一行时间设置为 0，度数大小为 0；第二行时间设置为 2s，度数大小为 360，如图 9.14 所示。

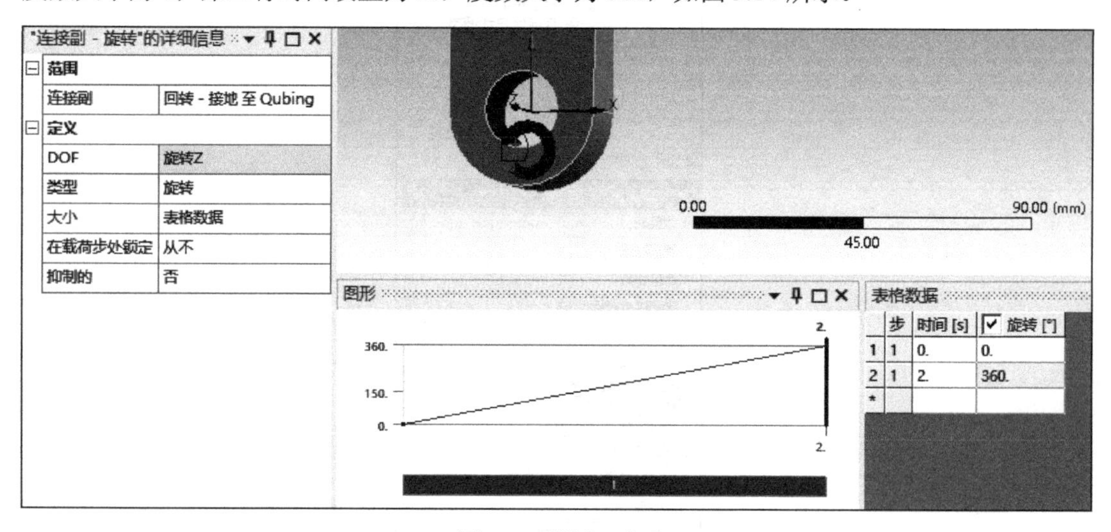


图 9.14　设置驱动

## 9.5　求解及后处理

(1) 右击“求解方案”→“插入”→“变形”→“总计”（图 9.15），单击“求解方案”→“插入”→“应变”→“等效”，右击选择“求解”（图 9.16）。

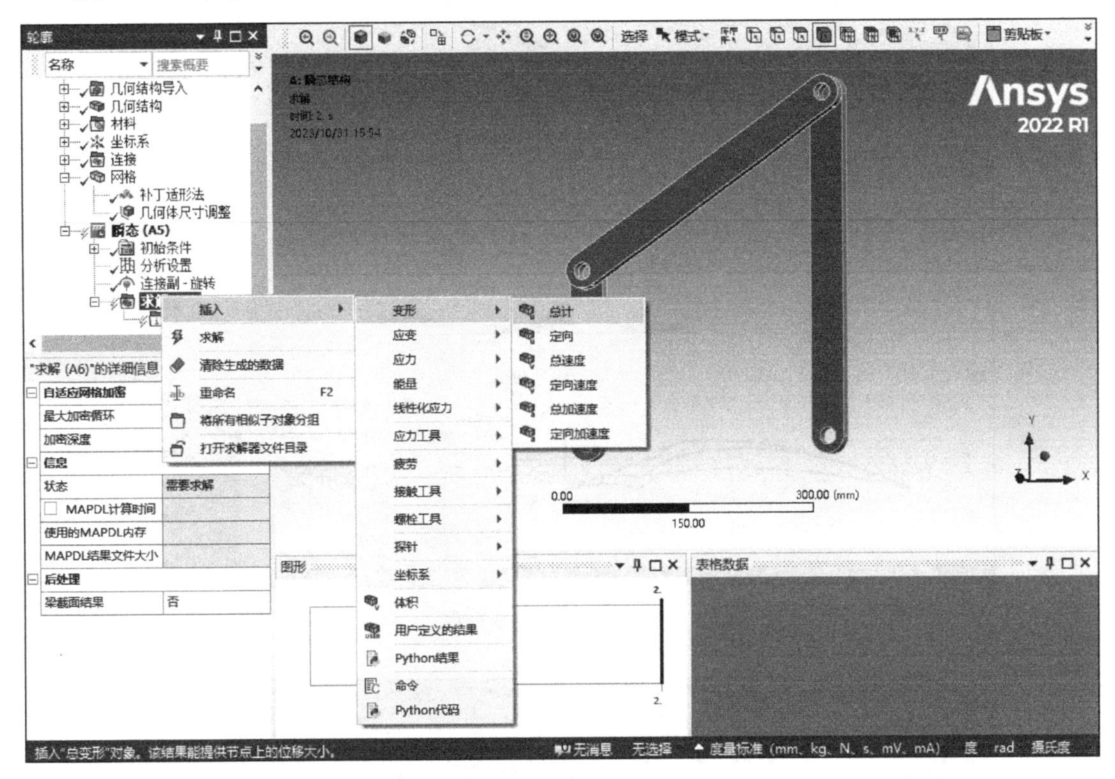


图 9.15　变形求解

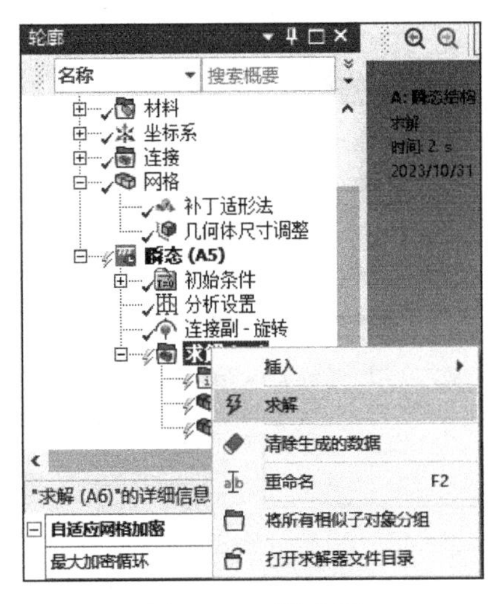


图 9.16　开始求解

(2) 求解完成后，单击“总变形”按钮，即可查看模型的变形量，如图 9.17 所示。单击“等效弹性应变”按钮，即可查看模型的应变云图，如图 9.18 所示。

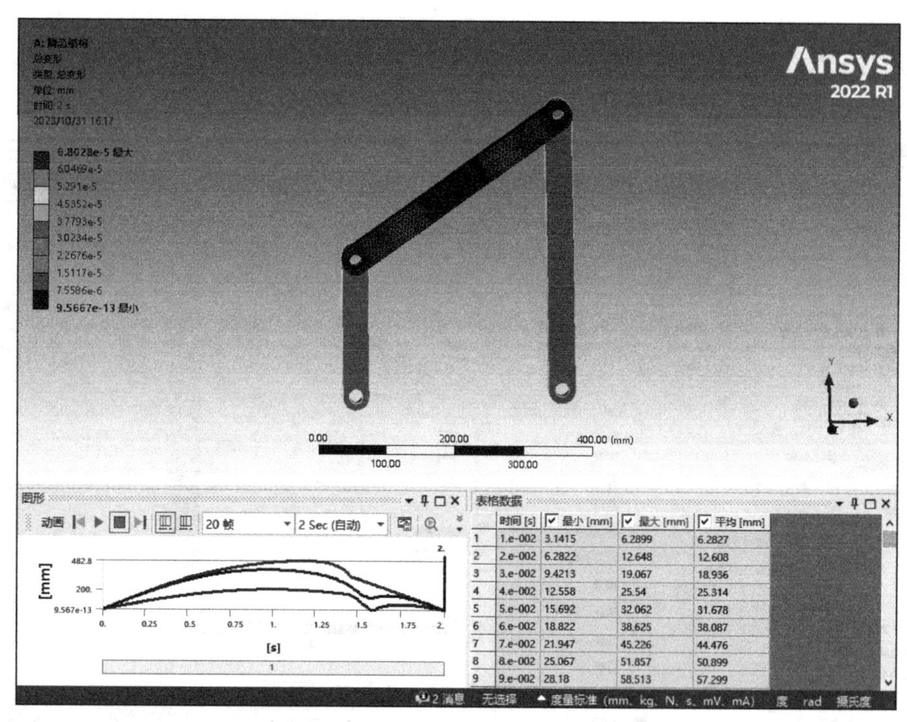


图 9.17　模型的变形量

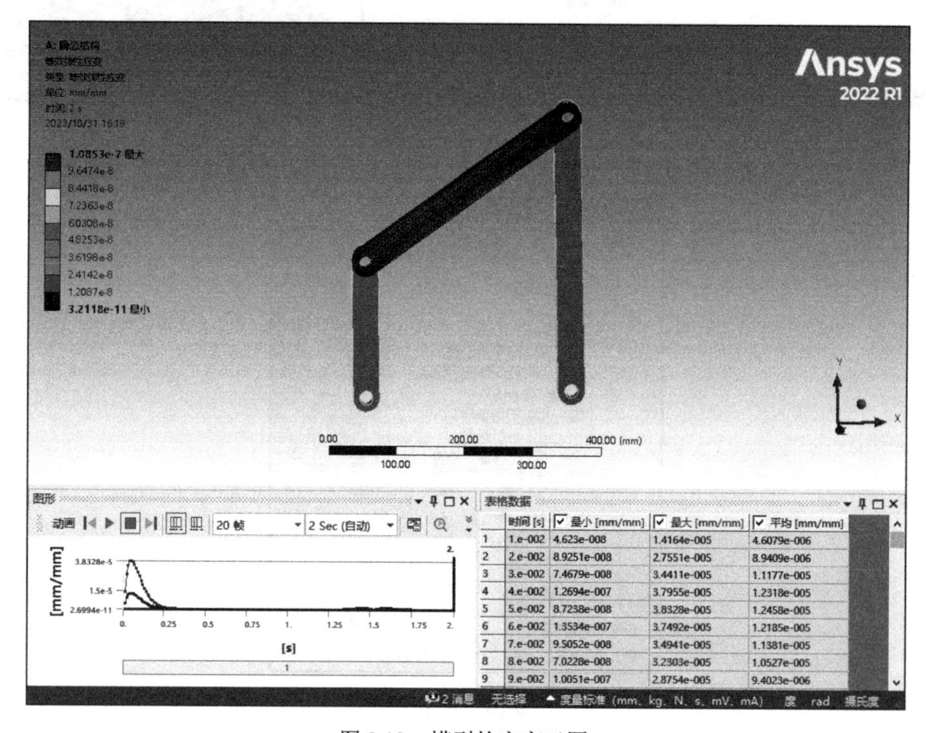


图 9.18　模型的应变云图

(3) 右击“求解方案”，单击“插入”→“探针”→“角加速度”，如图 9.19 所示。

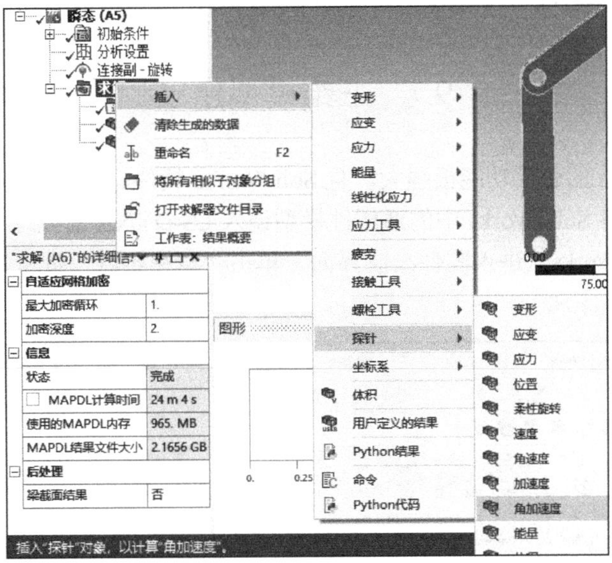

瞬态 (A5)
初始条件
分析设置
连接副 - 旋转
插入
清除生成的数据
重命名　F2
将所有相似子对象分组
打开求解器文件目录
工作表：结果概要
变形
应变
应力
能量
线性化应力
应力工具
疲劳
接触工具
螺栓工具
探针
坐标系
体积
用户定义的结果
Python结果
命令
Python代码
变形
应变
应力
位置
柔性旋转
速度
角速度
加速度
角加速度
能量
"求解 (A6)"的详细信息
自适应网格加密
最大加密循环　1.
加密深度　2.
信息
状态　完成
MAPDL计算时间　24 m 4 s
使用的MAPDL内存　965. MB
MAPDL结果文件大小　2.1656 GB
后处理
梁截面结果　否
图形
0.00
75.00
0.　0.25
插入"探针"对象，以计算"角加速度"。

图 9.19　查看角加速度

(4) 右击图 9.18 所示界面右下角表格处，可以选择“导出”数据为文本文档类型，或者 Excel 表类型，如图 9.20 所示。

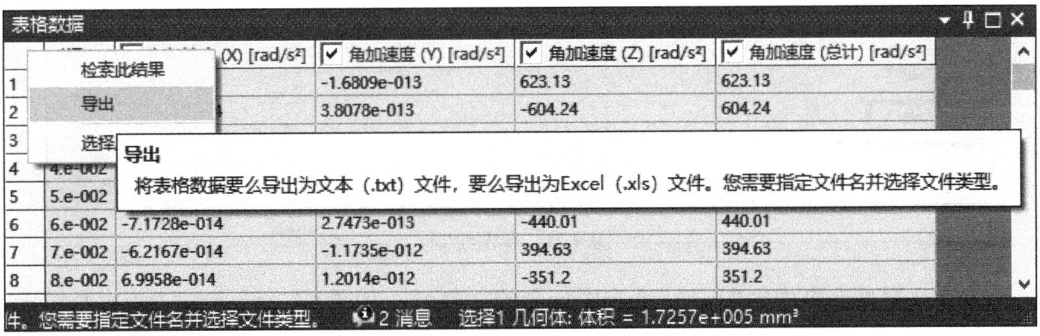

表格数据

| | | (X) [rad/s²] | 角加速度 (Y) [rad/s²] | 角加速度 (Z) [rad/s²] | 角加速度 (总计) [rad/s²] |
|---|---|---|---|---|---|
| 1 | | | -1.6809e-013 | 623.13 | 623.13 |
| 2 | | | 3.8078e-013 | -604.24 | 604.24 |
| 3 | | | | | |
| 4 | 4.e-002 | | | | |
| 5 | 5.e-002 | | | | |
| 6 | 6.e-002 | -7.1728e-014 | 2.7473e-013 | -440.01 | 440.01 |
| 7 | 7.e-002 | -6.2167e-014 | -1.1735e-012 | 394.63 | 394.63 |
| 8 | 8.e-002 | 6.9958e-014 | 1.2014e-012 | -351.2 | 351.2 |

检索此结果
导出
选择
导出
将表格数据要么导出为文本（.txt）文件，要么导出为Excel（.xls）文件。您需要指定文件名并选择文件类型。
件。您需要指定文件名并选择文件类型。　2 消息　选择1 几何体: 体积 = 1.7257e+005 mm³

图 9.20　导出数据

# 9.6　LS-DYNA 软件介绍

下面将介绍利用 LS-DYNA 软件进行动力学分析的方法。LS-DYNA 是著名的非线性动力分析软件，在结构设计、材料研制等方面得到了广泛的应用。LS-DYNA 具有功能齐全的几何非线性(大位移、大转动和大应变)、材料非线性(140 多种材料动态模型)和接触非线性(50 多种)程序。

LS-DYNA 以 Lagrange 算法为主，兼有 ALE 算法和 Euler 算法；以显式求解为主，兼有隐式求解功能；以结构分析为主，兼有热分析、流体-结构耦合功能；以非线性动力分析为主，兼有静力分析功能(如动力分析前的预应力计算和薄板冲压成形后的回弹计算)；具备军用和民用相结合的通用结构分析非线性有限元程序，是显式动力学程序的鼻祖和先驱。在 ANSYS

公司收购 LSTC 后，LS-DYNA 被集成到 ANSYS Workbench 中，这也进一步拓展了 LS-DYNA 的功能，在 ANSYS Workbench 中就可以找到 LS-DYNA。

## 9.7　三维模型建立

由于 SolidWorks 的建模功能很强大，且 SolidWorks 软件与 LS-DYNA 有很好的兼容性，因此可以很方便地将 SolidWorks 中的通用性模型调入 LS-DYNA 前处理并直接使用。

(1) 打开 SolidWorks，进入零件绘制界面，单击“草图绘制”按钮，选择前视基准面，结果如图 9.21 所示。

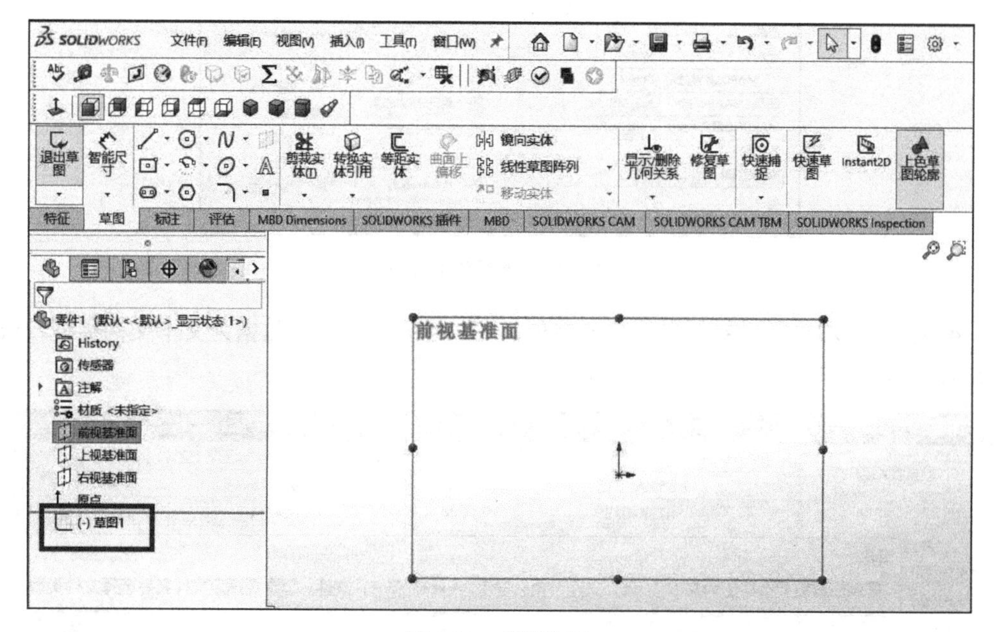


图 9.21　草图绘制

(2) 单击草图命令中的“矩形”命令图标旁的三角□·，如图 9.22 所示，选择“中心矩形”，绘制两个矩形，草图如图 9.23 所示。

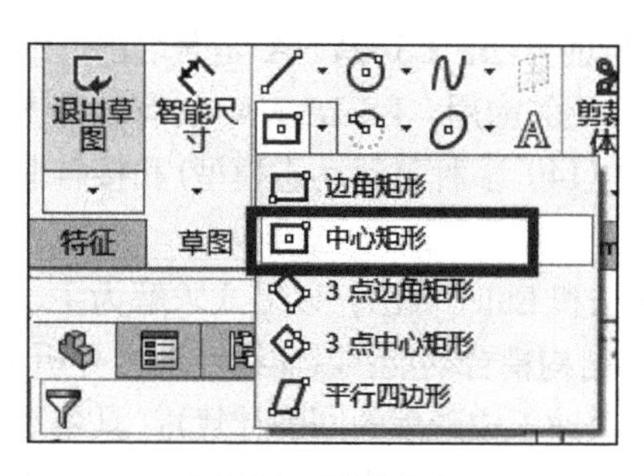


图 9.22　矩形命令

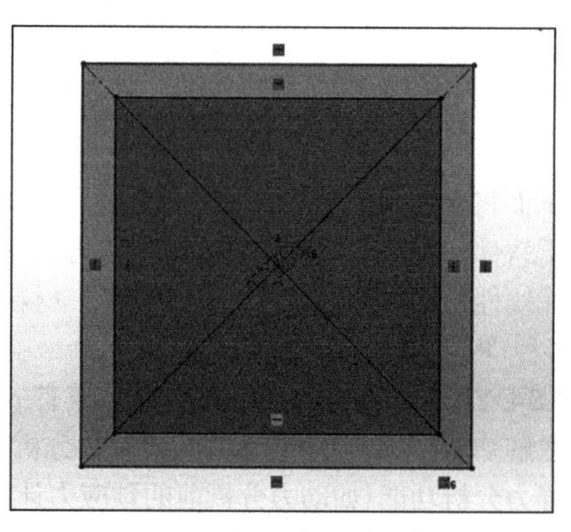

图 9.23　矩形命令草图

(3) 更改尺寸：单击“智能尺寸”命令图标 智能尺寸，将两个矩形的边长分别改为 16mm 和 12mm，使其成为正方形，如图 9.24 所示。

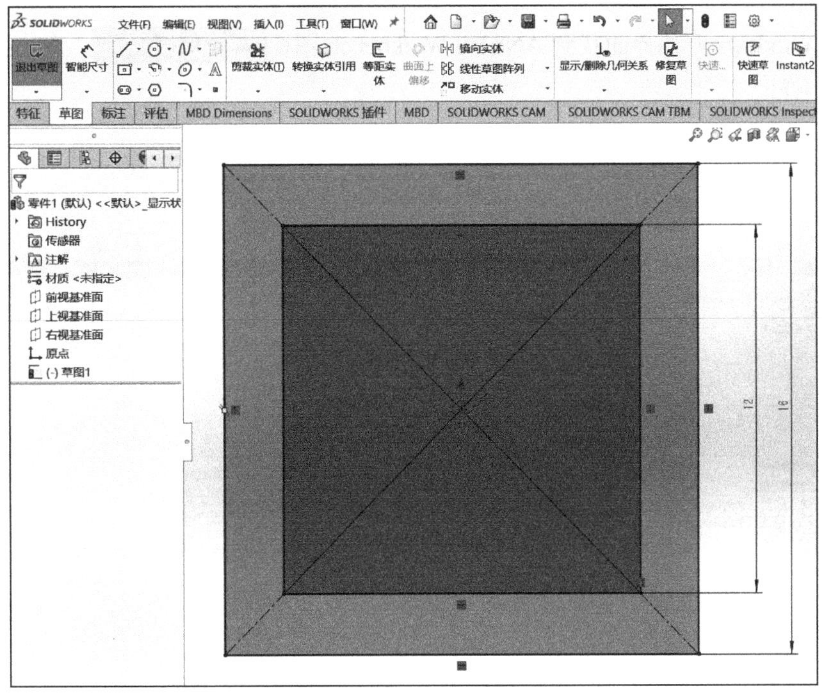


图 9.24　智能尺寸

(4) 单击特征中的“拉伸凸台/基体”命令图标 拉伸凸台/基体，将“给定深度”改为 150.00mm，如图 9.25 所示。单击“确定”命令图标 ✓，完成建模。

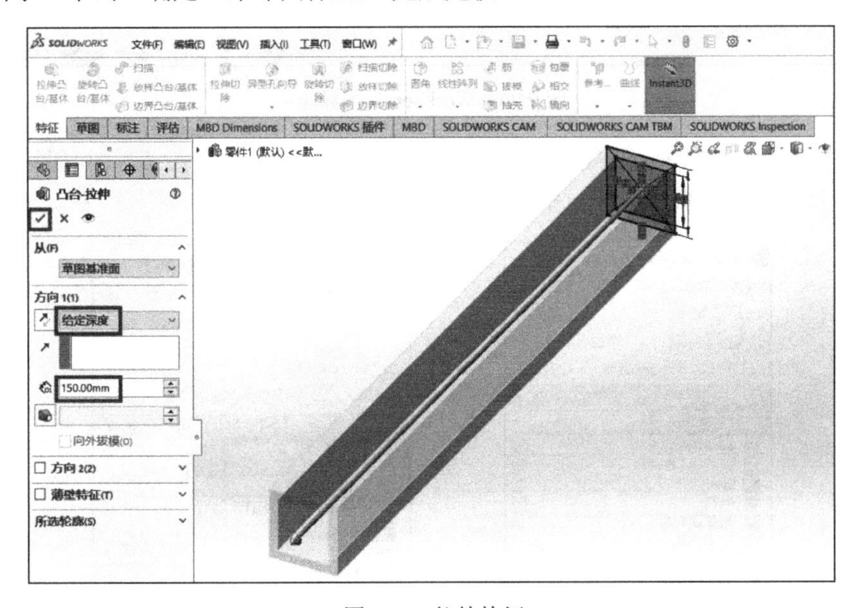


图 9.25　拉伸特征

(5) 将建立的模型保存为“STEP”类型文件。

## 9.8 模型导入及参数设置

(1) 在 Windows 开始界面找到 ANSYS Workbench 图标 Workbench 2022 R1，双击打开，进入图 9.26 所示界面。

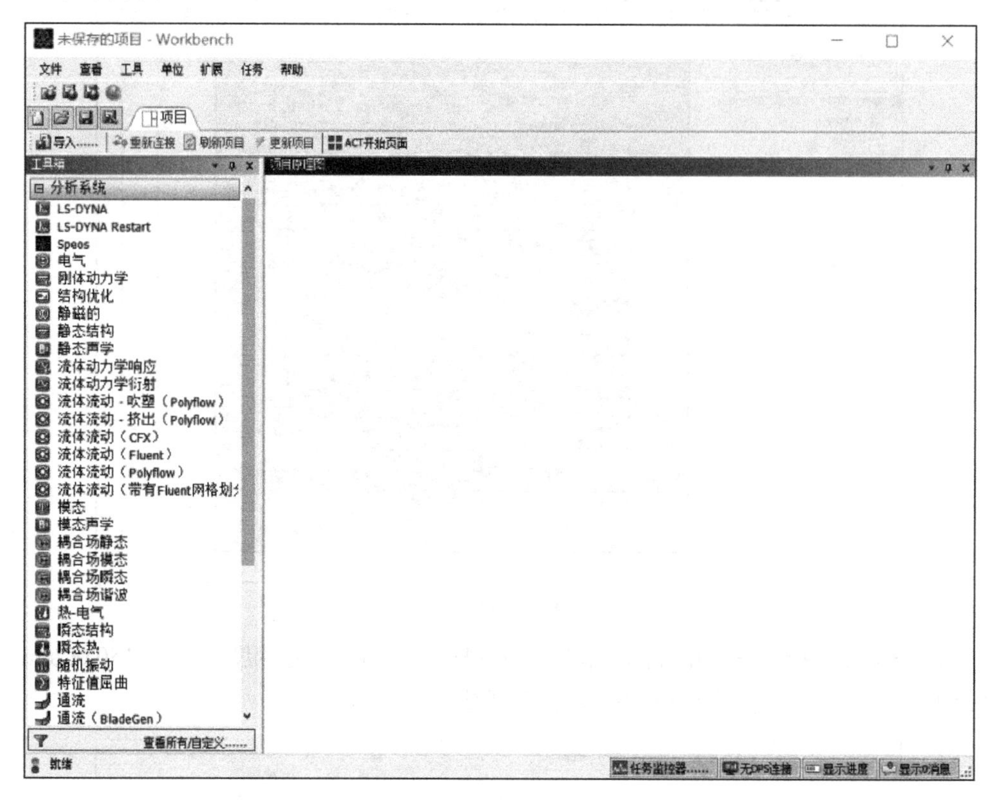


图 9.26 Workbench 主界面

(2) 单击选中图 9.26 所示界面左侧分析系统中的静态结构图标 静态结构 (图 9.27(a))，长按鼠标左键将其拖到右侧区域创建独立系统然后松开鼠标。

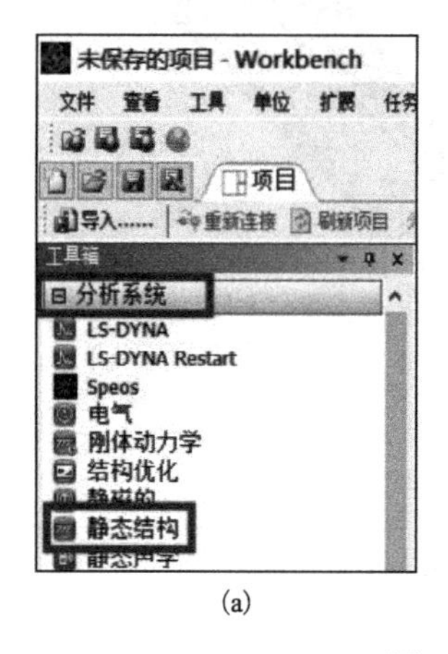


(a)

(b)

图 9.27 创建模块

(3) 重复此操作，单击选中分析系统中的 LS-DYNA 图标 LS-DYNA (图 9.27(b))，长按左键将其拖到右侧项目原理图中，使箭头依次划过静态结构的“工程数据”“几何结构”“模型”“设置”“求解”“结果”(图 9.28)，然后松开鼠标左键，完成分析准备文件的建立。结果如图 9.29 所示。

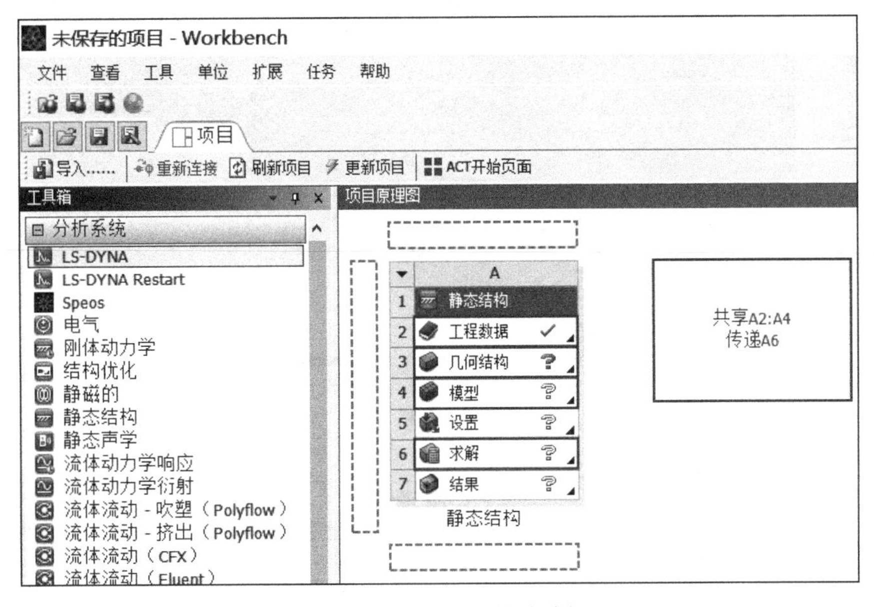


图 9.28　LS-DYNA 拖动过程

(4) 准备文件完成，第一行是分析类型；第二行是工程数据，可以在此处修改材料类型，本节分析默认材料属性为结构钢，所以不需要做出修改；在第三行“几何结构”中，右击选择“导入几何模型”→“浏览……”，选择保存的 step 格式三维模型文件，单击“打开”按钮。操作如图 9.30 所示。

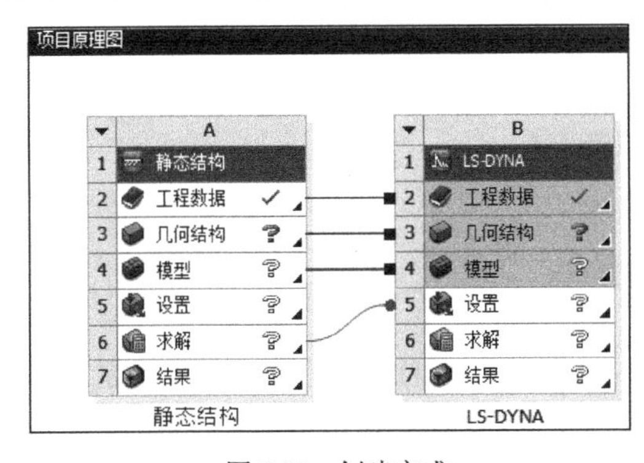


图 9.29　创建完成

图 9.30　导入零件

(5) 双击界面左侧设计树中的“模型”图标 模型，进入如图 9.31 所示的分析界面。

(6) 单击左侧设计树中的“网格”图标 网格，在下方“‘网格’的详细信息”中，将“物理偏好”改为“显式”(图 9.32(a))，右击“网格”，单击“生成网格”(图 9.32(b))，这样，构件的网格划分完毕。

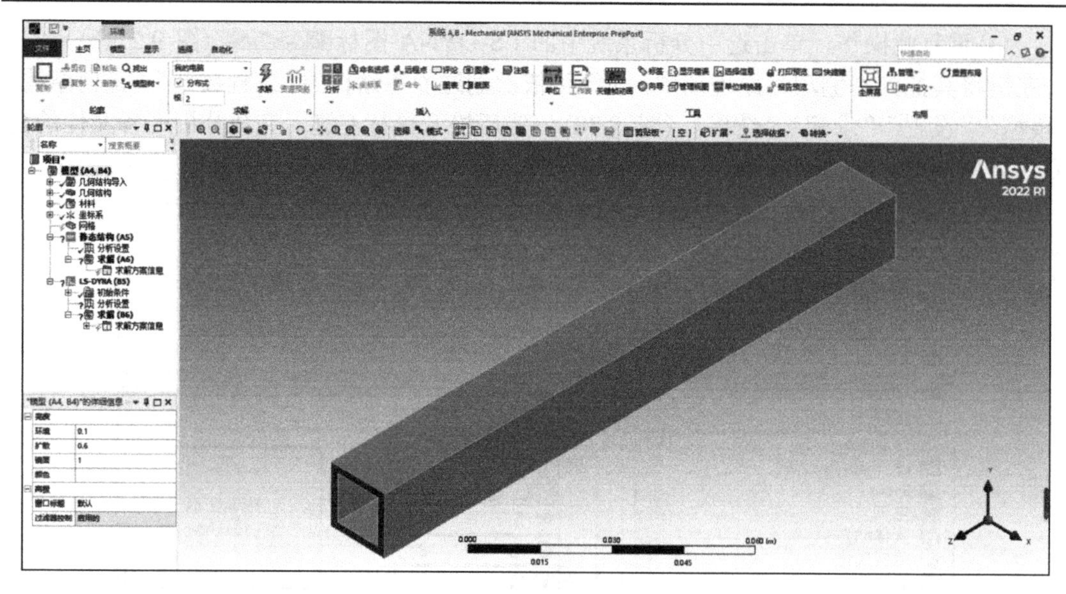

图 9.31　分析界面

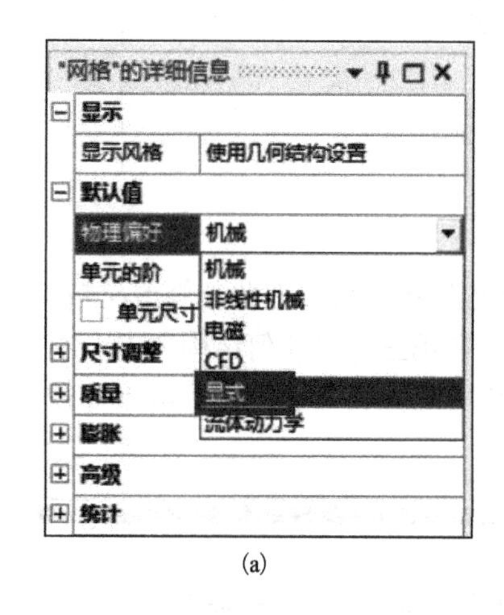


(a)

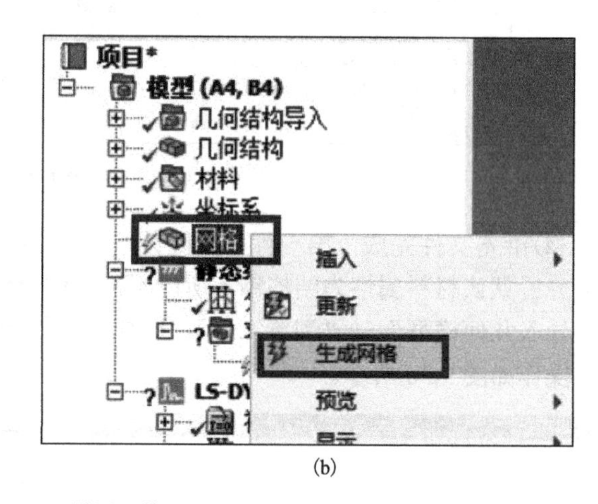


(b)

图 9.32　设置网格

## 9.9　静 态 设 置

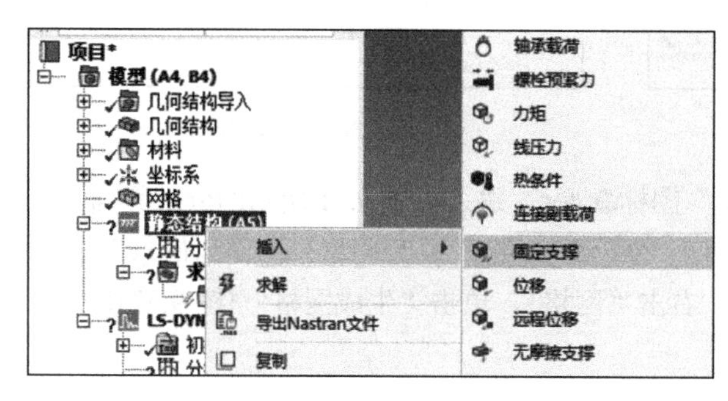


图 9.33　添加固定支撑

(1) 右击左侧设计树中的“静态结构(A5)”，单击“插入”→“固定支撑”(图 9.33)，在右侧模型上选择其端面，在设计树下方“静态结构(A5)的详细信息”中，单击“应用”按钮，完成添加固定支撑，如图 9.34 所示。

(2) 右击左侧设计树中的“静态结构”，单击“插入”→“位移”

(图 9.35(a))，转换视角，转到如图 9.35(b)所示方向，在设计树下方“‘位移’的详细信息”中，单击“几何结构”，选择上一步端面相对端面的 Y 方向上的边，单击“应用”按钮，将“Y 分量”改为−0.01(图 9.35(c))，完成添加位移操作。调整视图如图 9.36 所示。

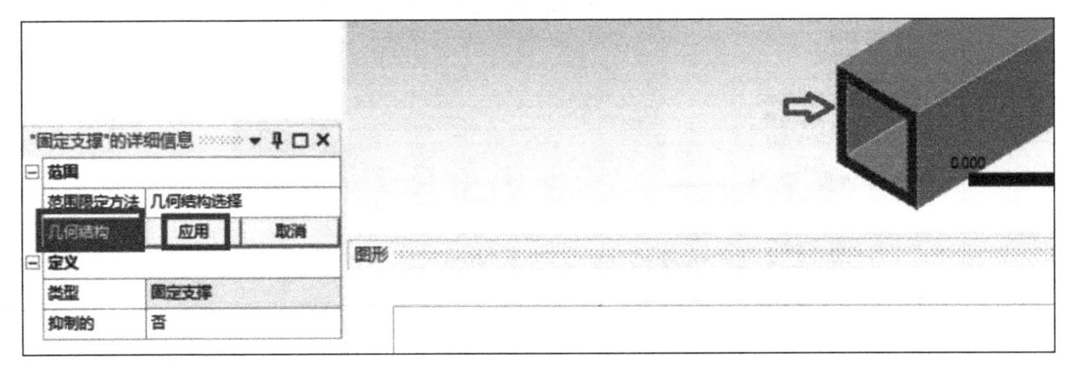


图 9.34　固定支撑设置

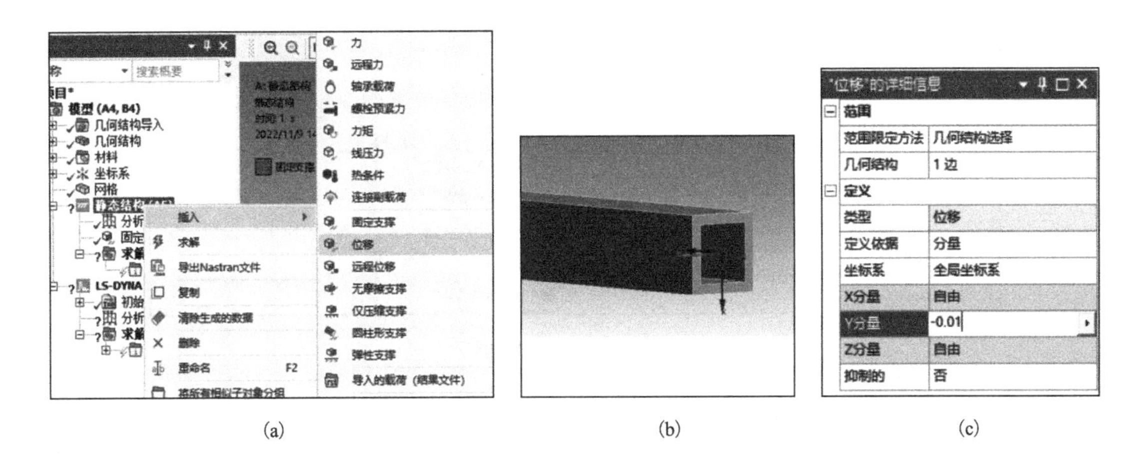


(a)　　(b)　　(c)

图 9.35　添加位移量

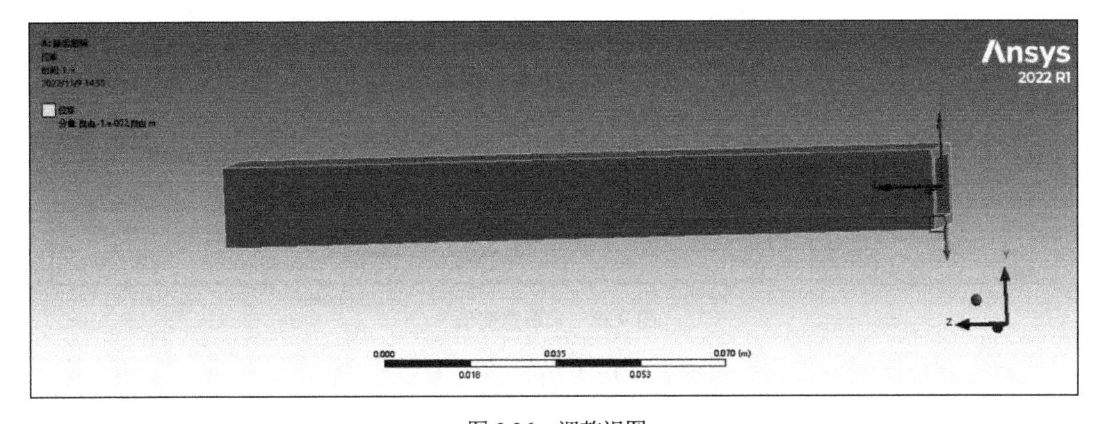


图 9.36　调整视图

(3)右击左侧设计树中静态结构下的“求解(A6)”，单击“插入”→“变形”→“总计”(总变形)，如图 9.37 所示。重复此操作再添加定向变形。

图 9.37　插入总变形

(4) 单击左侧设计树中的“总变形”，在下方“‘总变形’的详细信息”中，单击“几何结构”，在上方选择栏中单击顶点图标，选择零件自由端的一个顶点，选择完成后，单击“应用”按钮，如图 9.38 所示。

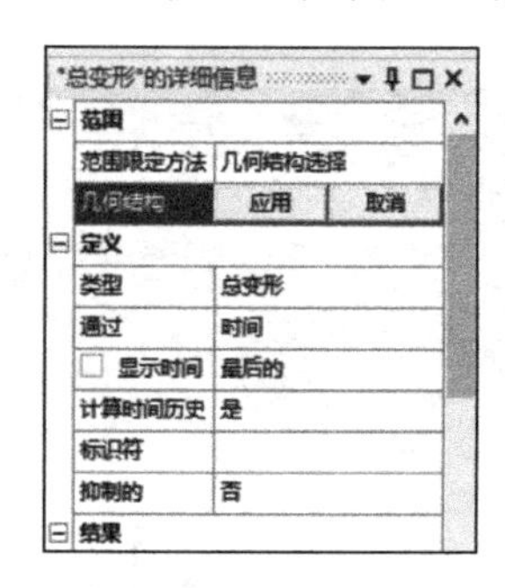


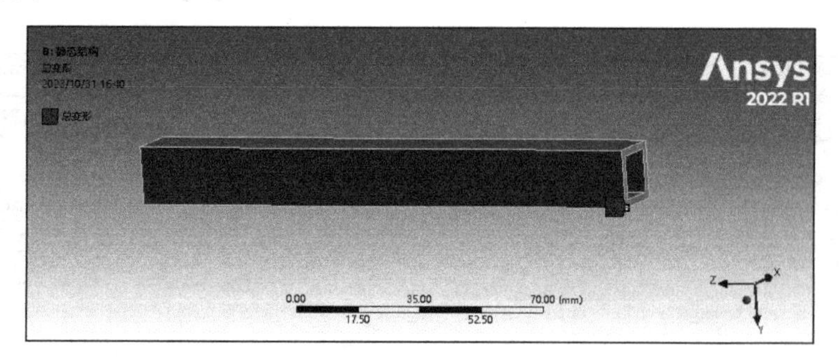


图 9.38　求解总变形

(5) 重复相同操作，单击左侧设计树中的“定向变形”，在下方“‘定向变形’的详细信息”中，单击“几何结构”，选择相同的顶点，选择完成后，单击“应用”按钮，如图 9.39 所示。

(6) 右击“求解(A6)”，单击“求解”，操作如图 9.40 所示。

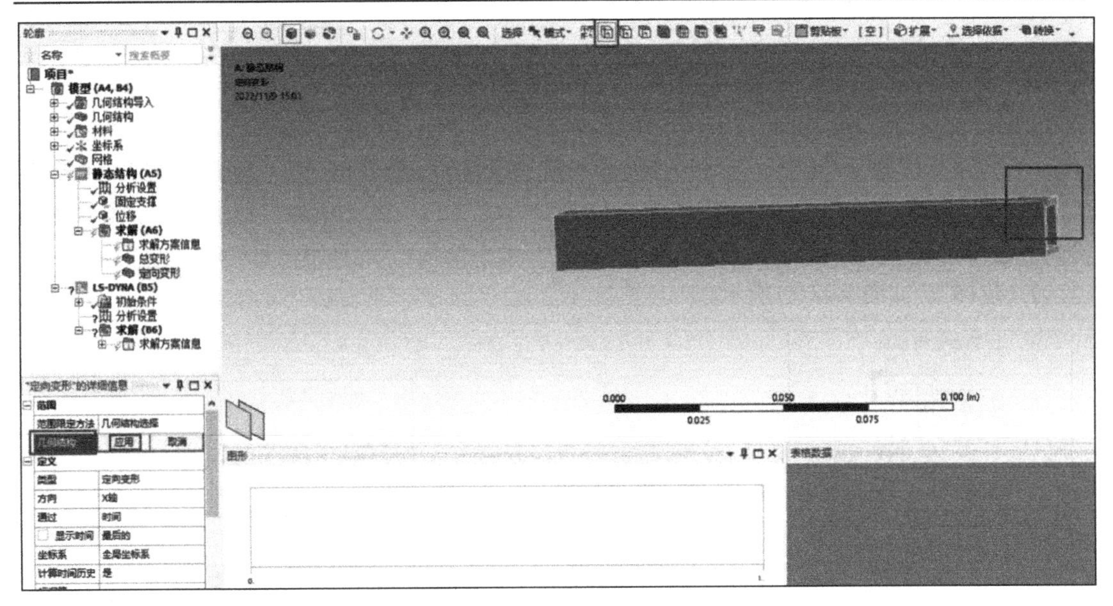


图 9.39　求解定向变形

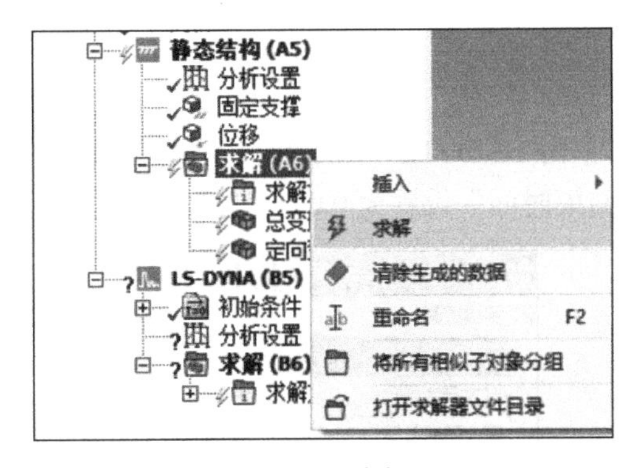


图 9.40　求解

(7) 单击左侧设计树中静态结构下的“分析设置”(图 9.41 (a)), 在下方“‘分析设置’的详细信息”中将“步骤结束时间”设置为 0.000001 (图 9.41 (b)), 右击“求解方案”, 单击“求解 (A6)”, 如图 9.41 (c) 所示。这样, 静力学仿真分析完成, 可以查看相应分析结果。

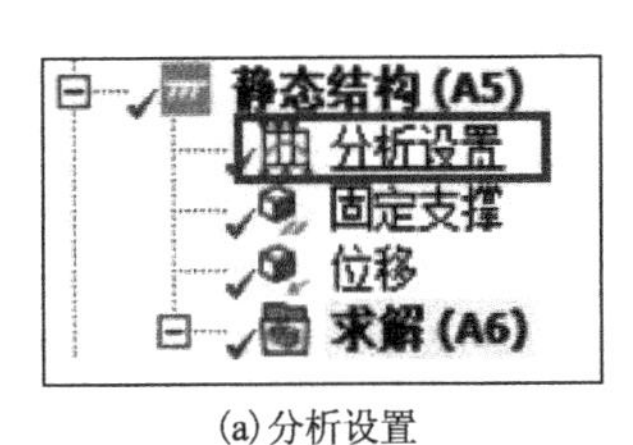


(a) 分析设置

"分析设置"的详细信息

| 步控制 | |
| --- | --- |
| 步骤数量 | 1. |
| 当前步数 | 1. |
| 步骤结束时间 | 0.000001 |
| 自动时步 | 程序控制 |

(b) 步骤结束时间

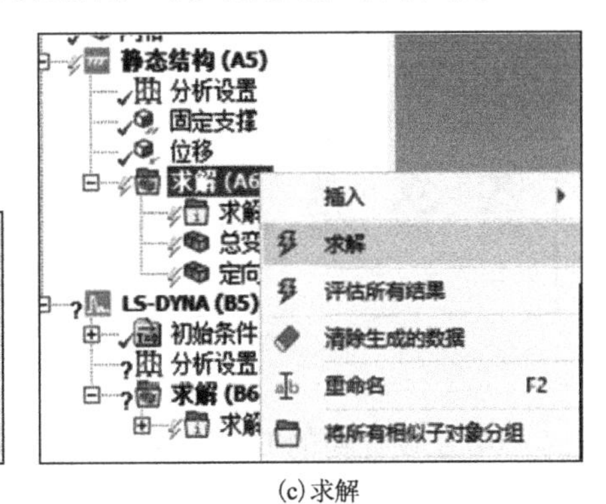


(c) 求解

图 9.41　改变步骤结束时间

## 9.10　LS-DYNA 分析

(1) 在左侧设计树中，按住左键将“静态结构(A5)”中的“固定支撑”拖动到“LS-DYNA(B5)”中(图 9.42(a))。单击“LS-DYNA(B5)”初始条件左边加号，单击“预应力(静态结构)”(图 9.42(b))，在下方“‘预应力(静态结构)’的详细信息”中，将“模式”设置为“位移”，如图 9.42(c)所示。

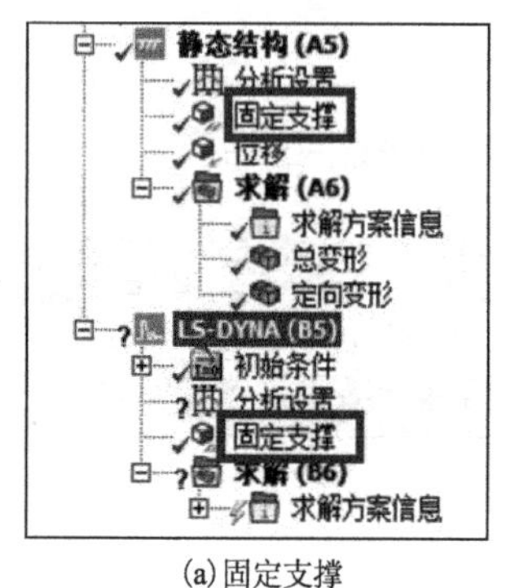


(a) 固定支撑

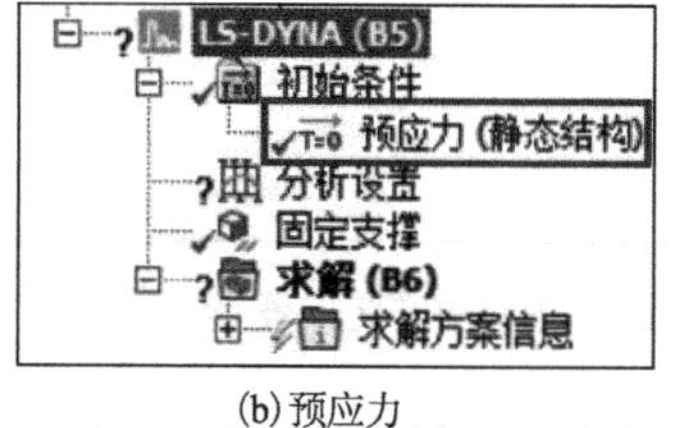


(b) 预应力

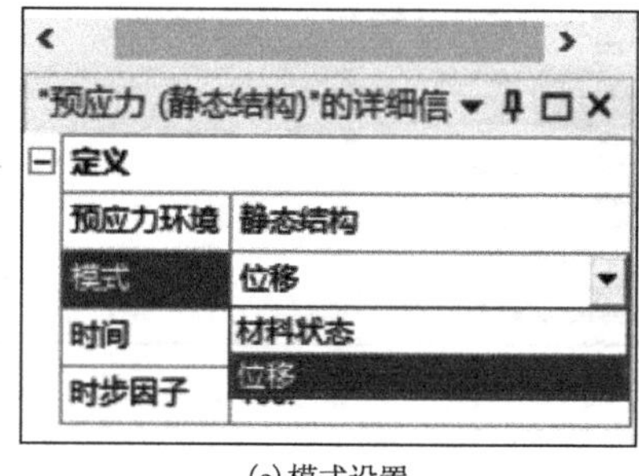


(c) 模式设置

图 9.42　位移模式

(2) 在左侧设计树中，单击 LS-DYNA 中的“分析设置”，在下方“‘分析设置’的详细信息”中将步骤控制里的“结束时间”设置为 0.01，如图 9.43 所示。

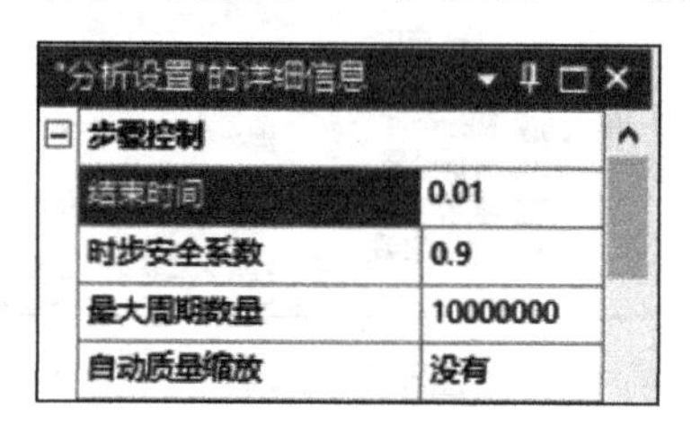


图 9.43　结束时间

(3) 在左侧设计树中，单击 LS-DYNA，在上方工具栏里选择“LSDYNA Pre”，单击“动态松弛”，如图 9.44 所示。

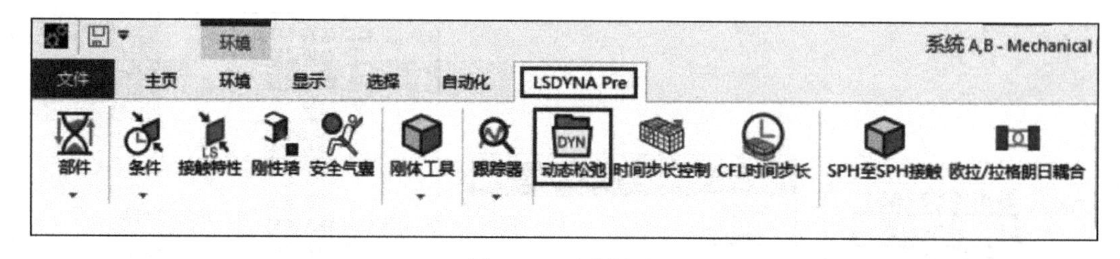


图 9.44　动态松弛

(4) 在设计树的 LS-DYNA 中单击动态松弛(图 9.45(a))，在下方“‘动态松弛’的详细信息”中单击“松弛类型”选择“ANSYS 解决方案后的显式”，如图 9.45(b)所示，将“伪结束时间”设置为 0.000001，如图 9.45(c)所示。

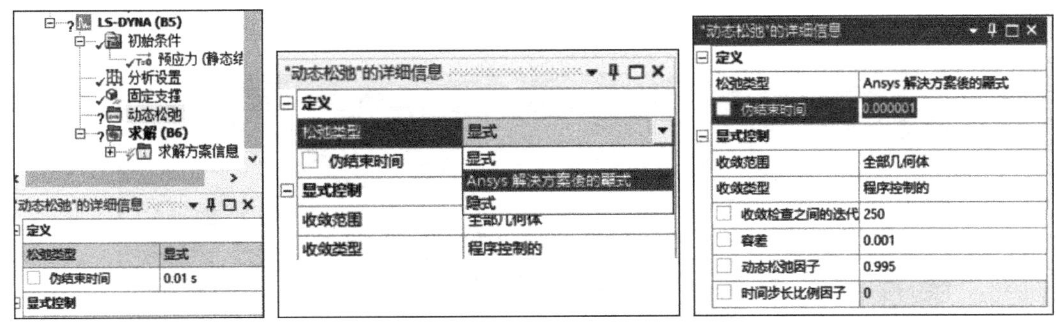


(a) 动态松弛　　(b) 松弛类型　　(c) 伪结束时间

图 9.45　动态松弛设置

(5) 在左侧设计树中右击 LS-DYNA (B5) 下的“求解 (B6)”，单击“插入”→“应力”→“等效 (Von-Mises)”，操作如图 9.46 所示。

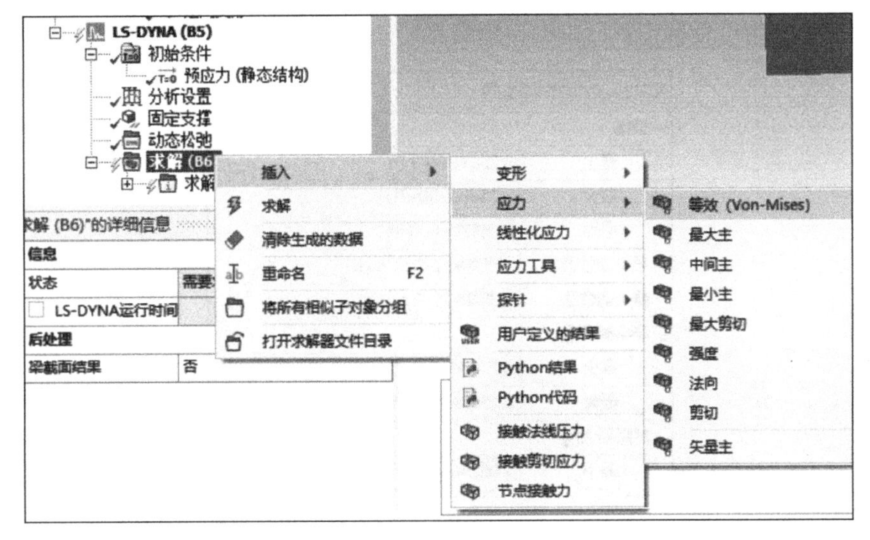


图 9.46　等效应力

(6) 右击“求解 (B6)”，单击“求解”，操作如图 9.47 所示，等待求解完成。

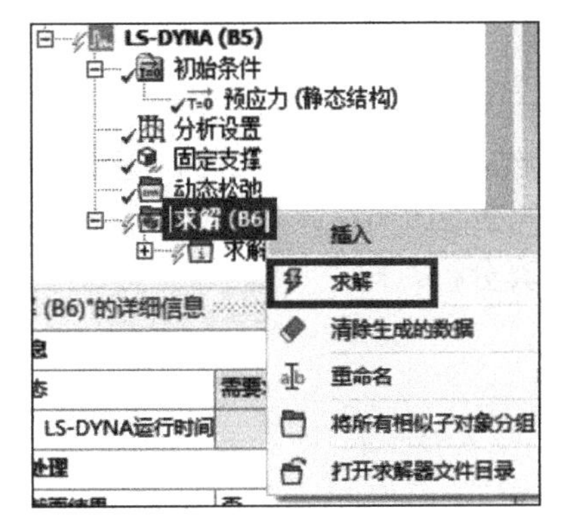


图 9.47　求解

(7) 单击“求解(B6)”下的“等效应力”，查看分析结果，如图 9.48 所示。

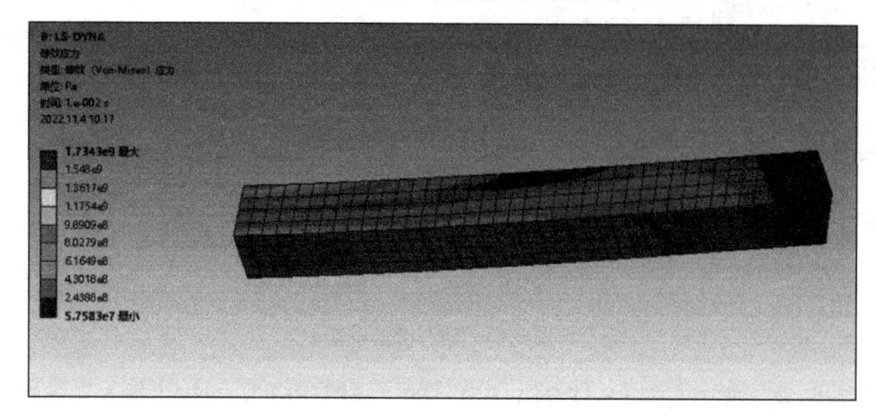


图 9.48　零件应力云图

(8) 界面左下角可查看等效应力的详细信息，如图 9.49 所示。

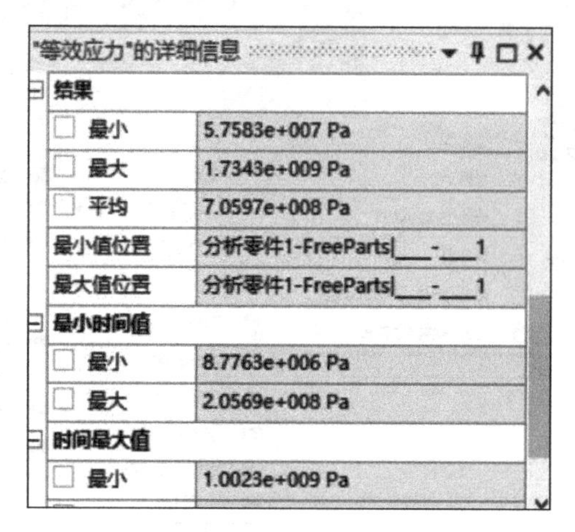


图 9.49　等效应力的详细信息

## 9.11　思 考 题

(1) 与 Adams 相比较，分析 Workbench 的优势。

(2) 根据 9.7 节所建模型的结构尺寸，请在 ANSYS 中建立这一模型。

(3) 将图 9.24 所示的结构的截面改为直径为 16mm 的圆形，其余结构尺寸和设置都不变，按照本章的步骤进行建模和仿真分析。

# 第 10 章　参考测试题目

## 10.1　齿轮与曲柄滑块组合机构

图 10.1 所示为一齿轮与曲柄滑块组合机构，其工作原理为：小齿轮 1 为原动件，角速度为 60°/s，小齿轮 1 和大齿轮 2 的传动比为 2，大齿轮 2 和曲柄 3 固定在一起，绕着与机架形成的旋转副转动，再通过连杆 4 驱动滑块 5 往复运动，滑块 5 撞击滑块 6，滑块 5 和 6 的导路在一条轴线上，当滑块 6 被撞向右运动时，弹簧 7 积蓄弹力推动滑块 6 向左运动以恢复位置。

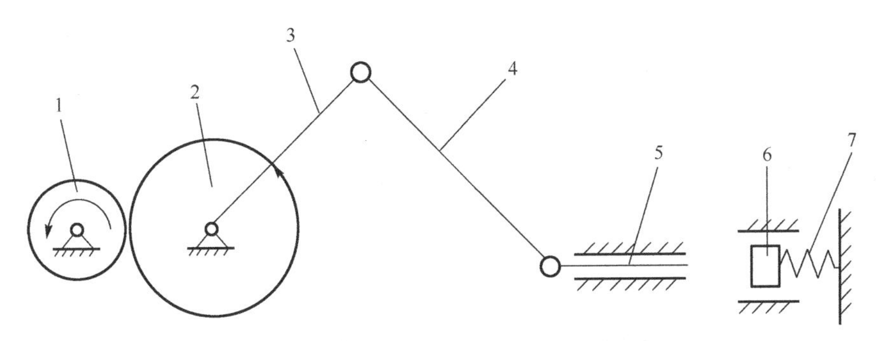


图 10.1　齿轮与曲柄滑块组合机构简图
1-小齿轮；2-大齿轮；3-曲柄；4-连杆；5、6-滑块；7-弹簧

要求如下：

(1) 尺寸自拟，在 Adams 中完成建模和仿真，如图 10.2 所示；

(2) 另存一个文件，优化分析曲柄 3 和连杆 4 的长度变化(即两构件连接铰链中心点的任一坐标)以获得滑块 6 的最大位移，坐标值变化范围自拟。

检查如下：

(1) 演示仿真要求(1)建模后的仿真结果(仿真时间为 10s，步数为 100)，后处理展示大齿轮 2 的角速度、连杆 4 的质心位移和速度、滑块 6 的位移等运动曲线；

(2) 显示优化结果。

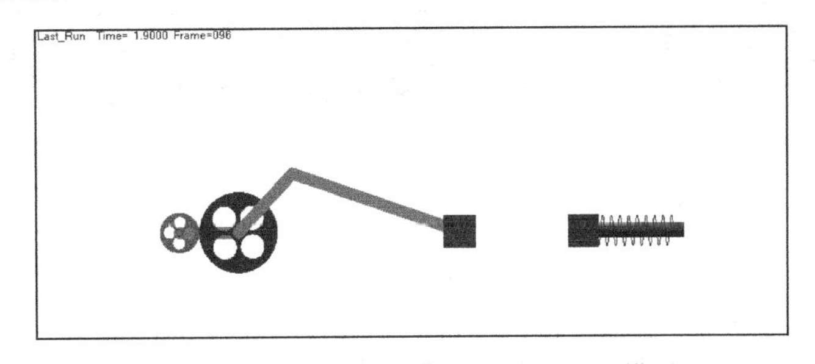


图 10.2　齿轮与曲柄滑块组合机构仿真模型

## 10.2　凸轮与曲柄滑块组合机构

图 10.3 所示为一凸轮与曲柄滑块组合机构，其工作原理为：偏心圆凸轮 1 作为凸轮原动件，驱动从动件 2 移动，偏心圆凸轮 1 的角速度为 60°/s，从动件 2 通过连杆 3 驱动曲柄 4 往复摆动或转动，弹簧 5 通过曲柄 4 和连杆 3 以驱动从动件 2 实现回程运动。

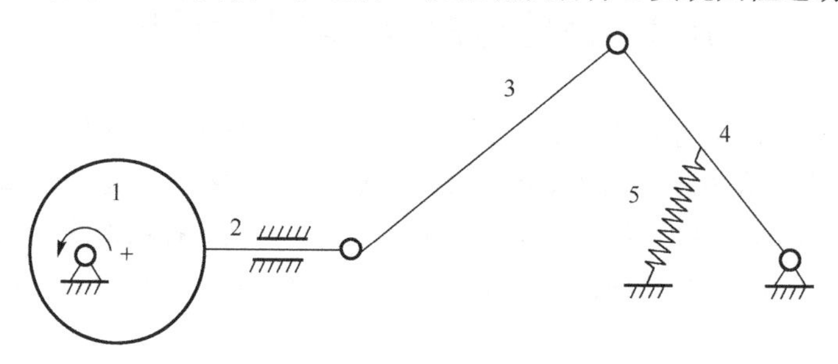


图 10.3　凸轮与曲柄滑块组合机构简图

1-偏心圆凸轮；2-从动件；3-连杆；4-曲柄；5-弹簧

要求如下：

(1) 尺寸自拟，在 Adams 中完成建模和仿真，如图 10.4 所示；

(2) 另存一个文件，优化分析连杆 3 和曲柄 4 的长度变化(即改变两个构件连接铰链中心的任一坐标)以获得曲柄 4 的最大往复摆角，坐标变化范围自拟。

检查如下：

(1) 演示要求(1)建模后的仿真结果(仿真时间为 10s，步数为 100)，后处理展示从动件 2 的角速度、连杆 3 的质心位移和速度、曲柄 4 的转角和弹簧 5 的弹力变化等运动曲线；

(2) 显示优化结果。

图 10.4　凸轮与曲柄滑块组合机构仿真模型

## 10.3　曲柄摇杆与滑块组合机构

图 10.5 所示为一曲柄摇杆与滑块组合机构，其工作原理为：曲柄 1 为原动件，通过连杆

2 驱动摇杆 3 往复摆动，摇杆 3 通过连杆 4 驱动滑块 5 往复移动，滑块 5 撞击滑块 6，滑块 5 和 6 的导路在一条直线上，滑块 6 通过弹簧 7 实现回程。

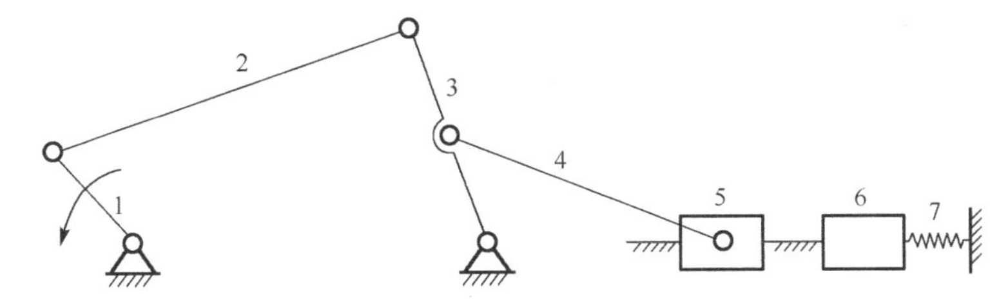


图 10.5　曲柄摇杆与滑块组合机构简图
1-曲柄；2,4-连杆；3-摇杆；5,6-滑块；7-弹簧

要求如下：

(1) 尺寸自拟，在 Adams 中完成建模和仿真，如图 10.6 所示；

(2) 另存一个文件，优化分析曲柄 1 和连杆 2 的长度变化(即改变两连杆连接处铰链中心点的任一坐标)以获得滑块 5 的最大位移，优化范围自拟。

检查如下：

(1) 演示要求(1)建模后的仿真结果(仿真时间为 10s，步数为 100)，后处理展示曲柄 1 的角速度、摇杆 3 的质心位移和速度、滑块 6 的位移和弹簧 7 的弹力变化等运动曲线；

(2) 显示优化结果。

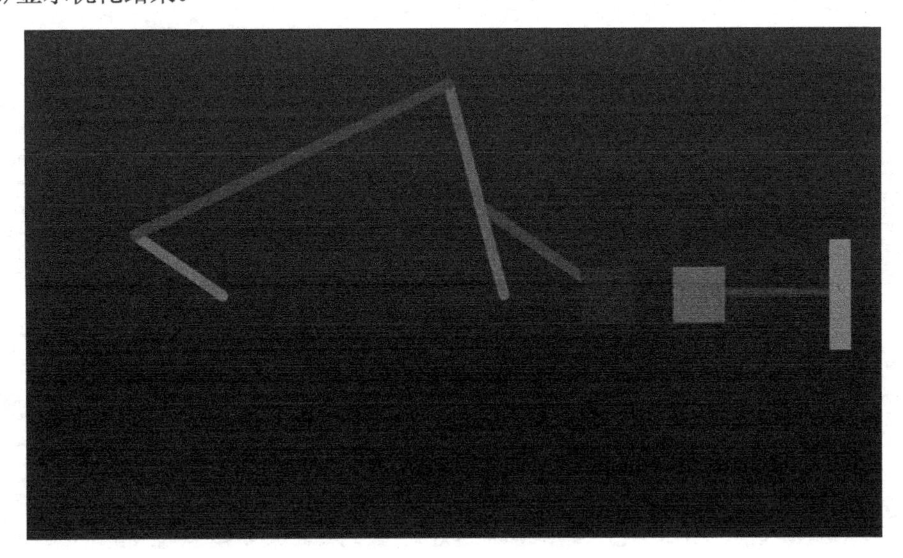

图 10.6　曲柄摇杆与滑块组合机构仿真模型

## 10.4　曲柄摇杆与凸轮组合机构

图 10.7 所示为一曲柄摇杆与凸轮组合机构，其工作原理为：曲柄 1 为原动件，通过连杆 2 驱动摇杆 3 往复摆动，摇杆 3 与偏心圆凸轮 4 固结在一起，通过摇杆 3 驱动偏心圆凸轮 4，偏心圆凸轮 4 驱动移动从动件 5 移动，弹簧 6 实现移动从动件 5 的回程。

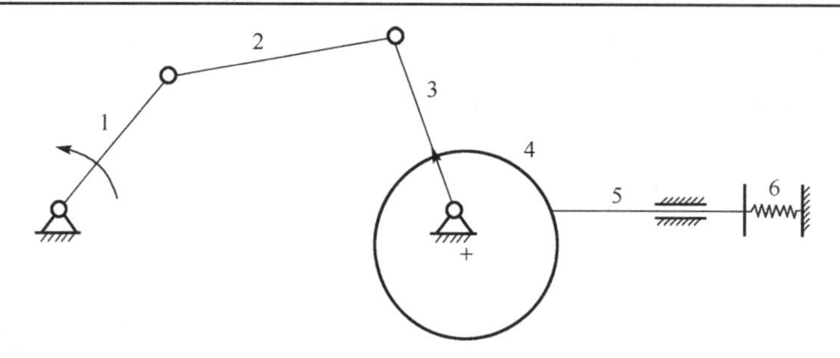


图 10.7　曲柄摇杆与凸轮组合机构简图

1-曲柄；2-连杆；3-摇杆；4-偏心圆凸轮；5-移动从动件；6-弹簧

要求如下：

(1) 尺寸自拟，在 Adams 中完成建模和仿真，如图 10.8 所示；

(2) 另存一个文件，优化分析曲柄 1 和连杆 2 的长度变化(即两个构件连接铰链中心点任一坐标)以获得移动从动件 5 的最大位移，坐标变化范围自拟。

检查如下：

(1) 演示要求(1)建模后的仿真结果(仿真时间为 10s，步数为 100)，后处理展示曲柄 1 的角速度、摇杆 3 的质心位移和速度、移动从动件 5 的位移和弹簧 6 的弹力变化等运动曲线；

(2) 显示优化结果。

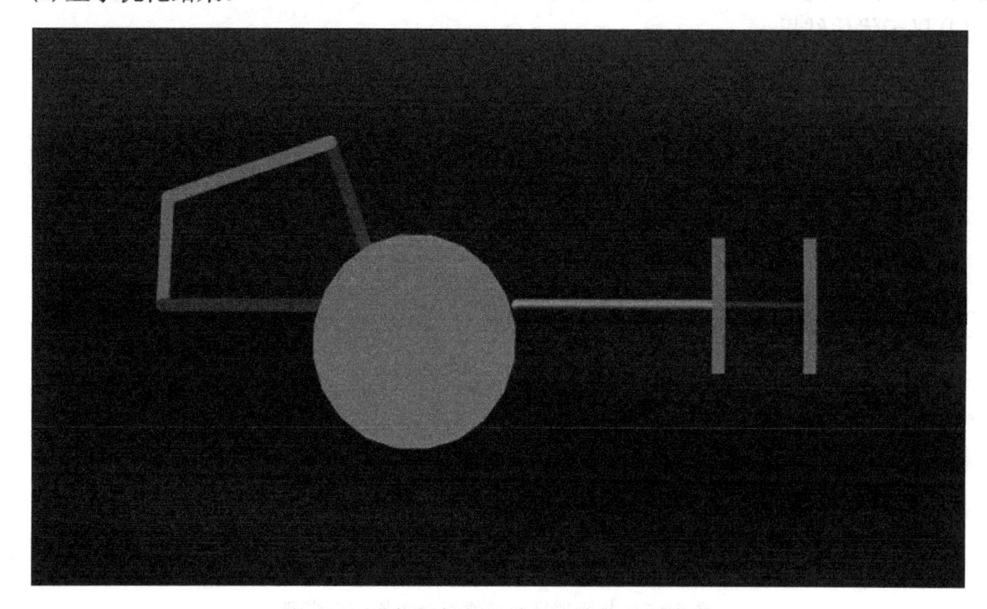

图 10.8　曲柄摇杆与凸轮组合机构仿真模型

## 10.5　筛料机构

图 10.9 所示为一筛料机构，其工作原理为：此结构有两个原动件，即曲柄 1 和偏心圆凸轮 7，转动角速度都为 60°/s，曲柄 1 通过连杆 2 和 3 驱动滑块 4 往复运动，偏心圆凸轮 7 通过移动从动件 6、连杆 5 和 3 也驱动滑块 4，移动从动件 6 左侧的弹簧实现构件 6 的回程。

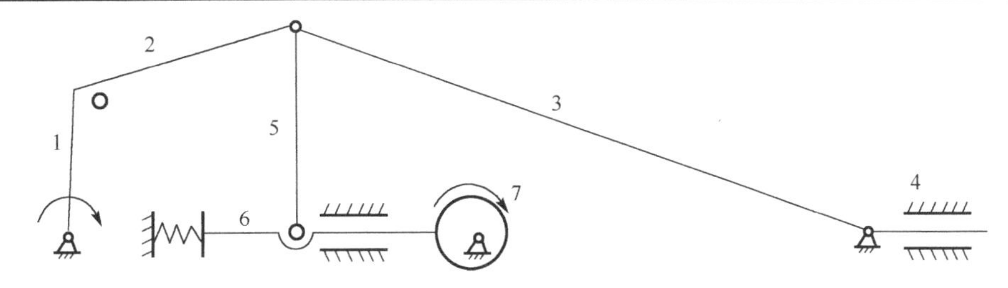


图 10.9　筛料机构运动简图

1-曲柄；2,3,5-连杆；4-滑块；6-移动从动件；7-偏心圆凸轮

要求如下：

(1) 尺寸自拟，在 Adams 中完成建模和仿真，如图 10.10 所示；

(2) 另存一个文件，优化分析连杆 2、5、3 连接处的复合铰链(最顶端的旋转副)中心点的竖直方向坐标变化以获得滑块 4 的最大位移，坐标变化范围自拟。

检查如下：

(1) 演示要求(1) 建模后的仿真结果(仿真时间为 10s，步数为 100)，后处理展示曲柄 1 的角速度、连杆 3 的质心位移和速度、滑块 4 的位移、移动从动件 6 的位移和弹簧的弹力变化曲线；

(2) 显示优化结果。

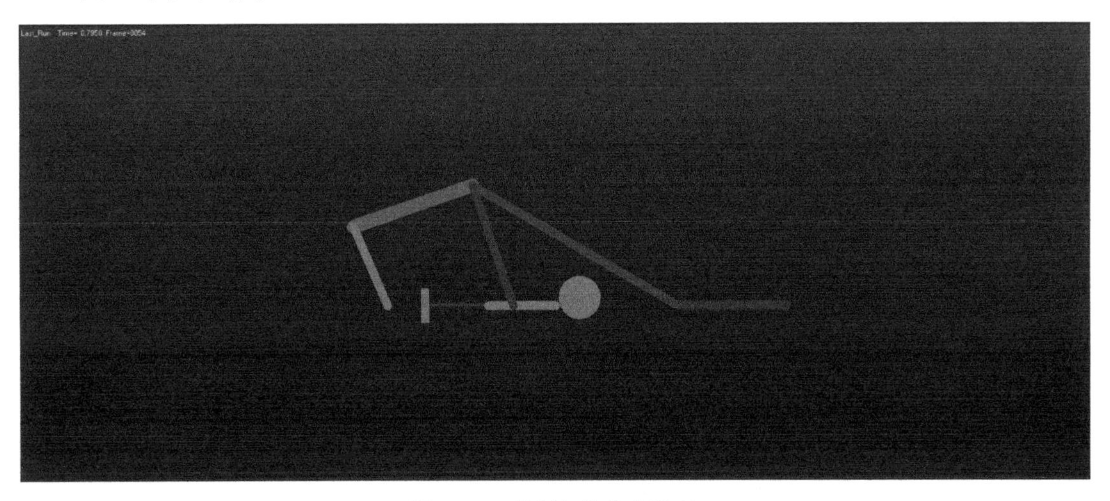

图 10.10　筛料机构仿真模型

## 10.6　连杆与齿轮组合机构

图 10.11 所示为一连杆与齿轮组合机构，其工作原理为：此结构有两个原动件，即曲柄 1 和小齿轮 6，转动角速度都为 60°/s，曲柄 1 通过连杆 2，小齿轮 6 通过大齿轮 5、摇杆 4，共同驱动连杆 3 运动，连杆 2 和连杆 3 撞击小球 7，小球 7 通过弹簧 8 悬挂在连杆 3 的上方，大齿轮 5 和摇杆 4 固结在一起，两个齿轮的传动比为 2。

要求如下：

(1) 尺寸自拟，在 Adams 中完成建模和仿真，如图 10.12 所示；

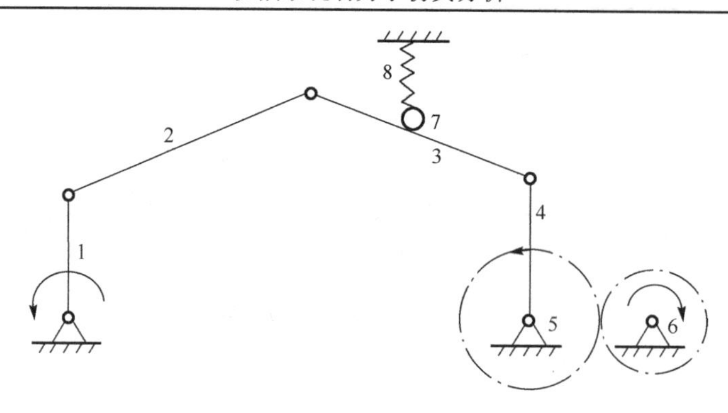


图 10.11　连杆与齿轮组合机构简图

1-曲柄；2,3-连杆；4-摇杆；5-大齿轮；6-小齿轮；7-小球；8-弹簧

(2) 另存一个文件，优化分析改变曲柄 1 和连杆 2 的长度(即改变两个构件连接铰链中心点的任一坐标)以获得摇杆 4 的最大位移，坐标变化范围自拟。

检查如下：

(1) 演示要求(1)建模后的仿真结果(仿真时间为 10s，步数为 100)，后处理展示曲柄 1 的角速度、连杆 3 的质心位移和速度、大齿轮 5 的角加速度、小球 7 的位移和弹簧 8 的弹力变化运动曲线；

(2) 显示优化结果。

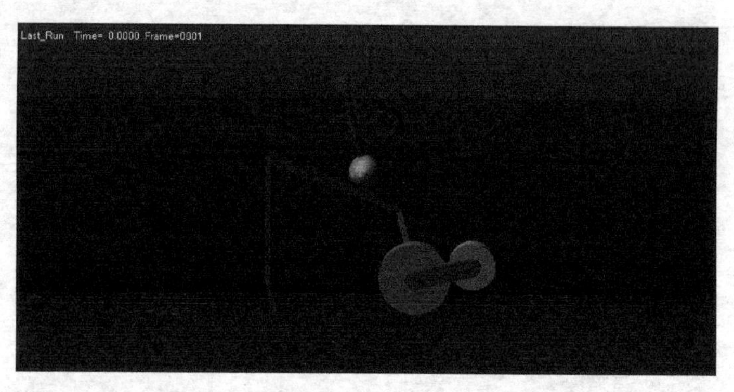


图 10.12　连杆与齿轮组合机构仿真模型

# 参 考 文 献


陈峰华, 2021. ADAMS2020 虚拟样机技术从入门到精通[M]. 北京: 清华大学出版社.

高广娣, 2013. 典型机械机构 ADAMS 仿真应用[M]. 北京: 电子工业出版社.

赖潇亮, 2022. 张拉整体着陆缓冲装置构型与碰撞研究[D]. 哈尔滨: 哈尔滨工程大学.

李增刚, 李保国, 2021. ADAMS 入门详解与实例[M]. 3 版. 北京: 清华大学出版社.

肖诗松, 2022. 基于电动推杆设计的张拉整体机器人[D]. 哈尔滨: 哈尔滨工程大学.

徐文龙, 2021. 四杆张拉整体机器人结构改进及步态规划[D]. 哈尔滨: 哈尔滨工程大学.

张恒祥, 2020. 张拉六杆球形机器人负载运动及避障分析[D]. 哈尔滨: 哈尔滨工程大学.

郑建荣, 2002. ADAMS—虚拟样机技术入门与提高[M]. 北京: 机械工业出版社.

CAD/CAM/CAE 技术联盟, 2020. ADAMS 2018 动力学分析与仿真从入门到精通[M]. 北京: 清华大学出版社.